网络空间安全系列丛书

大数据系统安全技术实践

尚 涛 刘建伟 著

電子工業出版社
Publishing House of Electronics Industry
北京 · BEIJING

内 容 简 介

大数据安全是网络空间安全领域中一个重要的研究方向。大数据系统安全是保障大数据安全的基础。本书分析了现有的大数据安全需求，从系统安全的角度出发，探讨了基于Hadoop的身份认证、访问控制、数据加密、监控与审计、隐私保护等方面的大数据系统安全实用技术与关键技术，并结合大数据平台安全组件与服务，设计了大数据系统安全体系架构和一体化安全管理系统，用以满足大数据平台的安全需求。全书分为13章，第1～3章介绍大数据系统的基础知识；第4～10章介绍大数据系统的实用安全技术；第11～13章介绍大数据系统的关键安全技术。

本书内容完整，描述方式由浅入深，可用作网络空间安全、计算机科学及其他相关交叉研究领域的教学科研参考书，也可作为相关技术人员的参考资料。

图书在版编目（CIP）数据

大数据系统安全技术实践/尚涛，刘建伟著. —北京：电子工业出版社，2020.1

ISBN 978-7-121-37424-1

Ⅰ. ①大… Ⅱ. ①尚… ②刘… Ⅲ. ①数据处理－安全技术－研究 Ⅳ. ①TP274

中国版本图书馆 CIP 数据核字（2019）第 200759 号

策划编辑：竺南直
责任编辑：刘真平
印　　刷：北京捷迅佳彩印刷有限公司
装　　订：北京捷迅佳彩印刷有限公司
出版发行：电子工业出版社
　　　　　北京市海淀区万寿路 173 信箱　　邮编：100036
开　　本：787×1 092　1/16　　印张：15.25　　字数：390.4 千字
版　　次：2020 年 1 月第 1 版
印　　次：2020 年 1 月第 1 次印刷
定　　价：49.80 元

凡所购买电子工业出版社图书有缺损问题，请向购买书店调换。若书店售缺，请与本社发行部联系，联系及邮购电话：（010）88254888，88258888。

质量投诉请发邮件至 zlts@phei.com.cn，盗版侵权举报请发邮件至 dbqq@phei.com.cn。

本书咨询联系方式：davidzhu@phei.com.cn。

前　言

构建一个安全可靠的大数据平台是大数据应用的基础。在以 Hadoop 为主的大数据平台设计之初，设计人员并没有考虑到安全问题。如今的大数据生态系统中存在着许多安全隐患，大数据平台的安全性面临很大的挑战。

目前，大数据系统应用和大数据分析类书籍较多，但专门介绍大数据安全的书籍较少，而且系统性、实用性不强。随着大数据系统的快速应用，大数据系统安全的重要性日益明显。为了促进大数据系统安全体系的开发效率，作者编写了本书，由浅入深地介绍大数据系统安全技术的实际配置及其技术难点。

本书的特色主要体现在以下三个方面。

特色一：大数据安全技术体系完整。本书依据大数据安全体系，以主流的大数据平台 Hadoop 为例，介绍各种安全技术的实施，包括认证、访问控制、数据加密、监控、审计及安全管理。

特色二：覆盖大数据安全前沿技术。本书不仅介绍了实用的配置和方便的管理软件开发，而且探讨了属性基加密、远程数据审计、隐私保护等方面大数据安全的关键技术，为大数据安全技术深入研究提供扩展空间。

特色三：选取大数据安全平台的典型案例。依托承担的国家重点研发计划项目“生殖健康大数据深度分析与安全保障技术研究”，本书结合医疗健康的实际需求，设计可行的大数据系统安全保障技术，支持医疗健康大数据平台的管理和扩展。

全书分为 13 章，第 1 章为绪论，介绍大数据的特点和国内外研究现状；第 2 章为大数据平台 Hadoop 的系统构成，介绍 Hadoop 组件及伪分布式 Hadoop、分布式 Hadoop、分布式 MongoDB 环境部署；第 3 章为大数据平台 Hadoop 的安全机制，介绍 Hadoop 安全机制、Hadoop 组件的安全机制、Hadoop 的安全性分析、Hadoop 安全技术架构及安全技术工具；第 4 章为大数据系统安全体系，介绍大数据面临的安全挑战、大数据安全需求、大数据安全关键技术、大数据系统安全体系架构；第 5 章为大数据系统身份认证技术，介绍 Kerberos 认证体系结构、身份认证方案及其实现；第 6 章为大数据系统访问控制技术，介绍基于角色的访问控制、XACML 语言框架、Sentry 开源组件、访问控制方案实现；第 7 章为大数据系统数据加密技术，介绍透明加密和 SSL 协议、存储数据和传输数据加密方案实现；第 8 章为大数据系统监控技术，介绍 Ganglia 开源工具、Ganglia 环境部署、Ganglia 配置文件、基于 Ganglia 的状态监控方案实现、基于 Zabbix 的监控报警方案实现；第 9 章为大数据系统审计技术，介绍审计方案、开源软件 ELK、ELK 安装配置及基于 ELK 的审计方案实现；第 10 章为大数据系统一体化安全管理技术，介绍网络结构设计、安全模块设计、软件开发架构、软件运行流程、软件界面及软件测试；第 11 章为大数据系统属性基加密关键技术，介绍属性基加密方案及其实现、基于属性的大数据认证加密一体化方案；第 12 章为大数据系统远程数据审计关键技术，介绍单用户、多用户远程动态数据审计方案；第 13 章为大数据系统隐私保护关键技术，介绍面向聚类的隐私保护方案和面向分类的隐私保护方案。

本书由尚涛副教授、刘建伟教授编著。北京航空航天大学大数据安全研究组的硕士研究生庄浩霖、陈星月、赵铮、陈然一鎏、张锋、姜亚彤，本科生舒王伟、周博洋、陈志强、张丽颖、王庆麟、黄子航等对于本书的编写做了大量的研究工作，其中赵铮、张锋、姜亚彤等进行了大量的校正工作；北京航空航天大学路新喜、王静远老师对于本书的编写提供了很多技术支持，关振宇、毛剑、伍前红、修春娣等老师为本书的顺利出版做了大量的支持工作。

国家卫生健康委科学技术研究所与北京航空航天大学共同承担国家重点研发计划项目，搭建高等级医疗健康大数据基础平台，加强医疗健康大数据与人工智能关键技术创新研发。特别感谢国家卫生健康委科学技术研究所的马旭研究员、杨英副研究员、彭左旗老师在本书编写过程中给予的大力支持。

奇安信科技集团股份有限公司作为北京航空航天大学的战略合作伙伴，积极开展大数据安全方面的合作，共建大数据协同安全技术国家工程实验室智能安全联合实验室，依托教育部产学合作协同育人项目，为北京航空航天大学构建的大数据系统提供技术支持和应用转化，为本书的出版做了大量的工作，在此深表感谢。

本书在编写过程中得到了电子工业出版社和北京航空航天大学的大力支持、鼓励和帮助，并且得到了国家重点研发计划项目（No. 2016YFC1000307）、教育部产学合作协同育人项目和国家自然科学基金资助项目（No. 61571024 和 No. 61971021）的资助，在此表示诚挚的谢意。本书参考、引用了国内外相关书籍、文献及有关网站的内容，在此对原作者表示衷心的感谢。

由于作者水平有限，书中难免存在疏漏与不妥之处，恳请广大读者和同行专家批评指正。

著　者

2019 年 7 月

目　　录

第1章 Chapter 1 绪论

1.1 大数据的特点

大数据（Big Data）通常被认为是一种规模大到在获取、存储、管理、分析方面大大超出了传统数据库软件工具能力范围的数据集合。随着大数据研究的不断深入，我们逐步意识到大数据不仅指数据本身的规模，而且包括数据采集工具、数据存储平台、数据分析系统和数据衍生价值等要素。IBM 提出大数据的 5V 特点：Volume、Velocity、Variety、Value、Veracity。这里，我们归纳大数据主要具有以下特点。

1）数据量大

现有的各种传感器、移动设备、智能终端和网络等都无时无刻不在产生数据，数量级别已经突破 TB 级，发展至 PB 乃至 ZB 级，统计数据量呈千倍级别上升。伙伴产业研究院（PAISI）研究统计，2017 年全年数据总量超过 15.2ZB，同比增长 35.7%；到 2018 年，全球数据总量达 19.4ZB；未来几年，全球数据的增长速度为每年 25%以上；以此推算，到 2020 年，全球的数据总量将达到 30ZB。

2）类型多样

当前大数据包含的数据类型呈现多样化发展趋势。以往数据大多以二维结构呈现，随着互联网、多媒体等技术的快速发展和普及，视频、音频、图片、邮件、HTML、RFID、GPS 和传感器等产生的非结构化数据每年都以 60%的速度增长。预计非结构化数据将占数据总量的 80%以上[1]。

3）运算高效

由 Apache 基金会所开发的 Hadoop 利用集群的高速运算和存储，实现了一个分布式运行系统，以流的形式提供高传输率来访问数据，适应了大数据的应用程序。而且，数据挖掘、语义引擎、可视化分析等技术的发展，使得可以从海量数据中深度解析和提取信息，实现数据增值。

4）产生价值

数据中的价值是大数据的终极目标，企业可以通过大数据的融合获得有价值的信息。特别是在竞争激烈的商业领域，数据正成为企业的新型资产，企业追求数据最大价值化。同时，大数据价值也存在密度低的特性，需要对海量的数据进行挖掘分析才能得到真正有用的信息，形成用户价值。

1.2 大数据平台

大数据有三种常用的处理框架：Hadoop、Spark 和 Storm。

Hadoop 是一种专用于批处理的处理框架，是首个在开源社区获得极大关注的大数据框架。Hadoop 基于谷歌发表的海量数据处理相关的多篇论文，重新实现了相关算法和组件堆栈，使大规模批处理技术变得更容易使用。新版 Hadoop 包含多个组件，通过配合使用可处理批数据。

（1）HDFS（Hadoop Distributed File System）是一种分布式文件系统层，可对集群节点间的存储和复制进行协调。HDFS 确保了无法避免的节点故障发生后数据依然可用，可将其用作数据来源，用于存储中间态的处理结果，并可存储计算的最终结果。

（2）YARN（Yet Another Resource Negotiator）可充当 Hadoop 堆栈的集群协调组件。该组件负责协调并管理底层资源和调度作业的运行。通过充当集群资源的接口，YARN 使得用户能在 Hadoop 集群中使用比以往的迭代方式运行更多类型的工作负载。

（3）MapReduce 是 Hadoop 的原生批处理引擎。Spark 是一种具有流处理能力的下一代批处理框架。与 Hadoop 的 MapReduce 引擎基于相同原则开发而来的 Spark 主要侧重于通过完善的内存计算和处理优化机制加快批处理工作负载的运行速度。

Spark 可作为独立集群部署（需要相应存储层的配合），也可与 Hadoop 集成并取代 MapReduce 引擎。与 MapReduce 不同，Spark 的数据处理工作全部在内存中进行，只在一开始将数据读入内存，以及将最终结果持久存储时需要与存储层交互。所有中间态的处理结果均存储在内存中。使用 Spark 而非 MapReduce 的主要原因是速度。在内存计算策略和先进的 DAG（Directed Acyclic Graph，有向无环图）调度等机制的帮助下，Spark 可以用更快的速度处理相同的数据集。Spark 的另一个重要优势在于多样性，可作为独立集群部署，或与现有 Hadoop 集群集成。Spark 可运行批处理和流处理，运行一个集群即可处理不同类型的任务。除了引擎自身的能力外，围绕 Spark 还建立了包含各种库的生态系统，可为机器学习、交互式查询等任务提供更好的支持。相比 MapReduce，Spark 任务更易于编写，因此可大幅提高生产力。

相比之下，Spark 是一个专门用来对分布式存储的大数据进行处理的工具，它不进行分布式数据的存储。由于 Spark 处理数据的方式不同，其数据处理速度比 MapReduce 快很多。MapReduce 分步对数据进行处理：从集群中读取数据，进行一次处理，将结果写到集群；再从集群中读取更新后的数据，进行下一次的处理，将结果写到集群等。Spark

在内存中以接近“实时”的时间完成所有的数据分析：从集群中读取数据，完成所有必需的分析处理，将结果写回集群。因此，Spark 的批处理速度比 MapReduce 快近 10 倍，内存中的数据分析速度则快近 100 倍。如果需要处理的数据和结果需求大部分情况下是静态的，且时间允许等待批处理完成，则 MapReduce 的处理方式也是完全可以接受的。如果需要对流数据进行分析，如来自现场的传感器收集的数据或者需要多重数据处理的应用，那么应该使用 Spark 进行处理。目前，大部分机器学习算法都需要多重数据处理。通常，Spark 可以应用在实时的市场活动、在线产品推荐、网络安全分析、机器日志监控等场景。

Storm 是一种侧重于极低延迟的流处理框架，是要求近实时处理的工作负载的最佳选择。该技术可处理非常大量的数据，通过比其他解决方案采用更低的延迟提供结果。Storm 的流处理可对框架中拓扑的 DAG 进行编排。这些拓扑描述了当数据片段进入系统后，需要对每个传入的片段执行的不同转换或步骤。拓扑包含：

（1）Stream：普通的数据流，这是一种会持续抵达系统的无边界数据。

（2）Spout：位于拓扑边缘的数据流来源，可以是 API 或查询等，从这里可以产生待处理的数据。

（3）Bolt：代表需要消耗流数据，对其应用操作，并将结果以流的形式进行输出的处理步骤。Bolt 需要与每个 Spout 建立连接，随后相互连接以组成所有必要的处理。在拓扑的尾部，可以使用最终的 Bolt 输出作为相互连接的其他系统的输入。

1.3 医疗健康大数据的应用需求

医疗健康大数据平台是以健康和医疗两大类数据的异构整合、统一存储、高效处理为基础，以深度分析和挖掘为核心，通过能力开放实现数据共享和产业链资源整合的一体化平台。作为基础支撑平台，它能够提供健康和医疗大数据应用的基础环境；针对医疗行业大数据应用特点，对来自异构业务系统，包括专业机构、公共卫生系统、院内系统、区域卫生平台的结构化与非结构化数据进行统一规划来满足医疗健康行业大数据应用平台的需求；保证系统具有高性能、高可靠、易扩展、易使用等特点，同时提供图形化的统一管理系统，简化用户的管理和维护工作。作为大数据应用平台，它在基础支撑平台的基础上，经过分布式并行数据处理、大规模数据分析和挖掘后，应用于卫生数据统计、决策分析、数据挖掘、疾病预警、健康预测、报表展现等场景。

面向大数据分析的医疗健康大数据平台架构包括异构医疗健康大数据整合、海量数据统一存储、分布式并行数据处理、医疗健康大数据分析和挖掘 4 个重要组成部分。

1）异构医疗健康大数据整合

有效的数据整合是大数据分析的前提。健康大数据主要是由各类可穿戴设备产生的多模态体征数据；医疗大数据则包括分散存储在 EMR、EHR、HIS、LIS、PACS 等医疗信息化系统中的医疗数据和其他类型的公共卫生数据。这些数据来源多样，存储在大量关系型数据库和文件中的数据需要经过数据的采集、清洗和转换过程，并经过抽取获得元数据信息，实现异构的多类型健康和医疗两大类数据的统一整合。HDFS 具有强大的可扩展性，能够支持 PB 级别的数据存储，基于 HDFS 可实现对大规模数据的统一整合。

2）海量数据统一存储

海量数据统一存储是大数据分析的基础。异构数据完成整合后，利用针对医疗健康大数据专门设计的海量数据统一存储模型，以用户为中心进行设计，围绕着用户健康档案，按照统一的格式和规范，实现对体征、体检、病历、住院、妇幼、疾控和社保共 7 类数据的统一存储，从而真正地提高数据孤岛之间的数据共享能力，终结医疗健康数据的碎片化。海量数据统一存储模型支持对以上 7 种类型数据的增加、修改、查询和删除的操作，同时保证上述操作的可靠性和一致性。此外，由于 EMR 和 PACS 这类系统中的用户量和数据量的飞速增长，在数据的存储规模达到一定程度时，如何实现系统的存储容量自动增长和负载平衡也是一个非常关键的问题。对于上述各类数据中的重要数据，实现数据的安全、可靠存储，甚至是 7×24h 的数据存储和访问能力也是一个较大的技术挑战。

3）分布式并行数据处理

高效的分布式并行数据处理是大数据分析的关键。为了支撑各类复杂多样的大数据应用场景，需要频繁地对这些繁杂、大规模、结构复杂的结构化与非结构化数据进行处理，因此实现对这些数据的高效分布式并行处理非常关键。常见的数据处理需求有 ETL 操作、大规模数据的实时排名、数据校验、异常分析、数据统计和数据迁移。这些大数据处理通常包含 3 种模式：离线批处理、流式实时处理和内存计算。基于 MapReduce 编程模型和 Hive、Pig 等大数据处理工具，可以有效地进行离线批处理操作：Storm 能提供高性能的流式实时处理支持；Spark 内存计算新技术能够满足小数据集上处理复杂迭代的数据处理场景下的计算需求。

4）医疗健康大数据分析和挖掘

医疗健康大数据分析和挖掘是大数据价值变现的关键环节。基于健康和医疗专业知识，构建复杂的算法和模型。针对特定的分析场景，利用可插拔的方式为每种分析场景实现相应的大数据分析服务引擎，如健康预测与疾病控制引擎、慢性病趋势分析引擎、统计学分析引擎、协同推荐引擎和可视化处理引擎。同时，结合综合管理、公共卫生、交换共享和其他卫生主题等业务需求，通过采集不同医疗机构业务系统数据，对各项医疗业务进行汇总统计、构成分析、对比分析、因素分析、增量函数分析等，并通过各种图表形象、直观地表达出来，能够有效地反映医疗管理机构或服务机构的整体运营、管理等情况。另外，还有利于管理层正确分析并做出有效决策，强化医卫管理，优化资源配置，控制不合理因素，最终实现基于大数据分析和挖掘技术的业务支撑、决策支持、科研辅助和管理支持等数据应用。

国家卫生健康委员会 2018 年 12 月 22 日发布《关于加快推进电子健康卡的普及应用工作的意见》，提出加快推进电子健康卡的普及和应用，推动居民电子健康档案在线查询和规范使用，到 2020 年，实现电子健康档案数据库与电子病历数据库互联对接，全方位记录、管理居民健康信息。同时，结合区域全民健康信息平台，实现现有公共卫生信息系统与居民电子健康档案的联通整合，健全高血压、糖尿病等老年慢性病及食源性疾病管理网络，推进母子健康手册信息化，加强对严重精神障碍患者发病报告的审核、数据分析、质量控制等信息管理。

1.4 国外研究现状及趋势

随着信息网络技术的飞速发展，全球进入大数据时代，大数据已经成为一个国家的重要战略资源。2012 年 3 月 29 日，美国政府颁布了《大数据研究和发展计划》，将大数据从商业行为上升到国家意志和国家战略，提出了三大战略目标：①开发大数据技术来收集、存储、保护、管理、分析、共享海量数据；②利用大数据技术加速科学与工程发展步伐，加强国家安全，实现教、学转型；③增加开发与使用大数据技术所需的人员数量。目前，在工业界，围绕大数据已经形成了非常庞大和复杂的大数据平台软件体系，其中比较核心的产品线包括 Hadoop 和 Spark 两大家族。Hadoop 是一个由 Apache 基金会开发的分布式系统基础架构。Hadoop 用户可以在不了解分布式底层细节的情况下，开发分布式程序。Hadoop 家族软件包括 HBase、Hive、Pig、Sqoop、Cassandra 等，其产品线更加适合离线计算。Spark 是 UC Berkeley AMPLab 开发的类 Hadoop MapReduce 的通用并行框架。与 Hadoop 的开源集群计算环境相似，但与 MapReduce 的不同在于 Job 中间输出结果可以保存在内存中，从而不再需要读/写 HDFS，因此 Spark 能够更好地适用于数据挖掘与机器学习等需要迭代的 MapReduce 算法。

与此同时，大数据的安全问题也日益凸显，成为大数据应用发展的一大瓶颈。针对严峻的大数据安全形势，美国、英国、法国、德国、日本、澳大利亚和欧盟等世界主要国家和地区采取了颁布大数据安全发展战略、制定大数据安全法规、成立大数据管理机构、加强大数据安全监管、研发大数据安全技术、培养大数据安全人才等一系列举措，为大数据安全发展提供强力支撑。目前，包括 Cloudera、Intel 在内的多个 Hadoop 发行版厂商，都在实行或制订安全方面的计划。

大数据作为一种新兴的网络应用模式，数据存储和使用与云计算紧密相关。大数据的安全考虑需要遵循传统信息系统的安全技术标准和云计算安全技术标准。相关的国际组织已经制定了一系列云计算安全技术标准，在大数据安全平台的设计中应当遵循及参考。相关标准主要包括：①ISO/IEC 27017《云计算服务信息安全管理指南》；②ISO/IEC 27018《云端系统的数据保护》；③NIST SP 800-125《完全虚拟化技术安全指南》；④NIST SP 800-144《公有云中的安全和隐私指南》；⑤NIST SP 800-145《云计算定义》；⑥NIST SP 800-146《云计算概要及建议》；⑦CSA《云安全指南》；⑧CSA《云控制矩阵》。

从基础技术角度看，大数据平台对数据的聚合增加了数据泄露的风险。Hadoop 是一个具有代表性的分布式系统架构，可以用来应对 PB 级甚至 ZB 级的海量数据存储。作为一个云化的平台，Hadoop 自身也存在着云计算面临的安全风险，平台需要实施基于身份验证的安全访问机制，Hadoop 派生的新数据集也同样面临着数据加密的问题。同样，大数据依托的基础技术——NoSQL（Not Only SQL，非关系型数据库）与当前广泛应用的 SQL（关系型数据库）不同，没有经过长期改进和完善，在维护数据安全方面也未设置严格的访问控制和隐私管理。并且由于大数据中数据来源和承载方式的多样性，NoSQL 内在安全机制缺乏保密性和完整性，导致将很难定位和保护敏感信息。

由于医疗健康大数据平台的极端重要性和广泛应用前景，欧美政府和研究机构对此展开了广泛的研究。医疗健康领域的大数据平台初期主要以电子健康网络、物联网的形式存在，ACM 自 2006 年以来发起了专门的国际会议 Pervasive Health[2]，以推动这一领域的研究和交流。医疗健康大数据平台的网络安全与隐私保护面临特殊的挑战[3,4]。这些挑战主要包括以下两个方面。

（1）网络安全与隐私的极端重要性。与传统安全失败仅仅导致数据和经济损失不同，医疗健康大数据平台的安全失败还可能导致生命的逝去，大面积的安全失败甚至可能引发严重的社会问题，因此必须对医疗健康大数据平台的安全给予高度重视，不容闪失。

（2）网络中信息资源高度分散、动态和开放共享。出于提高医疗健康质量的考虑，医疗健康大数据平台提供多种手段支持信息资源的开放共享，这与医疗健康大数据平台安全与隐私保护需求之间形成了尖锐的冲突。海量数据的外包存储、持续动态更新和大规模用户环境更是加剧了这一冲突。

1.5 国内研究现状及趋势

国家政策对大数据的支持力度正在不断提升，大数据已上升至国家战略。自 2014 年 3 月"大数据"首次出现在《政府工作报告》中以来，国务院常务会议一年内 6 次提及大数据运用，李克强总理多次强调大数据运用的重要性。2015 年 7 月 1 日，国务院办公厅印发了《关于运用大数据加强对市场主体服务和监管的若干意见》。为加快推进云计算标准化工作，提升标准对构建云计算生态系统的整体支撑作用，工业和信息化部组织相关单位、标准化机构和标准化技术组织于 2015 年 10 月发布了《云计算综合标准化体系建设指南》。阿里巴巴公司的阿里云"飞天"云计算平台已在金融服务、政府管理、医疗健康、气象、电子商务等多个领域应用。曙光公司掌握了包括云基础设施、云管理平台、云安全、云存储、云服务等一系列云计算核心技术与产品，可以为用户提供"端到端"云计算自主可控的整体解决方案。在大数据分析处理设备方面，华为、浪潮、曙光等公司推出了大数据一体化解决方案。可见，我国大数据领域的自主软硬件产品发展势头良好，已经能满足一定范围的业务应用需求，为构建我国自主可控的大数据安全奠定了一定的基础。

我国的大数据发展很快，但是从数据应用的角度看，我国仍然处于大数据发展的初期阶段，绝大部分都是基于开源生态圈展开的应用开发，大数据分析处理技术不高，国内各行业、企业对大数据的安全防护与安全应用仍处于研究与摸索阶段。在国内大数据的分析领域，具有通用大数据分析能力的厂商基本被国外机构所垄断，表 1.1 列出了中国市场大数据分析能力排名前 20 的厂商。从表 1.1 中可以看出，具有较强大数据分析能力的企业大多为国外企业。国内企业只有阿里、百度、腾讯三家互联网公司较有实力，而互联网公司的数据分析能力是内向型的，即主要服务于自身业务。目前，国内行业、企业的大数据分析技术与平台还存在信息容易泄露、安全技术落后、防控能力不足等问题，亟待加强自主可控技术产品使用，同时从信息安全体系建设、大数据安全技术应用等方面加以解决。加快研发大数据中心安全防护技术，确保基于云服务的数据中心安全。针对大数据分散存储、分头管理、共享应用等特点，着力研发大数据管理系统、海量数据挖掘与预测分析、海量数据融合与集成等关键技术，加快构建自主可控信息系统，力求在高速组网、集群计算机编程、扩展云计算能力、广泛应用部署、数据安全和隐私保护等方面取得突破，全面提高大数据安全技术水平。针对医疗健康大数据这一重要领域的特殊需求，国内目前还没有相关的机构能够提供专业的数据分析与安全服务。

表 1.1　中国市场大数据分析厂商

排　名	厂　　商	综合评分（10 分）	分项得分（10 分）			
			创新能力（35%）	服务能力（20%）	解决方案（30%）	市场影响力（15%）
1	IBM	9.1	10	8.5	8.5	9
2	Oracle	8.7	9	8	8.5	9
3	Google	8.6	9	8	8.5	8.5
4	Amazon	8.5	9	8	8.5	8
5	HP	8.3	8.5	8	8.5	8
6	SAP	8.2	9	8	7.5	8
7	Intel	8.1	9	8	7.5	7.5
8	Teradata	8.0	8.5	8	7.5	8
9	Microsoft	7.9	8	7.5	8	8
10	阿里	7.7	8.5	7	7	8
11	EMC	7.4	8	7	7.5	6
12	百度	7.0	8	5	7.5	6
13	Cloudera	7.4	7.5	8	7.5	6
14	雅虎	7.0	8	6.5	6	7
15	Splunk	7.1	8.5	7.5	6	5.5
16	腾讯	7.0	7	6	7	8
17	Dell	6.6	7	6.5	7	5
18	Opera Solutions	6.3	7	5.5	6.5	5
19	Mu Sigma	6.0	6.5	5	6	6
20	Fusion-io	6.1	7	5.5	5.5	6

全国信息安全标准化技术委员会积极推动产学研用单位参与大数据安全标准化工作，开展大数据安全标准的研制，为大数据产业安全有序发展提供标准化支撑。2017 年 4 月 8 日，全国信息安全标准化技术委员会 2017 年第一次工作组“会议周”在武汉召开，《大数据安全标准化白皮书》正式发布。《大数据安全标准化白皮书》由中国电子技术标准化研究院、清华大学、四川大学、阿里云计算有限公司等 25 家企事业单位共同编制，重点介绍了国内外的大数据安全法规政策、标准化现状，重点分析了大数据安全所面临的安全风险和挑战，给出了大数据安全标准化体系框架，规划了大数据安全标准工作重点，提出了开展大数据安全标准化工作的建议。2018 年 4 月 16 日，发布了《大数据安全标准化白皮书（2018 版）》。2019 年 5 月 13 日，国家标准新闻发布会在市场监管总局马甸办公区新闻发布厅召开，网络安全等级保护制度 2.0 标准正式发布，将于 2019 年 12 月 1 日开始实施。网络安全等级保护制度 2.0 标准在 1.0 标准的基础上，注重全方位主动防御、安全可信、动态感知和全面审计，实现了对传统信息系统、基础信息网络、云计算、大数据、物联网、移动互联和工业控制信息系统等保护对象的全覆盖。针对大数据的扩展要求包括管理流量与业

务流量分离、大数据授权与分类分级管理、大数据层面入侵防范与告警、大数据应用安全管理。

为了有效地整合多源异构的医疗健康资源，开展医疗健康大数据平台研究也是极其迫切的，我国高校和研究机构在相关领域开展了研究工作，取得了一些初步成果，如传感器技术[5]、实时数据处理形式化方法[6]、系统仿真[7]及可用于保护电子健康网络的信息安全技术[8]，包括认证码、数字签名、数据保密、秘密分享、安全多方计算和零知识证明等理论与技术。然而，现有的工作尚缺少对医疗健康大数据安全进行系统性、针对性的研究。

依托科技部的国家重点研发计划专项，我们项目承担团队的目标是研发出一整套生殖健康大数据平台数据挖掘计算与安全软件，产生一批符合健康大数据市场应用需要的数据融合、数据管理、趋势预测等模型工具。相关研究成果对提高我国机构在相关行业的竞争能力，填补相关领域的技术空白，具有非常重要的战略意义。

第2章 Chapter 2 大数据平台Hadoop的系统构成

2.1 Hadoop 组件

Hadoop 是一个由 Apache 基金会开发的分布式系统基础架构，即一个高可靠性、高扩展性的分布式计算的开源软件。它主要由 HDFS、MapReduce 和 HBase 组成。简单地说，Hadoop 是一个可以更容易开发和运行处理大规模数据的软件平台。

Hadoop 可以提供相对廉价的分布式存储系统，通过 MapReduce 技术，进行并发、高效的计算。大数据引擎完成主要的存储和计算，而真正的存储计算结果需要与传统的业务系统或其他应用配合使用。在计算机世界中，大数据被定义为一种使用非传统的数据过滤工具对大量有序或无序数据集合进行挖掘的过程，它包括但不仅限于分布式计算。

Hadoop 框架的核心设计就是 HDFS 和 MapReduce。HDFS 为海量的数据提供存储功能，MapReduce 为海量的数据提供计算功能。

2.1.1 HDFS

如图 2.1 所示，HDFS 为一种块结构的文件系统，由 NameNode 与 DataNode 组成。NameNode 保存了整个文件系统的元数据（文件名、访问权限和各个块的位置），DataNode 保存了文件内容。HDFS 仅支持一组有限的文件操作，包括写入、删除、追加和读/写，通常数据一次性写入 HDFS，然后多次读取。

1）数据块

数据在存储过程中不可避免地要进行大小划分，在 HDFS 中将其定义为块（block），一个块的大小默认为 64MB。与传统文件系统(如 Windows 系统)不同,如果一个不足 64MB 的数据存入一个块中，并不会占用整个块，比传统文件系统更加灵活。

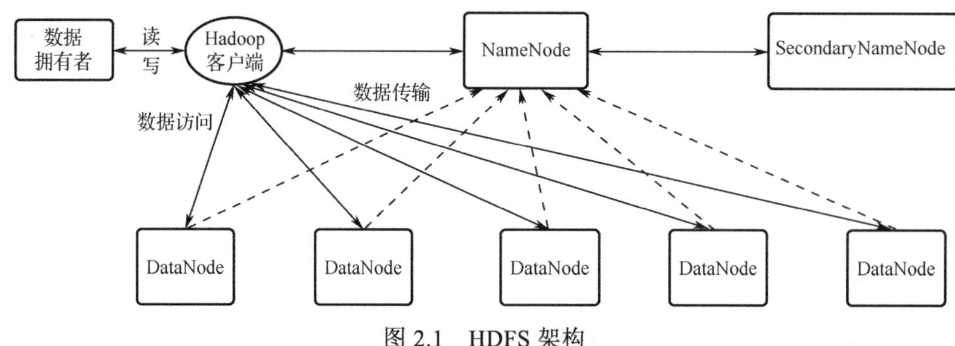

图 2.1　HDFS 架构

2）节点 NameNode 和 DataNode

在 HDFS 中存在两类节点，包括 NameNode（名称节点）、DataNode（数据节点），支持完成文件的读取、存储任务。这两类节点分别负责 Master 和 Slave 的具体任务。NameNode 用来管理整个文件系统的命名空间，DataNode 是文件系统中真正存储数据的地方。在运行过程中，DataNode 需要定期向 NameNode 发送心跳消息来汇报自己的状况：是否还处于 Active 状态、网络是否断开等。

此外，还存在一个 SecondaryNameNode（从名称节点）的构造，它并不是名称节点的备份或者替补，而是有着不同的分工。其任务就是定期维护名称节点，使得名称节点的保存文件不会过大，同时会备份一份相应信息，以便在名称节点宕机时可以恢复系统。

3）命令行接口

HDFS 向用户提供了众多的交互接口，其中命令行接口是最便捷、最广泛的接口。通过该接口，用户可以直接在系统命令行中输入文件读取、写入等操作命令。用户还可以自己编程实现某些 API 接口，在命令行中调用自己编写的函数。

2.1.2　MapReduce

MapReduce[47]是一个分布式计算框架，被设计用于并行计算海量数据。MapReduce 框架的核心主要分为两部分：Map 和 Reduce。当用户向 MapReduce 框架提交一个计算作业时，它会首先把计算作业拆分为若干个 Map 任务，然后分配到不同的节点上去执行，每一个 Map 任务处理输入数据中的一部分；当 Map 任务完成后，它会生成一些中间文件，这些中间文件将会作为 Reduce 任务的输入数据；Reduce 任务的主要目标就是把前面若干个 Map 的输出汇总到一起并输出。

MapReduce 架构如图 2.2 所示，由 Client、JobTracker、TaskTracker 和 Task 组成。Client 向 JobTracker 提交用户编写的程序，用户可以通过 Client 提供的界面查看作业状态。JobTracker 负责资源监控和作业调度，监控 TaskTracker 和作业的状态。TaskTracker 定期向 JobTracker 报告资源使用情况和任务进度，接收 JobTracker 发送的命令，执行相应操作。Task 由 Map Task 和 Reduce Task 组成，TaskTracker 执行 Map Task 和 Reduce Task。Map Task 的输入是根据输入数据集 D 的大小划分的多个数据块，Map Task 将数据块转换为

（key,value）键值对。Reduce Task 接收 Map Task 输出的（key,value）键值对，根据 key 值对键值对进行计算。

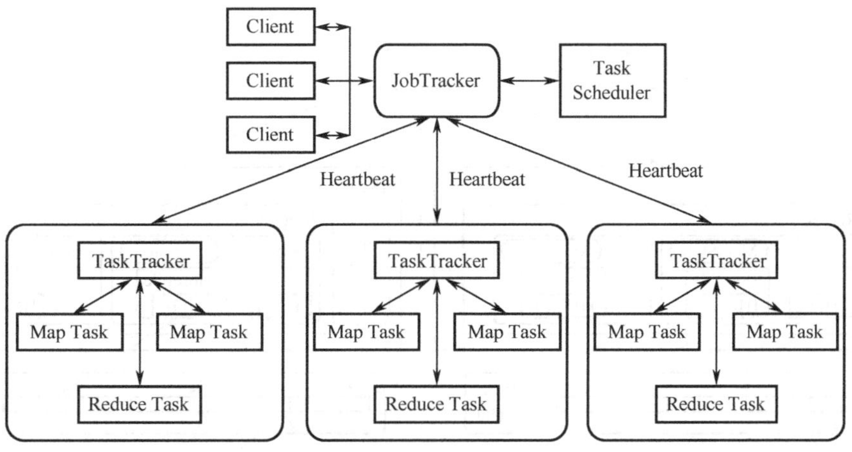

图 2.2 MapReduce 架构

注意：从集群角度来看，Hadoop 基于 Master/Slave（主/从）模式，NameNode 和 JobTracker 属于 Master，DataNode 和 TaskTracker 属于 Slave，Master 只有一个，而 Slave 有多个。

从分布式存储（HDFS）角度来看，Hadoop 的节点由一个 NameNode 和多个 DataNode 组成。NameNode 是中心服务器，负责管理文件系统的名字空间（Name Space）及客户端对文件的访问。DataNode 一般是一个节点一个，负责管理其所在节点上的存储。用户能够通过 HDFS 文件系统的名字空间以文件的形式在上面存储数据。其实，一个文件被分成一个或多个数据块，这些块存储在一组 DataNode 上。NameNode 执行文件系统的名字空间操作，如打开、关闭、重命名文件或目录，也负责确定数据块到具体 DataNode 节点的映射。DataNode 负责处理文件系统客户端的读/写请求，在 NameNode 的统一调度下进行数据块的创建、删除和复制操作。

从分布式应用（MapReduce）角度来看，Hadoop 的节点由一个 JobTracker 和多个 TaskTracker 组成。JobTracker 负责任务的调度，TaskTracker 负责并行执行任务。TaskTracker 必须运行在 DataNode 上，这样便于数据的本地计算，而 JobTracker 和 NameNode 则必须在同一台机器上。

2.1.3 HBase

HBase 是 Hadoop Database 的简称，由 Powerset 公司的 Chad Walters 和 Jim Kelleman 于 2006 年年末发起，根据 Google 的 Chang 等人发表的论文 *Bigtable: A Distributed Storage System for Structured Data* 设计。2007 年 10 月发布了 HBase 的第一个版本；2010 年 5 月，HBase 从 Hadoop 子项目升级为 Apache 顶级项目。

HBase 是分布式、面向列的开源数据库。HDFS 为 HBase 提供可靠的底层数据存储服务，MapReduce 为 HBase 提供高性能的计算能力，Zookeeper 为 HBase 提供稳定服务和 Failover 机制。可以说，HBase 是一个通过大量廉价的机器解决海量数据的高速存储和读取的分布式数据库解决方案。

HBase 架构如图 2.3 所示，由 Client、Zookeeper、HMaster、HRegionServer、HDFS 等构成。

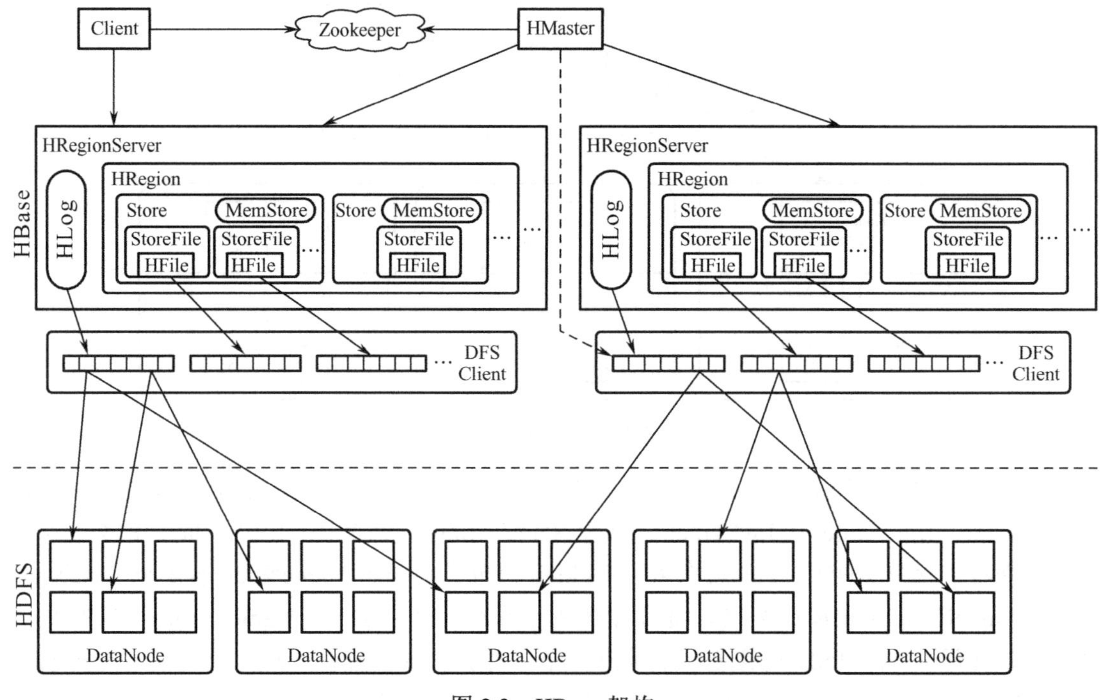

图 2.3 HBase 架构

2.2 伪分布式 Hadoop 环境部署

1）配置 ssh 免密登录

安装 ssh-server 和 ssh-clients：

```
sudo yum install ssh-clients ssh-server -y
```

测试 ssh 是否安装成功：

```
ssh localhost
```

出现提示输入 yes，然后按提示输入用户密码即可登录到本机。

配置 ssh 免密登录：

```
Exit
cd ~/.ssh
ssh-keygen -t rsa  #出现一直回车
cat id_rsa.pub >> authorized_keys     #加入授权

chmod 600 ./authorized_keys           #修改文件权限
```

2）安装 Java 环境并配置环境变量

```
sudo yum install java-1.8.0-openjdk java-1.8.0-openjdk-devel
sudo vi ~/.bashrc
```

文件最后一行添加 export JAVA_HOME=/usr/lib/jvm/java-1.8.0-openjdk。

注意：等号之后不能有空格。

```
source ~/.bashrc
```

3）安装 Hadoop

```
wget  http://mirror.bit.edu.cn/apache/hadoop/common/hadoop-2.7.7/hadoop-2.7.7.tar.gz
sudo tar -zxvf hadoop-2.7.7.tar.gz -C /usr/local
cd /usr/local
sudo mv hadoop-2.7.7 hadoop
sudo chown -R hadoop:hadoop ./hadoop
```

4）伪分布式配置

```
sudo vim ~/.bashrc
```

添加如下代码配置环境变量：

```
export HADOOP_HOME=/usr/local/hadoop
export HADOOP_INSTALL=$HADOOP_HOME
export HADOOP_MAPRED_HOME=$HADOOP_HOME
export HADOOP_COMMON_HOME=$HADOOP_HOME
export HADOOP_HDFS_HOME=$HADOOP_HOME
export YARN_HOME=$HADOOP_HOME
export HADOOP_COMMON_LIB_NATIVE_DIR=$HADOOP_HOME/lib/native
export PATH=$PATH:$HADOOP_HOME/sbin:$HADOOP_HOME/bin
source ~/.bashrc
```

配置 core-site.xml：

```
sudo vim ./etc/hadoop/core-site.xml
```

文件中添加如下代码：

```
<property>
<name>hadoop.tmp.dir</name>
<value>file:/usr/local/hadoop/tmp</value>
<description>Abase for other temporary directories.</description>
</property>
<property>
<name>fs.defaultFS</name>
<value>hdfs://localhost:9000</value>
</property>
```

注意：fs.defaultFS 参数配置为 HDFS 地址。hadoop.tmp.dir 参数配置为 Hadoop 临时目录，该参数值默认为/tmp/Hadoop-${user.name}。采用默认值，NameNode 会将 HDFS 的元数据存储在/tmp 目录下。如果操作系统重启，系统会清空/tmp 目录下的文件，导致元数据丢失，这是个非常严重的问题，所以应该修改该路径。

配置 hdfs-site.xml：

```
sudo vim ./etc/hadoop/hdfs-site.xml
```

文件中添加如下代码：

```
<property>
<name>dfs.replication</name>
<value>1</value>
</property>
<property>
<name>dfs.namenode.name.dir</name>
<value>file:/usr/local/hadoop/tmp/dfs/name</value>
</property>
<property>
<name>dfs.datanode.data.dir</name>
<value>file:/usr/local/hadoop/tmp/dfs/data</value>
</property>
```

注意：dfs.replication 配置为 HDFS 存储时的备份数量，因为伪分布式环境只有一个节点，所以应该设置为 1。

5）格式化、启动 HDFS

（1）Hadoop 格式化：/usr/local/hadoop/bin/hdfs namenode –format。

（2）开启 NameNode 和 DataNode 守护进程，如果出现 SSH 的提示，输入 yes。

```
/usr/local/Hadoop/sbin/start-dfs.sh
```

（3）使用 jps 命令查看是否已经启动成功，若有结果，则表示启动成功。

6）在 HDFS 上创建目录并上传、下载文件

（1）在 HDFS 上创建目录。

```
${HADOOP_HOME}/bin/hdfs dfs -mkdir /demo1
```

（2）上传本地文件到 HDFS。

```
${HADOOP_HOME}/bin/hdfs dfs -put ${HADOOP_HOME}/etc/Hadoop/core-site.xml
/demo1
```

（3）读取 HDFS 上的文件内容。

```
${HADOOP_HOME}/bin/hdfs dfs -cat /demo1/core-site.xml
```

（4）从 HDFS 上下载文件到本地。

```
${HAADOOP_HOME}/bin/hdfs/dfs -get /demo1/core-site.xml
```

7）配置、启动 YARN

（1）配置 mapred-site.xml。默认没有 mapred-site.xml，但是有 mapred-site.xml.template 模板文件。复制该模板文件生成 mapred-site.xml 文件。

```
cp /usr/local/hadoop/etc/hadoop/mapred-site.xml.template/usr/local/hadoop/etc/hadoop/mapred-site.xml
```

添加配置如下：

```
<property>
    <name>mapreduce.framework.name</name>
    <value>yran</value>
</property>
```

注意：通过此配置指定 MapReduce 运行在 YARN 框架上。

（2）配置 yarn-site.xml。添加配置如下：

```
    <property>
        <name>yarn.nodemanager.aux-services</name>
        <value>mapreduce_shuffle</value>
    </property>
```

（3）在启动 HDFS 的基础上启动 YARN。

```
/usr/local/hadoop/sbin/start-yarn.sh  #启动 YARN
/usr/local/hadoop/sbin/mr-jobhistory-daemon.sh start historyserver
#只有开启历史服务器，才能在 Web 中查看任务运行情况
```

（4）通过 jps 查看是否运行成功。

8）运行 MapReduce Job

在 Hadoop 的 share 目录中，可以运行 WordCount 实例。

（1）创建测试用的 input 文件。

```
/usr/local/hadoop/bin/hdfs dfs -mkdir -p /wordcountdemo/input
```

在本地/opt/data 目录下创建一个文件 wc.input，内容如下：

```
hadoop mapreduce hive
HBase spark storm
sqoop hadoop hive
```

将 wc.input 文件上传到 HDFS 的/wordcountdemo/input 目录中：

```
/usr/local/Hadoop/bin/hdfs dfs -put wc.input /wordcountdemo/input
```

（2）运行 WordCount MapReduce Job。

```
/usr/local/hadoop/bin/yarn jar share/hadoop/mapreduce/hadoop-mapreduce-examples-2.5.0.jar /wordcountdemo/input /wordcountdemo/output
```

（3）查看输出结果目录。

```
/usr/local/hadoop/bin/hdfs dfs -ls /wordcountdemo/output
```

output 目录中有两个文件。_SUCCESS 文件是空文件，该文件存在说明 Job 执行成功。part-r-00000 文件是结果文件，其中-r-表明该文件是 Reduce 阶段产生的结果。MapReduce 程序执行时，可以没有 Reduce 阶段，但是一定有 Map 阶段，如果没有 Reduce 阶段，则该处

为-m-。一个 Reduce 会产生一个 part-r-开头的文件。查看 part-r-00000 文件内容，其内容为：

```
hadoop        3
HBase         1
hive          2
mapreduce     1
spark         2
sqoop         1
storm         1
```

2.3 分布式 Hadoop 环境部署

在 Hadoop 集群中，Master（主节点）对应 NameNode，Slave（从节点）对应 DataNode。

1）相关准备

在主节点上安装 Hadoop 并进行伪分布式配置。在从节点上进行相关环境配置，如安装 ssh、Java，配置~/.bashrc 文件等。

2）网络配置

（1）在主节点上修改主机名称并修改节点与 IP 的映射，即添加各节点的信息。

```
sudo vi /etc/hostname
```

在文件中添加要修改的主机名称，如 master，保存退出。重启后，看到主机名称修改完毕。

（2）在主节点上修改节点与 IP 的映射，即添加各节点的信息。

```
sudo vi /etc/hosts
```

在文件中修改节点与 IP 的映射，即在文件中添加各节点的 IP 信息（集群中的所有节点都要列出），例如：

```
192.168.1.1    master
192.168.1.2    slave
```

（3）对所有节点重复上述操作（1）、（2）。

（4）ping 测试节点之间的连通性。

3）配置节点免密登录（未修改主机名则不需要）

（1）主节点的公钥传至其余各节点（主节点配置伪分布式时已配置完成 ssh 免密登录）。

```
scp ~/.ssh/id_rsa.pub root@slave:/home/hadoop
```

（2）在各节点上将密钥加入授权。

```
mkdir  ~/.ssh
cat ~/id_rsa.pub >> ~/.authorized_keys
rm ~/id_rsa.pub
```

（3）ssh 实验免密登录是否成功，如在主节点上执行 ssh slave。

4）分布式环境部署

编辑集群节点，将作为 DataNode 的节点名称写入文件中，每个一行。

```
sudo vim /etc/hadoop/slaves
```

在主节点上修改 core-site.xml：

```
<configuration>
<property>
<name>fs.defaultFS</name>
<value>hdfs://Master:9000</value>
</property>
<property>
<name>hadoop.tmp.dir</name>
<value>file:/usr/local/hadoop/tmp</value>
<description>Abase for other temporary directories.</description>
</property>
</configuration>
```

在主节点上修改 hdfs-site.xml：

```
<configuration>
<property>
<name>dfs.namenode.secondary.http-address</name>
<value>master:50090</value>
</property>
<property>
<name>dfs.replication</name>
<value>1</value>
</property>
<property>
<name>dfs.namenode.name.dir</name>
<value>file:/usr/local/hadoop/tmp/dfs/name</value>
</property>
<property>
<name>dfs.datanode.data.dir</name>
<value>file:/usr/local/hadoop/tmp/dfs/data</value>
</property>
</configuration>
```

在主节点上修改 mapred-site.xml：

```
<property>
<name>mapreduce.framework.name</name>
<value>yarn</value>
</property>
<property>
<name>mapreduce.jobhistory.address</name>
<value>master:10020</value>
</property>
<property>
<name>mapreduce.jobhistory.webapp.address</name>
<value>master:19888</value>
</property>
```

在主节点上修改 yarn-site.xml：

```
<property>
<name>yarn.resourcemanager.hostname</name>
<value>master</value>
</property>
<property>
<name>yarn.nodemanager.aux-services</name>
<value>mapreduce_shuffle</value>
</property>
```

5）配置各节点

（1）将主节点的 Hadoop 文件压缩后发送到各从节点进行配置。

```
cd /usr/local
sudo rm -r ./hadoop/tmp
sudo rm -r ./hadoop/logs/*
tar -zcf  ~/hadoop.master.tar.gz -C /usr/local
sudo chown -R hadoop /usr/local/hadoop
cd ~
scp ./hadoop.master.tar.gz slave:/home/hadoop
```

（2）在从节点上执行。

```
sudo rm -r /usr/local/hadoop （文件不存在时，可不执行此命令）
sudo tar -zxf ~/hadoop.master.tar.gz -C /usr/local
sudo chown -R hadoop /usr/local/hadoop
```

注意：CentOS 需要关闭防火墙。

```
systemctl stop firewalld.service          # 关闭防火墙服务
systemctl disable firewalld.service     # 禁止 firewall 开机启动
```

（3）启动 Hadoop，步骤与伪分布式相同。

（4）使用命令 jps 查看各个节点所启动的进程。如果配置正确，在主节点可以看到 NameNode、ResourceManager、SecondaryNameNode、JobHistoryServer 进程，在从节点可以看到 DataNode 和 NodeManager 进程。

（5）在主节点上使用命令 hdfs dfsadmin –report 查看 DataNode 是否正常启动，如果 Live DataNodes 不为 0，说明集群启动成功。

（6）通过 Web 页面查看 DataNode 和 NameNode 的状态。http://master:50070/。如果不成功，可以通过启动日志排查原因。

2.4 分布式 MongoDB 环境部署

2.4.1 MongoDB

MongoDB 是一个基于分布式文件存储的数据库，由 C++语言编写，旨在为 Web 应用提供可扩展的高性能数据存储解决方案。MongoDB 是一个介于关系数据库和非关系数据库之间的产品，是功能最丰富、最像关系数据库的非关系数据库。它支持的数据结构非常松散，是类似 json 的 bson 格式，因此可以存储比较复杂的数据类型。MongoDB 最大的特点是支持的查询语言非常强大，其语法有点类似于面向对象的查询语言，几乎可以实现类似关系数据库单表查询的绝大部分功能，而且还支持对数据建立索引。

从图 2.4 可以看出，MongoDB 包含 4 个组件：mongos、config server、shard、replica set。

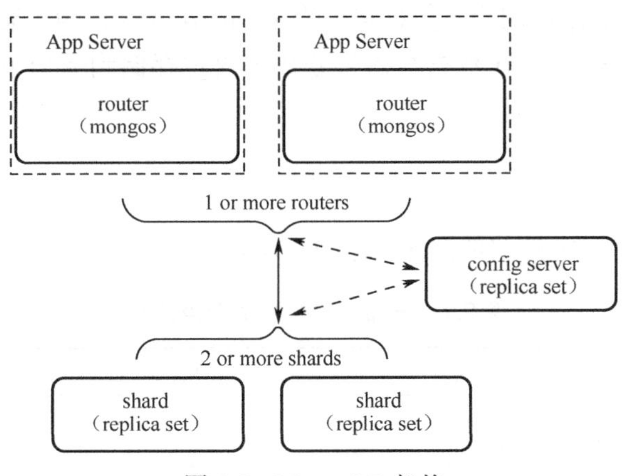

图 2.4　MongoDB 架构

1）mongos

它为路由服务器，是数据库集群请求的入口，所有的请求都通过 mongos 进行协调，不需要在应用程序中添加一个路由选择器，mongos 自己就是一个请求分发中心，它负责把对应的数据请求转发到对应的 shard 服务器上。在生产环境中，通常有多个 mongos 作为请求的入口，防止其中一个挂掉导致所有的 MongoDB 请求都没有办法操作。

2）config server

它为配置服务器，存储所有数据库元信息（路由、分片）的配置。mongos 本身没有物理存储分片服务器和数据路由信息，只是缓存在内存中，配置服务器则实际存储这些数据。mongos 第一次启动或者关掉重启就会从 config server 加载配置信息，以后如果配置服务器信息变化会通知到所有的 mongos 更新自己的状态，这样 mongos 就能继续准确路由。在生产环境中，通常有多个 config server 配置服务器，因为它存储了分片路由的元数据，防止数据丢失。

3）shard

分片（sharding）是指将数据库进行拆分，将其分散到不同机器上的过程。将数据分散到不同的机器上，不需要功能强大的服务器就可以存储更多的数据和处理更大的负载。基本思想就是将集合切成小块，这些小块分散到若干片中，每个片只负责总数据的一部分，最后通过一个均衡器来对各个分片进行均衡（数据迁移）。

4）replica set

它为副本集，其实就是 shard 的备份，防止 shard 挂掉之后数据丢失。复制提供了数据的冗余备份，并在多个服务器上存储数据副本，提高了数据的可用性，并可以保证数据的安全性。

仲裁者（Arbiter）是副本集中的一个 MongoDB 实例，它并不保存数据。Arbiter 使用最小的资源并且不要求硬件设备。不能将 Arbiter 部署在同一个数据集节点中，可以部署在其他应用服务器或者监视服务器中，也可以部署在单独的虚拟机中。为了确保复制集中有奇数的投票成员（包括 primary），需要添加仲裁节点，否则 primary 不能运行时不会自动切换 primary。

总之，mongos 对应请求操作 MongoDB 的增删改查，配置服务器 config server 存储数据库元信息，并且和 mongos 同步，数据最终存入 shard 分片。为了防止数据丢失，同步在副本集中存储了一份，仲裁者在数据存储到分片时决定存储到哪个节点。

2.4.2 环境设置

各节点在分布式集群中扮演的角色如表 2.1 所示。

表 2.1 分布式集群中的节点角色

Master	Slave1	Slave2	Slave3
mongos	mongos	mongos	mongos
config server	config server	config server	
shard server 1 主节点	shard server 2 主节点	shard server 3 主节点	shard server 4 主节点
shard server 2 仲裁	shard server 3 仲裁	shard server 4 仲裁	shard server 1 仲裁
shard server 3 副本	shard server 4 副本	shard server 1 副本	shard server 2 副本
shard server 4 副本	shard server 1 副本	shard server 2 副本	shard server 3 副本

端口分配如下：

```
mongos: 20000
config: 21000
shard1: 27001
shard2: 27002
shard3: 27003
shard4: 27004
```

2.4.3 集群搭建

1）安装 MongoDB

```
#解压
tar -xzvf mongodb-linux-x86_64-rhel70-3.6.4.tgz -C /usr/local/
#改名
mv mongodb-linux-x86_64-rhel70-3.6.4 mongodb
```

分别为每台机器建立 conf、mongos、config、shard1、shard2、shard3、shard4 7 个目录。因为 mongos 不存储数据，所以只需要建立日志文件目录。

/usr/local/conf 用于存储配置文件；

/data/mongodb 为硬盘挂载目录，用于存储大批量数据。

```
mkdir -p /usr/local/mongodb/conf
mkdir -p /data/mongodb/mongos/log
mkdir -p /data/mongodb/config/data
mkdir -p /data/mongodb/config/log
mkdir -p /data/mongodb/shard1/data
mkdir -p /data/mongodb/shard1/log
mkdir -p /data/mongodb/shard2/data
mkdir -p /data/mongodb/shard2/log
mkdir -p /data/mongodb/shard3/data
mkdir -p /data/mongodb/shard3/log
mkdir -p /data/mongodb/shard4/data
mkdir -p /data/mongodb/shard4/log
```

2）关闭防火墙对应端口

```
CentOS:
    firewall-cmd --zone=public --add-port=20000/tcp -permanent
    firewall-cmd --zone=public --add-port=21000/tcp -permanent
    firewall-cmd --zone=public --add-port=27001/tcp -permanent
    firewall-cmd --zone=public --add-port=27002/tcp -permanent
    firewall-cmd --zone=public --add-port=27003/tcp -permanent
    firewall-cmd --zone=public --add-port=27004/tcp --permanent
    firewall-cmd --reload
```

3）config server 配置服务器

MongoDB 3.4 以后要求配置服务器创建副本集，否则集群搭建不成功。

首先，在 3 台对应服务器上添加配置文件：

```
vim /usr/local/mongodb/conf/config.conf

## 配置文件内容
pidfilepath = /data/mongodb/config/log/configsrv.pid
dbpath = /data/mongodb/config/data
logpath = /data/mongodb/config/log/congigsrv.log
logappend = true

bind_ip = 0.0.0.0
port = 21000
fork = true

#declare this is a config db of a cluster;
configsvr = true

#副本集名称
replSet=configs

#设置最大连接数
maxConns=20000
```

然后，分别启动三台服务器的 config server：

```
mongod -f /usr/local/mongodb/conf/config.conf
```

登录任意一台配置服务器，初始化配置副本集，其中，“_id”：“configs” 应与配置文件中配置的 replicaction.replSetName 一致，“members”中的“host”为 3 个节点的 ip 和 port。

```
#连接
mongo --port 21000
#config 变量
config = {
...    _id : "configs",
...     members : [
...         {_id : 0,host : "master:21000"},
...         {_id : 1,host : "slave1:21000"},
...         {_id : 2,host : "slave2:21000"}
...     ]
... }
#初始化副本集
rs.initiate(config)
```

4）分片副本集配置

（1）分片副本集一（shard1）。首先，在 4 台服务器上逐个添加配置文件：

```
vi /usr/local/mongodb/conf/shard1.conf

#配置文件内容
pidfilepath = /data/mongodb/shard1/log/shard1.pid
dbpath = /data/mongodb/shard1/data
logpath = /data/mongodb/shard1/log/shard1.log
logappend = true

bind_ip = 0.0.0.0
port = 27001
fork = true

#副本集名称
replSet=shard1

#declare this is a shard db of a cluster;
shardsvr = true

#设置最大连接数
maxConns=20000
```

然后，分别在 4 台服务器上开启 shard1 服务器：

```
mongod -f /usr/local/mongodb/conf/shard1.conf
```

最后，在 shard1 主节点（即 Master）初始化副本集：

```
mongo --port 27001
#使用 admin 数据库
use admin
#定义副本集配置，第 4 个节点的 "arbiterOnly":true 代表其为仲裁节点
config = {
...    _id : "shard1",
...     members : [
...         {_id : 0, host : "master:27001" },
...         {_id : 1, host : "slave1:27001" },
...         {_id : 2, host : "slave2:27001" },
...         {_id : 3, host : "slave3:27001" , arbiterOnly: true}
]
}
#初始化副本集配置
rs.initiate(config);
```

（2）分片副本集二（shard2）。首先，在 4 台服务器上逐个添加配置文件：

```
vi /usr/local/mongodb/conf/shard2.conf

#配置文件内容
pidfilepath = /data/mongodb/shard2/log/shard2.pid
dbpath = /data/mongodb/shard2/data
logpath = /data/mongodb/shard2/log/shard2.log
logappend = true

bind_ip = 0.0.0.0
port = 27002
fork = true

#副本集名称
replSet=shard2

#declare this is a shard db of a cluster;
shardsvr = true

#设置最大连接数
maxConns=20000
```

然后，分别在 4 台服务器上开启 shard2 服务器：

```
mongod -f /usr/local/mongodb/conf/shard2.conf
```

最后，在 shard2 主节点（即 slave1）初始化副本集：

```
mongo --port 27002
#使用 admin 数据库
use admin
#定义副本集配置，第 4 个节点的 "arbiterOnly":true 代表其为仲裁节点
config = {
```

```
... _id:"shard2",
... members:[
...     {_id:0,host:"slave1:27002"},
        {_id:1,host:"slave2:27002"},
...     {_id:2,host:"slave3:27002"},
...     {_id:3,host:"master:27002" , arbiterOnly:true}
... ]
... }
#初始化副本集配置
rs.initiate(config);
```

（3）分片副本集三（shard3）。首先，在 4 台服务器上逐个添加配置文件：

```
vi /usr/local/mongodb/conf/shard3.conf

#配置文件内容
pidfilepath = /data/mongodb/shard3/log/shard3.pid
dbpath = /data/mongodb/shard3/data
logpath = /data/mongodb/shard3/log/shard3.log
logappend = true

bind_ip = 0.0.0.0
port = 27003
fork = true

#副本集名称
replSet=shard3

#declare this is a shard db of a cluster;
shardsvr = true

#设置最大连接数
maxConns=20000
```

然后，分别在 4 台服务器上开启 shard3 服务器：

```
mongod -f /usr/local/mongodb/conf/shard3.conf
```

最后，在 shard3 主节点（即 slave2）初始化副本集：

```
mongo --port 27003
#使用 admin 数据库
use admin
#定义副本集配置，第 4 个节点的 "arbiterOnly":true 代表其为仲裁节点
config = {
... _id:"shard3",
... members:[
...     {_id:0,host:"slave2:27003"},
        {_id:1,host:"slave3:27003"},
...     {_id:2,host:"master:27003"},
```

```
...     {_id:3,host:"slave1:27003" , arbiterOnly:true}
... ]
... }
#初始化副本集配置
rs.initiate(config);
```

（4）分片副本集四（shard4）。首先，在 4 台服务器上逐个添加配置文件：

```
vi /usr/local/mongodb/conf/shard4.conf

#配置文件内容
pidfilepath = /data/mongodb/shard4/log/shard4.pid
dbpath = /data/mongodb/shard4/data
logpath = /data/mongodb/shard4/log/shard4.log
logappend = true

bind_ip = 0.0.0.0
port = 27004
fork = true

#副本集名称
replSet=shard4

#declare this is a shard db of a cluster;
shardsvr = true

#设置最大连接数
maxConns=20000
```

然后，分别在 4 台服务器上开启 shard4 服务器：

```
mongod -f /usr/local/mongodb/conf/shard4.conf
```

最后，在 shard4 主节点（即 slave3）初始化副本集：

```
mongo --port 27004
#使用 admin 数据库
use admin
#定义副本集配置，第 4 个节点的 "arbiterOnly":true 代表其为仲裁节点
config = {
... _id:"shard4",
... members:[
...     {_id:0,host:"slave3:27004"},
        {_id:1,host:"master:27004"},
...     {_id:2,host:"slave1:27004"},
...     {_id:3,host:"slave2:27004" , arbiterOnly:true}
... ]
... }
#初始化副本集配置
rs.initiate(config);
```

5）*配置路由服务器 mongos*

添加配置文件：

```
pidfilepath = /data/mongodb/mongos/log/mongos.pid
logpath = /data/mongodb/mongos/log/mongos.log
logappend = true

bind_ip = 0.0.0.0
port = 20000
fork = true

#监听的配置服务器，只能有 1 个或 3 个 configs 为配置服务器的副本集名字
configdb = configs/master:21000, slave1:21000, slave2:21000

#设置最大连接数
maxConns=20000
```

启动 3 台服务器的 mongos server：

```
mongos -f /usr/local/mongodb/conf/mongos.conf
```

6）*启动分片*

搭建了 MongoDB 配置服务器、路由服务器、各个分片服务器后，应用程序连接到 mongos 路由服务器仍不能使用分片机制，还需要在程序中设置分片配置，使分片生效。

```
#登录任意一台 mongos
mongo --port 20000
#使用 admin 数据库
use  admin
#串联路由服务器与分配副本集
sh.addShard("shard1/master:27001,slave1:27001,slave2:27001,slave3:27001")
sh.addShard("shard2/slave1:27002,slave2:27002,slave3:27002,master:27002")
sh.addShard("shard3/slave2:27003,slave3:27003,master:27003,slave1:27003")
sh.addShard("shard4/slave3:27004,master:27004,slave1:27004,slave2:27004")
#查看集群状态
sh.status()
#指定数据库、集合、片键
sh. enableSharding("testdb")
sh.shardCollection("testdb.table1",{id:1})
#查看集群状态
sh.status()
```

2.4.4 挂载磁盘

将用于存储的磁盘挂载到各个节点的系统目录下。

具体步骤如下：

（1）fdisk-l：查看硬盘挂载情况。

（2）fdisk +硬盘名字：准备硬盘分区，如 fdisk/dev/sdb。

（3）n 命令：创建磁盘并分区。

（4）mkfs-t ext3/dev/sdb1：格式化分区。

（5）mount +磁盘名称 +挂载路径：挂载磁盘。

（6）修改/etc/fstab。

（7）mount –a。

其中，fstab 配置文件参数如下：

第 1 列：设备名称。

第 2 列：挂载点。

第 3 列：文件系统类型。

第 4 列：挂载选项，一般默认，如表 2.2 所示。

表 2.2　第 4 列参数

async/sync	设置是否为同步方式运行，默认为 async
auto/noauto	设置当下载 mount-a 命令时，此文件系统是否被主动挂载，默认为 auto
rw/ro	是否以只读或者读/写模式挂载
exec/noexec	限制此文件系统内是否能够进行“执行”的操作
user/nouser	是否允许用户使用 mount 命令挂载
suid/nosuid	是否允许 SUID 的存在
Usrquota	启动文件系统支持磁盘配额模式
Grpquota	启动文件系统对群组磁盘配额模式的支持
Defaults	同时具有 rw、suid、dev、exec、auto、nouser、async 等默认参数的设置

第 5 列：是否备份，0 表示不做备份，1 表示每天做备份，2 表示不定期做备份。

第 6 列：决定文件通过什么顺序来启动检查扇区。0 表示不检验，1 表示最早检验，2 表示 1 检验完成之后检验。一般情况下，1 用于根目录，2 用于其他目录。

第3章 Chapter 3 大数据平台Hadoop的安全机制

3.1 概述

Hadoop 的最初设想是在集群总是处于可信的环境中，由可信用户使用相互协作的可信计算机组成。最初的 Hadoop 不对用户或服务进行验证，也没有数据隐私。由于 Hadoop 被设计成在分布式设备集群上执行代码，因而任何人都能提交代码并得到执行。尽管在较早的版本中实现了审计和授权（HDFS 文件许可），然而相关访问控制很容易被避开，任何用户只需要做一个命令行切换就可以模拟成其他任何用户。

考虑到这些安全问题，有些组织把 Hadoop 隔离在专有网络中，只有经过授权的用户才能访问。然而，由于 Hadoop 内部几乎没有安全控制，在这样的环境中会出现很多意外和安全事故，合法的用户也可能会产生非法的操作。所有用户和程序员对集群内的所有数据都有相同的访问权限，所有任务都能访问集群内的任何数据，并且所有用户都可能会去读取任何数据集。因为 MapReduce 没有认证或授权的概念，某个合法的用户可能为了让自己的任务更快完成而降低其他 Hadoop 任务的优先级，甚至直接杀死其他任务。

随着安全专家不断指出 Hadoop 的安全漏洞及大数据的安全风险，使得 Hadoop 的安全性一直在改进，很多厂商都发布了"安全加强"版的 Hadoop 和对 Hadoop 的安全加以补充的解决方案。相关产品有 Cloudera Sentry、IBM InfoSphere Optim Data Masking、英特尔的安全版 Hadoop、DataStax 企业版、DataGuise for Hadoop、用于 Hadoop 的 Protegrity 大数据保护器、Revelytix Loom、Zettaset 安全数据仓库等。同时，Apache 也有 Apache Accumulo 项目，为使用 Hadoop 提供添加额外安全措施。Knox 网关（由 HortonWorks 贡献）和 Rhino 项目（由英特尔贡献）等开源项目，承诺要使 Hadoop 发生重大改变。

目前，Hadoop 的安全机制仅限于集群中各节点和服务的认证。NameNode 和 JobTracker 之间、DataNode 和 JobTracker 之间缺乏安全授权机制。各节点间的数据以明文方式传输，使得其在传输过程中易被窃取。总之，Hadoop 的安全机制设计不够完善。

3.2 Hadoop 安全机制

3.2.1 基本的安全机制

通常，Hadoop 使用 Simple 和 Kerberos 两种安全机制。

1）Simple

Simple 是 JAAS（Java Authentication and Authorization Service）协议与 Delegation Token 结合的一种机制，JAAS 提供 Java 认证与授权服务。

当用户提交作业时，JobTracker 端需要进行身份核实，首先验证到底是不是合法用户，即检查执行当前代码的用户与 JobConf 中的 user.name 用户是否一致；然后，通过 ACL（Access Control List）配置文件（由管理员配置）检查当前代码的用户是否有提交作业的权限。一旦通过验证，该用户将会获取 HDFS 或者 MapReduce 授予的 Delegation Token，访问不同模块有不同的 Delegation Token。随后的任何操作，如访问文件，均要检查该 Token 是否存在，以及使用者与之前注册使用该 Token 的用户是否一致。

2）Kerberos

Kerberos 是一种基于认证服务器的方式。如图 3.1 所示，Kerberos 机制具体步骤如下。

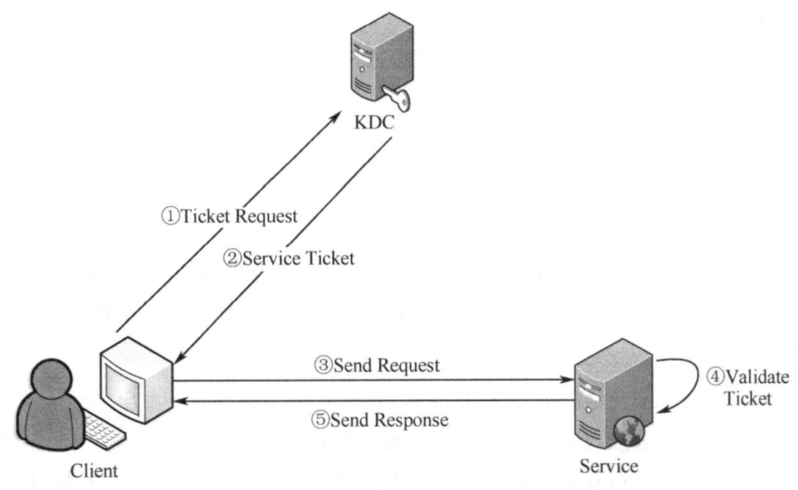

图 3.1 Kerberos 机制

（1）Client 将之前获得的 TGT（Ticket Granting Ticket，票据授权票据）和请求的服务信息（服务名等）发送给 KDC（Key Distribution Center，密钥分发中心），KDC 中的 Ticket Granting Service 将为 Client 和 Service 之间生成一个 Session Key，用于 Service 对 Client 的身份鉴别。然后，KDC 将这个 Session Key 和用户名、用户地址（IP）、服务名、有效期、时间戳封装成一个 Service Ticket 发送给 Service，这些信息最终用于 Service 对 Client 的身

份鉴别。这里，Kerberos 协议并没有直接将 Service Ticket 发送给 Service，而是通过 Client 转发给 Service，进行第二步。

（2）KDC 将 Service Ticket 转发给 Client。由于这个 Service Ticket 要发给 Service，不能让 Client 看到，所以 KDC 使用协议开始之前 KDC 与 Service 之间的密钥，将 Service Ticket 加密后发送给 Client。同时，为了保证 Client 和 Service 之间共享密钥，即 KDC 在第一步为它们创建的 Session Key，KDC 使用与 Client 之间的密钥将 Session Key 进行加密并与加密的 Service Ticket 一起返回给 Client。

（3）为了完成 Service Ticket 的传递，Client 将刚才收到的 Service Ticket 转发到 Service。由于 Client 不知道 KDC 与 Service 之间的密钥，所以它无法篡改 Service Ticket 中的信息。同时，Client 将收到的 Session Key 解密出来，然后将自己的用户名、用户地址（IP）打包成 Authenticator，使用 Session Key 进行加密也发送给 Service。

（4）Service 收到 Service Ticket 后，利用它与 KDC 之间的密钥将 Service Ticket 中的信息解密出来，从而获得 Session Key 和用户名、用户地址（IP）、服务名、有效期。然后，使用 Session Key 将 Authenticator 解密，从而获得用户名、用户地址（IP），将其与之前 Service Ticket 中解密出来的用户名、用户地址（IP）做比较，从而验证 Client 的身份。

（5）如果 Service 有返回结果，则将其返回给 Client。

该机制的优点在于：

（1）可靠：Hadoop 本身并没有提供认证功能和创建用户组功能，只能依靠外围的认证系统。

（2）高效：Kerberos 使用对称密钥操作，比 SSL 的公开密钥效率高。

（3）操作简单：用户可以方便地进行操作，不需要复杂的指令。例如，撤销一个用户只需要从 Kerberos 的 KDC 数据库中删除即可。

进一步，Kerberos 可应用于 Hadoop 多个组件之间。

3.2.2 总体的安全机制

Hadoop 的安全机制如下所述。

（1）Hadoop 的客户端通过 Hadoop 的 RPC 库访问相应的服务，Hadoop 在 RPC 层中添加了权限认证机制，所有 RPC 都会使用 SASL 进行连接。其中，SASL 协商使用 Kerberos 或者 DIGEST MD5 协议。

（2）HDFS 使用的认证可以分成两个部分：第一部分是客户端与 NameNode 连接时的认证；第二部分是客户端从 DataNode 获取 Block 时所需要的认证。第一部分使用 Kerberos 协议认证和授权令牌（Delegation Token）认证，这个授权令牌可以作为接下来访问 HDFS 的凭证。第二部分则是客户端从 NameNode 获取一个认证令牌，只有使用这个令牌才能从相应的 DataNode 获取 Block。

（3）在 MapReduce 中用户的每个 Task 均使用用户的身份运行，这样就防止了恶意用户使用 Task 干扰 TaskTracker 或者其他用户的 Task。

（4）HDFS 在启动时，NameNode 首先进入一个安全模式，此时系统不会写入任何数据。NameNode 在安全模式下会检测数据块的最小副本数，当一定比例的数据块达到最小副本数时（一般为 3），系统就会退出安全模式，否则补全副本，以达到一定的数据块比例。

（5）当从 HDFS 获得数据时，客户端会检测从 DataNode 收到的数据块，通过检测每个数据块的校验和（Checksum）来验证这个数据块是否损坏。如果损坏，则从其他 DataNode 获得这个数据块的副本，以保证数据的完整性和可用性。

（6）MapReduce 和 HDFS 都设计了心跳机制，Task 和 DataNode 都定期向 JobTracker 和 NameNode 发送心跳数据。当 JobTracker 不能接收到某个 Task 的心跳数据时，则认为该 Task 已经失败，会在另一个节点上重启该任务，以保证整个 MapReduce 程序的运行。同理，如果 NameNode 收不到某个 DataNode 的心跳信息，也认为该节点已经死掉，不会向该节点发送新的 I/O 任务，并复制那些丢失的数据块。

3.3 Hadoop 组件的安全机制

3.3.1 RPC 安全机制

Hadoop 的客户端通过 RPC 访问 Hadoop 的服务。Apache 在 Hadoop RPC 中添加了权限认证授权机制。当用户调用 RPC 时，用户的登录用户名通过 RPC 头部传递给 RPC，之后 RPC 使用 SASL 确定一个权限协议（支持 Kerberos 和 DIGEST MD5 两种），完成 RPC 授权。

Kerberos：用户从 KDC 获取服务的 Ticket，使用 SASL/GSSAPI 进行认证。客户端和服务端通过标准的 Kerberos 协议进行相互认证。

DIGEST MD5：当客户端和服务端共享密钥时，它们能够使用 SASL/DIGEST MD5 进行相互认证。这样，比使用 Kerberos 的成本小，并且不需要类似 Kerberos KDC 的第三方。HDFS 的 Delegation Token 和 MapReduce 的 Job Token 使用了 DIGEST MD5。

除了 NameNode 之外，大多数的 Hadoop 服务只支持 Kerberos 认证建立 RPC 连接，交互双方使用相应的 Token；若无可使用的 Token，则使用 Kerberos 凭证。

3.3.2 HDFS 安全机制

客户端获取 NameNode 初始访问认证（使用 Kerberos）后，获取一个 Delegation Token，该 Token 可以作为接下来访问 HDFS 或者提交作业的凭证。为了读取某个文件，客户端首先要与 NameNode 交互，获取对应数据块的 Block Access Token，然后到相应的 DataNode 上读取各个数据块，而 DataNode 在初始启动向 NameNode 注册时，已经提前获取了这些 Token，当客户端要从 TaskTracker 上读取数据块时，首先验证 Token，通过后才允许读取。

1）Delegation Token

当用户使用 Kerberos 证书向 NameNode 提交认证后，从 NameNode 获得一个 Delegation Token，之后该用户提交作业时可使用该 Delegation Token 进行身份认证。Delegation Token 是用户和 NameNode 之间的共享密钥，获取 Delegation Token 的任何人都可以假冒该用户。只有当用户再次使用 Kerberos 认证时，才会再次得到一个新的 Delegation Token。

当从 NameNode 获得 Delegation Token 时，用户应该告诉 NameNode 这个 Token 的

renewer（更新者）。在对该用户的 Token 进行更新之前，更新者先向 NameNode 进行认证。Token 的更新将延长该 Token 在 NameNode 上的有效时间，而非产生一个新的 Token。为了让一个 MapReduce 作业使用一个 Delegation Token，用户通常需要将 JobTracker 作为 Delegation Token 的更新者。同一个作业下的所有任务使用同一个 Token。在作业完成之前，JobTracker 确保这些 Token 是有效的；在作业完成之后，JobTracker 就可以废除这个 Token。

NameNode 随机选取 masterKey，并用它生成和验证 Delegation Token，保存在 NameNode 的内存中。每个 Delegation Token 都有一个 Token，存在 expiryDate（过期时间）。如果 currentTime>expiryDate，该 Token 将被认为是过期的，任何使用该 Token 的认证请求都将被拒绝。NameNode 将过期的 Delegation Token 从内存中删除。另外，如果 Token 的 owner（拥有者）和 renewer（更新者）废除了该 Token，则 NameNode 将这个 Delegation Token 从内存中删除。Sequence Number（序列号）随着新的 Delegation Token 的产生不断增大，唯一标识每个 Token。

当客户端（如一个 Task）使用 Delegation Token 认证时，首先向 NameNode 发送 Token ID，Token ID 代表客户端将要使用的 Delegation Token。NameNode 利用 Token ID 和 masterKey 重新计算出 Delegation Token，然后检查其是否有效。当且仅当该 Token 存在于 NameNode 内存中，并且当前时间小于过期时间时，这个 Token 才算是有效的。如果 Token 是有效的，则客户端和 NameNode 就会使用它们自己的 Token Authenticator 作为密钥、DIGEST MD5 作为协议相互认证。以上双方认证过程中，都未泄露自己的 Token Authenticator 给另一方。如果双方认证失败，意味着客户端和 NameNode 没有共享同一个 Token Authenticator，那么它们也不会知道对方的 Token Authenticator。

为了保证有效，Delegation Token 需要定时更新。假设 JobTracker 是一个 Token 的更新者，在 JobTracker 向 NameNode 成功认证后，JobTracker 向 NameNode 发送要被更新的 Token。

NameNode 将进行如下验证。

（1）JobTracker 是 Token ID 中指定的更新者。

（2）Token Authenticator 是正确的。

（3）currentTime<maxDate。

验证成功之后，如果该 Token 在 NameNode 内存中，即该 Token 是有效的，则 NameNode 将其新 expiryDate 设置为 min（currentTime+renewPeriod, maxDate）。如果这个 Token 不在内存中，说明 NameNode 重启丢失了之前内存中保存的 Token，则 NameNode 将这个 Token 添加到内存中，并且用相同的方法设置其 expiryDate，使得 NameNode 重启后作业依然可以运行。JobTracker 需要在重新运行失败 Tasks 之前，向 NameNode 更新所有的 Delegation Token。

注意：只要 currentTime < maxDate，那么即使这个 Token 已经过期，更新者依然可以更新它。因为 NameNode 无法判断一个 Token 过期与否（或是否被废除），或是由于 NameNode 重启导致其不在内存中。只有被指定的更新者可以使一个过期的 Token 复活，即便攻击者窃取到了这个 Token，也不能更新使其复活。

masterKey 需要定时更新，NameNode 只需要将 masterKey 而不是 Tokens 保存在磁盘上。

2）Block Access Token

早期的 Hadoop 并没有对 Block（数据块）添加访问控制，对于一个未认证的客户端，只要它能获得数据块的 Block ID，就可以读取数据块。除此之外，任何人都可以向 DataNode 写任意数据。

当用户向 NameNode 请求访问文件时，NameNode 进行文件权限检查。NameNode 根据对用户所请求的文件（即相关的数据块）是否具有相应权限来做出授权。然而，对于 DataNode 中的数据块，以上权限授权是无用的，因为 DataNode 没有文件的概念，更不用提文件权限了。

为了在 HDFS 上实施一致的数据访问控制策略，需要一个机制来将 NameNode 上的访问授权实施到 DataNode 上，并且任何未授权的访问将被拒绝。

NameNode 通过使用 Block Access Token 向 DataNode 传递数据访问权限授权信息。Block Access Token 由 NameNode 生成，在 DataNode 上使用，其拥有者能够访问 DataNode 中的特定数据块，而 DataNode 能够验证其授权。

Block Access Token 通过对称密钥机制生成，NameNode 和所有的 DataNode 共享一个密钥。对于每一个 Token，NameNode 使用这个共享密钥计算出一个加密的哈希值（MAC），这个哈希值就是 Token Authenticator。Token Authenticator 是构成 Block Access Token 的必要部分。当 DataNode 收到一个 Token 时，它使用自己的密钥重新计算出 Token Authenticator，并将其与接收到的 Token 中的 Token Authenticator 进行比较，如果匹配，则认为这个 Token 是可信的。因为只有 NameNode 和 DataNode 知道密钥，所以第三方无法伪造 Token。

若使用公钥机制生成 Token，则计算成本较为昂贵。其主要优点是即使一个 DataNode 被攻陷，攻击者也不会获得能够伪造出有效 Token 的密钥。然而，通常在 HDFS 部署中，所有 DataNode 的保护措施都是相同的（相同的数据中心、相同的防火墙策略）。如果攻击者有能力攻陷一个 DataNode，那么就能够利用相同的手段攻陷所有的 DataNode，而不必使用密钥。因此，使用公钥机制不会带来根本性的差异。

理想情况下，Block Access Token 是不可转移的，仅其拥有者可以使用它。Token 中包含了其拥有者的 ID，无论谁使用这个 Token 都要认证其是否为拥有者，所以没有必要担心 Token 的丢失。在当前的安全机制中，Block Access Token 中包含其拥有者的 ID，但 DataNode 并不验证其拥有者的 ID，预计以后会添加相关验证。

无须更新或者废除一个 Block Access Token。当一个 Block Access Token 过期时，只需获取一个新的 Token。Block Access Token 保存在内存中，无须写入磁盘中。Block Access Token 的使用场景如下：HDFS 客户端向 NameNode 请求一个文件的 Block ID 和所在位置；NameNode 验证该客户端是否被授权访问这个文件，然后将所需的 Block ID 和对应的 Block Access Token 发送给客户端；当客户端需要访问一个数据块时，将向 DataNode 发送 Block ID 和对应的 Block Access Token；DataNode 验证收到的 Block Access Token，判断是否客户端允许访问数据块。HDFS 客户端把从 NameNode 获取的 Block Access Token 保存在内存中，当 Token 过期或者访问到未缓存的数据块时，客户端会向 NameNode 请求新的 Token。

无论数据块实际存储在哪里，Block Access Token 在所有的 DataNode 上都是有效的。NameNode 随机选取计算 Token Authenticator 的密钥，当 DataNode 首次向 NameNode 注册时，NameNode 将密钥发送给该 DataNode。NameNode 上有一个密钥滚动生成机制以更新密钥，并定期将新的密钥发送给 DataNode。

Block Access Token 的密钥生成机制如下。

（1）NameNode 在启动时随机选取一个密钥使用，称为当前密钥。在一定时间间隔后，NameNode 随机选取一个新的密钥作为当前密钥使用，替代旧密钥。只要旧密钥生成的 Token 有效，旧密钥就仍将被保存。每个密钥对应着一个过期时间，NameNode 将所有未过期的密钥保存在内存中。其中，只有当前密钥用来生成 Token（也用来验证 Token 是否有效），其他密钥仅用来验证密钥是否有效。

（2）DataNode 启动 NameNode 注册时，从 NameNode 获得所有未过期的密钥集合。当 DataNode 重启时，DataNode 已准备好验证所有未过期的 Token，并不需要在磁盘中保存任何密钥。

（3）当 NameNode 更新了当前密钥后，NameNode 从密钥集合中删除已过期的密钥，然后添加当前密钥到集合中。从此时起，新的当前密钥将用来生成 Token，所有的 DataNode 将在它们下一次同 NameNode 心跳感应时获得新的密钥集合。

（4）当 DataNode 获得了新的密钥集合后，它将从缓存中删除过期的密钥，然后添加新获得的密钥至缓存，复制新的密钥将会覆盖旧密钥。

（5）当 NameNode 重启时，丢失所有的旧密钥（因为仅保存在内存中），它将生成新的密钥来使用。然而，因为 DataNode 缓存仍保存了旧密钥，直至其过期，旧密钥仍将被使用。仅当 NameNode 和 DataNode 同时重启时，客户端才向 NameNode 重新请求 Token。

存在两种情况，DataNode 和 Balancer 能够不通过 NameNode 就生成 Block Access Token。第一种情况是 NameNode 让 DataNode 之间复制一些数据块，DataNode 在向其他 DataNode 发送请求前会生成一个 Token。第二种情况是 Balancer 让 DataNode 之间复制一些数据块，并且 Balancer 生成相应的 Token。

注意： Balancer 是当 HDFS 集群中一些 DataNodes 的存储即将写满或者空白的新节点加入集群时，用于均衡 HDFS 集群磁盘使用量的一个工具。该工具作为一个应用部署在集群中，可以由集群管理员在一个 live 的 cluster 中执行。

3.3.3 MapReduce 安全机制

在 MapReduce 中，客户端到 JobTracker 所有提交作业或者追踪作业的认证连接都使用 Kerberos 通过 RPC 完成。然而，提交作业的任务必须以提交作业用户的身份和权限运行。MapReduce 将作业挂起和运行的信息存储在 HDFS 中，因此 MapReduce 也依赖于 HDFS 的安全。

与 HDFS 不同，当前的 MapReduce 除了 SLA（Service Level Authorization）外并无其他认证模型，也不能限制用户将作业提交到特定的任务队列中。作为 MapReduce 安全的一部分，只有用户可以终止他们自己的作业和任务。

1）Job 的提交

提交 Job（作业）时，客户端将作业的配置、输入分片、分片的元数据等信息写入它们在 HDFS 的 home 目录下，该目录只允许该用户可读、可写、可执行。随后客户端将该目录的位置和安全证书发送给 JobTracker。由于这个作业目录在该用户的 home 目录下，因此对作业目录的访问有着相应的限制。

作业可能会访问若干个 HDFS 和其他的服务，因此在一个 Map 中作业的安全证书以字符串键值和二进制数值的形式保存。作业的 Delegation Token 使用 NameNode 的 URL 加密。安全证书保存在 HDFS 上 JobTracker 目录下，仅允许 Kerberos 的 MapReduce 实体可读。为了确保 Delegation Token 不会过期，JobTracker 定期为其进行更新。当作业结束时，所有的 Delegation Token 都将作废。

为了读取作业的配置，JobTracker 使用提交作业用户的 Delegation Token 读取作业所需的配置并将其保存在内存中。JobTracker 还为提交作业的授权用户生成 Job Token。

2）Task

Task（任务）以提交作业用户的身份运行。因为只有 root 用户能够修改用户 ID，系统使用一个设置了 setuid 位的 C 程序来以正确的用户身份运行 Java 虚拟机。当任务结束时，该程序删除本地文件和句柄并销毁该 Java 虚拟机。以提交作业用户的身份运行作业，是为了确保该用户的作业不能向 TaskTracker 或其他用户的任务发送系统信号。这也保证了本地文件的访问权限的有效性，保护了不同用户信息的隐私性。

3）Job Token

当提交作业时，JobTracker 会生成一个 Token，称作 Job Token，仅供作业的任务向系统进行身份认证使用。该 Token 作为作业的一部分保存在 HDFS 上 JobTracker 的系统目录下，并通过 RPC 分发给 TaskTracker。TaskTracker 将 JobToken 写入本地磁盘的作业目录下，仅该提交作业的用户可以访问。当任务与 TaskTracker 通过 DIGEST MD5 使用 RPC 通信——请求任务或报告状态时，使用 Job Token。

此外，Pipes 任务作为 MapReduce 的子进程，也使用 Job Token。通过共享密钥，子进程和父进程可确保都获得密钥。

4）Shuffle

当一个 Map 任务结束时，Map 的输出传送给控制 Map 任务的 TaskTracker。该任务中的每个 Reduce 程序通过 HTTP 向 TaskTracker 获取 Map 的输出。系统须确保其他用户不能获取此 Map 的输出结果。所以，Reduce 程序使用 HMAC-SHA1 计算请求的 URL 和当前时间戳，使用 Job Token 作为密钥。Reduce 程序将以上 HMAC-SHA1 密文连同获取 Map 输出的请求一起发送给 TaskTracker，如果密文正确并且时间戳在允许范围内，则通过 TaskTracker 认证，TaskTracker 响应请求。

为了确保不是木马伪造的 TaskTracker，对 Reduce 应答的头部应包含之前向 Reduce 请求中所包含的 HMAC-SHA1 密文，密钥依然是 Job Token。密文正确才能证明应答确实来自作业本身。

Shuffle 认证通过 DIGEST MD5 采用 HMAC-SHA1 的优点在于避免了在服务端和客户端间的相互认证。MapReduce 过程会产生大量的 Shuffle 连接，而每次 Shuffle 连接仅传送相对少量的数据。

5）Web UI

MapReduce 的一个重要用户接口是 JobTracker 的 Web UI。Hadoop 提供一种可扩展的 HTTP 用户认证机制。每个用户或组织需要配置自己的基于浏览器的认证功能。

Hadoop 使用 SPNEGO（Simple and Protected GSSAPI Negotiation）对浏览器访问进行

认证。SPNEGO 是基于 Kerberos 的扩展认证协议，是 Web 浏览器认证的标准解决办法。然而，Jerry6 并不支持 SPNEGO，而且大多数浏览器也默认关闭该功能。所以，每个用户或组织需要单独配置自己的浏览器认证功能。

3.4 Hadoop 的安全性分析

3.4.1 Kerberos 认证体系的安全问题

Kerberos 认证体系假设在 Kerberos 域中，除了 Kerberos 认证服务器以外，其他的服务器和网络都是危险区域，任何人都可能在网络中恶意地假冒身份，读取、篡改、破坏数据。Kerberos 认证体系不依赖主机操作系统的认证，不信任主机的网络地址，不要求网络中主机保持物理上的安全。相对于其他形式的认证系统，Kerberos 认证体系具有以下优势。

- 实现了认证票据的一次性签发，并且签发的票据都有生成期限;
- 支持用户和服务端的双向身份认证;
- 支持分布式网络环境下不同域的域间认证。

然而，在 Kerberos 认证体系中，也存在一些安全隐患：

（1）Kerberos 的认证服务器 KDC 是整个 Kerberos 认证体系中的主体，为域中的用户和服务提供认证。当域中用户和服务较多时，短时间内大量交互需向 Kerberos 认证服务器发送认证请求，其性能将经受考验，成为整个系统的瓶颈，可能会造成 Kerberos 认证体系对认证请求拒绝服务。

（2）Kerberos 认证体系要求 Kerberos 域中的各台服务器主机时钟同步，而 Kerberos 域中各服务器的时钟同步机制还需要考虑如访问控制策略、系统漏洞等其他层面的安全因素，否则恶意攻击者可通过篡改 Kerberos 域中服务器主机的时间来实施攻击。

（3）Kerberos 认证体系所使用的票据都有一个有效期限，然而，在票据的有效期限之内，恶意攻击者仍然可以通过截获认证票据信息，冒充已认证的用户或服务，实施重放攻击。

（4）在 Kerberos 认证体系中，Kerberos 域中用户和认证服务器的共享密钥存储在认证服务器 KDC 中，是完全保密的。如果攻击者能够侵入认证服务器，获得用户的密钥，就可以伪装成合法用户。此外，攻击者还可以使用离线方式破解用户口令，如果用户口令被窃取或破解，Kerberos 认证体系将无法保证系统的安全。

3.4.2 系统平台的安全问题

1）KDC 性能是系统的瓶颈

Hadoop 中的用户、节点和服务在交互前需通过 Kerberos 进行身份认证，而每一次认证过程都需要经 Kerberos 的密钥分发中心 KDC 来分发认证票据。Hadoop 集群中可能有成百上千个任务同时执行，而每个任务的执行都要向 KDC 进行认证。若是在短时间内大量的任务同时向 Kerberos 认证服务器请求票据，就会使得 KDC 的负载急剧增大，使其成为整个系统的瓶颈，从而影响 Hadoop 集群的性能。当客户端向 KDC 申请票据授权时，发送的身份信息极易被截取，容易造成信息泄露。

2）以 NameNode 为中心的主从模式不够健壮

在 Hadoop 集群中，NameNode 作为整个系统的主节点，负责集群其他节点、服务及用户信息的存储，系统资源访问控制，集群中数据块的映射，文件系统的命名空间操作，以及监控和调度 MapReduce 中的作业任务。虽然 NameNode 功能强大，但其负担沉重，任务繁多。一旦 Hadoop 中唯一的主节点服务器 NameNode 遭受攻击，将给整个集群带来灾难性的破坏。

3）过于简单的 ACL 访问控制机制

传统的基于 ACL 的访问控制策略在 HDFS 和 MapReduce 中使用。可是，在服务器端，ACL 访问控制列表很容易被高权限的用户修改，存在着不安全因素。例如，NameNode 对与其交互的用户客户端进行 9 比特位的权限判定，这种访问控制机制缺乏高等级访问控制所需的安全性。因此，对于使用 Hadoop 的企业，需要改进其访问控制策略，实现基于用户角色的更高等级的访问控制机制。

4）集群节点间数据的明文传输和存储

Hadoop 集群各节点间的数据传输及各数据节点 DataNode 上的数据存储，都是明文形式，并无任何的加/解密处理。在当前版本和未来可预见版本的 Hadoop 中，也没有传输和存储过程的数据保护机制。考虑到 Hadoop 大量并行计算的系统开销，省去加/解密过程，确实能够提高系统的计算处理速度，但是安全隐患却无法避免。目前，已有第三方版本的 Hadoop 在 TCP/IP 层之上使用了安全套接层协议 SSL，如 Cloudera Hadoop，部分满足了一些情况下的安全需求。

5）没有数据的隔离

Hadoop 不加区分地存储着不同角色用户、不同安全等级的数据，缺少有效的安全隔离措施，一旦系统被入侵，即存在数据泄露的风险。在实际使用中，一些大型企业所采取的手段通常是隔离 Hadoop 不同用户的数据，引入基于角色的管理控制体系来防止非法的访问。

3.5 Hadoop 安全技术架构

根据以上的安全机制和安全问题分析，可以引出针对 Hadoop 的安全需求：

（1）如何强制所有类型的客户端（如 Web 控制台和进程）上的用户及应用进行身份验证？

（2）如何避免流氓服务冒充合法服务？例如，流氓 TaskTracker 和 Task，未经授权的进程向 DataNode 出示 ID 以访问数据块等。

（3）如何根据已有的访问控制策略和用户凭据强制数据的访问控制？

（4）如何实现基于属性的访问控制（Attribute-Based Access Control，ABAC）或基于角色的访问控制（Role-Based Access Control，RBAC）？

（5）如何将 Hadoop 与已有的企业安全服务集成？

（6）如何控制用户被授权可以访问、修改和停止 MapReduce 作业？

（7）如何加密网络中的传输数据？

（8）如何加密硬盘上的存储数据？

（9）如何对事件进行跟踪、审计和溯源？

（10）对于架设在网络上的 Hadoop 集群，采用网络途径保护的最好办法是什么？

Hadoop 安全技术架构应该包括以下内容。

1）数据保护

在数据导入大数据平台之前，明确数据隐私保护策略，充分考虑企业的隐私政策、相关行业规定及政府法规等因素，明确企业中需要进行安全保护的数据，同时根据数据的敏感程度进行安全等级划分。对于已经存储在大数据平台中的数据，需要全面梳理和核实是否有安全系数高的敏感数据。首先明确业务分析是否需要访问纳入安全保护的数据，或此类数据经过脱敏处理后能否使用；然后选择合适的敏感信息遮挡或加密等矫正技术。

2）网络安全

考虑到大数据的安全边界问题，大数据平台应该采用环形网络拓扑结构部署在企业的 DCN（Data Communication Network）中，采用万兆防火墙进行访问控制，只有经过授权的用户才可以访问。网络安全软件 Apache Knox Gateway、Httpfs 提供相关的支持。

3）系统安全

采用开源集群监控工具 Ganglia 进行大数据平台的系统性能指标采集，采用开源网络监视工具 Nagios 进行大数据平台预警。

4）存储安全

采用 NameNode 主备的配置，主备节点可以在不影响业务使用的情况下于 1～2s 内完成自动切换，避免单点故障问题。数据保存 3 个副本，分散存储在大数据平台的不同节点上。选择合适的加密算法进行数据加密。NameNode 元数据定时备份到备份服务器上面，同时配置大数据平台垃圾回收站，确保数据可以在一定时间内恢复。

5）计算引擎

采用统一资源调度框架 YARN 进行大数据平台计算资源的管理和分配。为了更好地进行集群资源的管理，其基本设计思想是将 MapReduce 中的 JobTracker 拆分为两个独立的服务全局的资源管理器 Resource Manager 和每个应用程序特有的 Application Master，其中 Resource Manager 负责整个系统的资源管理和分配，而 Application Master 则负责一个在 YARN 内运行的应用程序的每个实例的管理。用户通过大数据平台接口提交数据处理任务到大数据平台，在运行过程中由于各种原因导致失败的情况下，YARN 框架可以实现任务的自动重启，保证计算任务的稳定性。

6）认证与授权

采用 Kerberos 作为 Hadoop 的认证机制，可以实现在 RPC 连接上做相互认证，为 HTTP Web 控制台提供即插即用的认证，强制执行 HDFS 的文件许可，用于后续认证检查的代理令牌，用于数据块访问控制的块访问令牌，使用作业令牌强制任务授权。

网络加密采用 Kerberos+Sentry 技术或者单独采用 Sentry 技术，实现用户在使用 Hive 和 Impala 接入大数据平台时的安全管控。当前最大细粒度可以达到表级的访问控制，可以满足企业基于角色访问大数据平台的需求。

3.6 安全技术工具

3.6.1 系统安全

1）Ganglia

Ganglia 是 UC Berkeley 发起的一个开源集群监视项目，用于测量数以千计的节点。Ganglia 的核心包含 gmond、gmetad 及一个 Web 前端，主要用来监控系统性能，如 CPU、内存、硬盘利用率、I/O 负载、网络流量情况等。通过曲线可以看到每个节点的工作状态，对合理调整、分配系统资源，提高系统整体性能起到重要作用。

每台计算机都运行一个收集和发送度量数据的 gmond 守护进程。接收所有度量数据的主机可以显示这些数据并且可以将这些数据的精简表单传递到层次结构中。这种层次结构模式使得 Ganglia 可以实现良好的扩展，同时 gmond 带来的系统负载非常少，使得它成为在集群中各台计算机上运行的一段代码，不会影响用户性能，但所有这些数据多次收集就会影响节点性能。网络中的“抖动”发生在大量小消息同时出现的时候，可以通过将节点时钟保持一致来解决问题。

gmetad 可以部署在集群内任一节点或者通过网络连接到集群的独立主机，它通过单播路由的方式与 gmond 通信，收集区域内节点的状态信息，并以 XML 数据的形式保存在数据库中。

由 RRDTool 工具处理数据并生成相应的图形显示，以 Web 方式直观地提供给客户端。

2）Nagios

Nagios 是一个监视系统运行状态和网络信息的监视系统，能够监视所指定的本地或远程主机及服务，同时提供异常通知功能。

它可以运行在 Linux/UNIX 平台上，同时提供一个可选的基于浏览器的 Web 界面，以方便系统管理人员查看网络状态、各种系统问题及日志等。

Nagios 可以监控的功能包括：

（1）监控网络服务（SMTP、POP3、HTTP、NNTP、PING 等）。

（2）监控主机资源（处理器负荷、磁盘利用率等）。

（3）简单的插件设计使得用户可以方便地扩展自己服务的检测方法。

（4）并行服务检查机制。

（5）具备定义网络分层结构的能力，采用“parent”主机定义来表达网络主机之间的关系，这种关系可被用来发现和明晰主机宕机或不可达状态。

（6）当服务或主机问题产生与解决时，将告警发送给联系人（通过 E-mail、短信、用户定义方式）。

（7）定义一些处理程序，能够在服务或者主机发生故障时起到预防作用。

（8）自动的日志滚动功能。

（9）支持并实现对主机的冗余监控。

（10）可选的 Web 界面用于查看当前的网络状态、通知、故障历史、日志文件等。

（11）通过手机查看系统监控信息。

（12）指定自定义的事件处理控制器。

3）Ambari

Apache Ambari 是一个基于 Web 的工具，用于配置、管理和监视 Hadoop 集群，支持 HDFS、MapReduce、Hive、HCatalog、HBase、ZooKeeper、Oozie、Pig 和 Sqoop。同时，提供了集群状况仪表盘，如 Heatmaps 和查看 MapReduce、Pig、Hive 应用程序的能力，以友好的用户界面对性能特性进行诊断。

Ambari 充分利用了已有的优秀开源软件，巧妙地将它们结合起来，在分布式环境中具有集群式服务管理能力、监控能力、展示能力。相关的开源软件包括：

（1）在 Agent 端，采用 puppet 管理节点。

（2）在 Web 端，采用 ember.js 作为前端 MVC 框架和 NodeJS 相关工具，handlebars.js 作为页面渲染引擎，在 CSS/HTML 方面使用 Bootstrap 框架。

（3）在 Server 端，采用 Jetty、Spring、JAX-RS 等。

（4）同时利用 Ganglia、Nagios 的分布式监控能力。

Ambari 采用 Server/Client 的框架模式，主要由 ambari-agent 和 ambari-server 两部分组成。Ambari 依赖其他已经成熟的工具，如 ambari-server 依赖 python，而 ambari-agent 依赖 ruby、puppet、facter 等工具，也依赖一些监控工具如 Nagios 和 Ganglia 用于监控集群状况。其中，puppet 是分布式集群配置管理工具，也是典型的 Server/Client 模式，能够集中管理分布式集群的安装配置部署，主要语言是 ruby；facter 是使用 Python 编写的一个节点资源采集库，用于采集节点的系统信息，如操作系统信息。由于 ambari-agent 主要使用 Python 编写，因此使用 facter 可以很好地采集节点信息。

Ambari 项目目录介绍如表 3.1 所示。

表 3.1　Ambari 项目目录介绍

目　　录	描　　述
ambari-server	Ambari 的 Server 程序，主要管理部署在每个节点上的管理监控程序
ambari-agent	部署在监控节点上运行的管理监控程序
Contrib	自定义第三方库
ambari-web	Ambari 页面 UI 的代码，作为用户与 ambari-server 的交互
ambari-views	用于扩展 ambari-web UI 中的框架
Docs	文档
ambari-common	ambari-server 和 ambari-agent 共用的代码

3.6.2　认证授权

1）Apache Sentry

Apache Sentry是 Cloudera 公司发布的一个 Hadoop 开源组件，截至目前已经孵化完成，它提供了细粒度级、基于角色的授权及多租户的管理模式。Apache Sentry 当前可以和

Hive/Hcatalog、Apache Solr 和 Cloudera Impala 集成，未来会扩展到其他的 Hadoop 组件。

Apache Sentry 为 Hadoop 使用者提供了以下优势。

- 能够在 Hadoop 中存储更敏感的数据；
- 保证更多的终端用户拥有 Hadoop 数据访问权；
- 创建更多的 Hadoop 使用案例；
- 构建多用户应用程序；
- 符合规范（如 SOX、PCI、HIPAA、EAL3）。

在 Apache Sentry 诞生之前，对于授权有两种备选解决方案：粗粒度级的 HDFS 授权和咨询授权，但它们并不符合典型的规范和数据安全需求，具体原因如下。

（1）粗粒度级的 HDFS 授权：安全访问和授权的基本机制被 HDFS 文件模型的粒度所限制。五级授权是粗粒度的，没有对文件内数据的访问控制，即用户要么可以访问整个文件，要么什么都看不到。另外，HDFS 权限模式不允许多个组对同一数据集有不同级别的访问权限。

（2）咨询授权：在 Hive 中是一个很少使用的机制，旨在保证用户能够自我监管，防止意外删除或重写数据。这是一种“自服务”模式，用户可以为自己授予任何权限。因此，一旦恶意用户通过认证，它不能阻止其对敏感数据的访问。

通过引进 Apache Sentry，Hadoop 可以在以下方面满足企业和政府用户的 RBAC 需求。

（1）安全授权：可以控制数据访问，并对通过验证的用户提供数据访问特权。

（2）细粒度访问控制：支持细粒度的 Hadoop 数据和元数据访问控制。在 Hive 和 Impala 中 Apache Sentry 的最初版本中，为服务器、数据库、表和视图范围提供了不同特权级别的访问控制，包括查找、插入等，允许管理员使用视图限制对行或列进行访问。管理员也可以通过 Apache Sentry 和带选择语句的视图或 UDF，根据需要在文件内屏蔽数据。

（3）基于角色的管理：通过基于角色的授权简化管理，可以将访问同一数据集的不同特权级别授予多个组。

（4）多租户管理：允许为委派给不同管理员的不同数据集设置权限。在 Hive 或 Impala 的情况下，提供在数据库和 schema 级别的权限管理。

（5）统一平台：为确保数据安全，提供了统一平台，使用 Hadoop Kerberos 实现安全认证。通过 Hive 或 Impala 访问数据时，可以使用同样的 Apache Sentry 协议。而且，Apache Sentry 协议将被扩展到其他组件。

Apache Sentry 的目标是实现授权管理。它是一个策略引擎，被数据处理工具用来验证访问权限，也是一个高度扩展的模块，可以支持任何的数据模型。目前，它支持 Apache Hive 和 Cloudera Impala 的关系数据模型，以及 Apache 中的有继承关系的数据模型。

Apache Sentry 提供了定义和持久化访问资源的策略的方法。目前，这些策略可以存储在文件或者能够使用 RPC 服务访问的数据库后端存储器中。数据访问工具以一定的模式辨认用户访问数据的请求，例如，Hive 从一个表中读取一行数据或者删除一个表，并请求 Apache Sentry 验证访问是否合理。Apache Sentry 构建请求用户被允许的权限的映射，并判断给定的请求是否允许访问。这个工具根据 Apache Sentry 的判断结果来允许或者禁止用户的访问请求。

Apache Sentry 授权包括以下几种角色。

（1）资源，可能是 Server、Database、Table 或者 URL（如 HDFS 或者本地路径）。Apache

Sentry1.5 中支持对列进行授权。

（2）权限，即访问某一个资源的规则。

（3）角色，即一系列权限的集合。

（4）用户和组，一个组是一系列用户的集合。Apache Sentry 的组映射是可以扩展的。默认情况下，Apache Sentry 使用 Hadoop 的组映射，可以是操作系统组或者 LDAP 中的组。Apache Sentry 允许将用户和组进行关联，可以将一系列的用户放入一个组中；不能直接给一个用户或组授权，需要将权限授权给角色，角色可以授权给一个组而不是一个用户。

2）Apache Ranger

Apache Ranger 是一个 Hadoop 集群权限框架，提供操作、监控、管理复杂数据的权限。它提供一个集中的管理机制，管理基于 YARN 的 Hadoop 生态圈的所有数据权限。

Apache Ranger 可以对 Hadoop 生态的组件（如 Hive、HBase）进行细粒度的数据访问控制。通过操作 Apache Ranger 控制台，管理员可以通过配置策略来控制用户访问 HDFS 文件夹、HDFS 文件、数据库、表、字段权限。这些策略可以为不同的用户和组分别进行设置，同时权限可以与 Hadoop 无缝对接。

Apache Ranger 支持 HDFS、Hive、HBase、Storm、Knox、Solr、Kafka、YARN 等 HDP（Hortonworks Data Platform）组件的验证、授权、审计、数据加密、安全管理。

3.6.3 数据安全

1）静态数据加密

Hadoop 将大文件分割成数据块进行存储，数据块存储在 DataNode 的本地文件系统，独立的块可以通过组装产生原始文件。一旦用户登录凭证被窃取，存储在本地文件系统的数据块即可以被访问。通过破解 root 账号或 HDFS 凭证，就可以访问敏感数据集。因此，可以对文件进行加密，即使用户凭证被破解，加密后的数据也无法读取。

可以采用以下两种方法对数据进行加密。

（1）在 Hadoop 中存储文件时，先把整个文件加密，再分块存储。这样每个 DataNode 中的文件无法破解，除非先恢复整个文件。这个方法不适合于 MapReduce 要对数据进行访问的情况。MapReduce 先读取数据块，在 JobTracker 中将文件还原，效率非常低。

（2）直接对数据块进行加密。这样 MapReduce 可以独立访问每个数据块，对数据块的解密可以放在 MapReduce 作业中进行。解密密钥需要告诉 MapReduce 作业。

为了尽量提高整个通信性能，在对数据进行加密时根据数据密级对数据进行不同程度的加密。数据加密能保证数据存放在远端不会被偷窥，加密可以加强数据的安全性，同时也会增加系统负担，用户数据并非全部需要加密，非机密性文件不必加密，如普通文档、文件等。因此，客户端在发起请求之前需要确定上传的文件和加密类型，以减少不必要的性能消耗。同时，应根据密级程度进行加密，密级程度越高，加密级别越高，密级程度低的加密程度可以相对较低。如果系统的加密程度需要扩充，则可扩充相应的加密算法。同时，在文件进行加密和上传时需要一定的时延。尤其是加密文件较大且加密程度较高时，所花费的时延更长，为了使操作界面流畅，可以使用异步操作的方式。

2）动态数据加密

数据传输到 Hadoop 系统过程中需要加密保护。SASL 认证框架加密流动中的数据。SASL 用于为基于连接的通信协议添加认证支持，保证客户端和服务器间的数据交换是加密的，不被其他人窃取。SASL 支持多种认证协议，如 DIGEST MD5、CRAM MD5 等。

通常情况下，SASL 协商工作步骤如下。

（1）客户端连接服务器请求。

（2）服务器返回支持的认证机制列表。

（3）客户端选择一种认证机制，如 DIGEST MD5。

（4）服务器开始与客户端交互认证信息，认证结果为成功或失败。

（5）一旦认证成功，客户端和服务器便开始使用会话密钥来加密传输的数据。

（6）SSL 使用公开密钥算法进行认证，客户端和服务器共享密钥进行认证。

3）eCryptfs

eCryptfs 是在 Linux 内核 2.6.19 版本中引入的一个功能强大的企业级加密文件系统，堆叠在其他文件系统（如 Ext2、Ext3、ReiserFS、JFS 等）之上，为应用程序提供透明、动态、高效和安全的加密功能。

本质上，eCryptfs 就像一个内核版本的 Pretty Good Privacy（PGP）服务，插在 VFS（虚拟文件系统层）和下层物理文件系统之间，充当一个“过滤器”的角色。用户应用程序加密文件的写请求，经系统调用层到达 VFS 层，由 VFS 层转给 eCryptfs 处理，处理完毕后转给下层物理文件系统；读请求（包括打开文件）的流程则相反。

eCryptfs 的设计受到 OpenPGP 规范的影响，使用了两种方法来加密单个文件：

（1）先使用一种对称密钥加密算法来加密文件的内容，推荐使用 AES-128 算法，密钥 FEK（File Encryption Key）随机产生。有些加密文件系统为多个加密文件或整个系统使用同一个 FEK，甚至不是随机产生的，这样会损害系统安全性。如果 FEK 泄露，多个或所有的加密文件将被轻松解密；如果部分明文泄露，攻击者可能会推测出其他加密文件的内容；攻击者可能从丰富的密文中推测出 FEK。

（2）由于 FEK 不能以明文的形式存放，因此 eCryptfs 使用用户提供的口令（Passphrase）、公开密钥算法（如 RSA 算法）或 TPM（Trusted Platform Module）的公钥来加密 FEK。如果使用用户口令，则口令先被哈希函数处理，然后再使用一种对称密钥算法加密 FEK。口令/公钥称为 FEKEK（File Encryption Key Encryption Key），加密后的 FEK 则称为 EFEK（Encrypted File Encryption Key）。由于允许多个授权用户访问同一个加密文件，因此 EFEK 可能有多份。

这种综合的方式既保证了加/解密文件数据的速度，又极大地提高了安全性。虽然文件名没有数据那么重要，但是入侵者可以通过文件名获得有用的信息或者确定攻击目标。因此，最新版的 eCryptfs 支持文件名的加密。

为了评估一个加密解决方案的可行性，现实中往往要考虑诸多因素，如员工的学习曲线、增量备份是否受到影响、密钥丢失情况下如何防止信息泄露或如何恢复信息、转换及使用成本、潜在风险等。

eCryptfs 在设计之初，充分考虑企业用户的如下需求。

（1）易于部署。eCryptfs 完全不需要对 Linux Kernel 的其他组件做任何修改，可以作为一个独立的内核模块进行部署。同时，eCryptfs 也不需要额外的前期准备和转换过程。

用户能够自由选择下层文件系统来存放加密文件。由于不修改 VFS 层，eCryptfs 通过挂载（mount）到一个已存在的目录之上的方式实现堆叠的功能。对 eCryptfs 挂载点中文件的访问首先被重定向到 eCryptfs 内核文件系统模块中。

（2）易于使用。每次使用 eCryptfs 前，用户只需执行 mount 命令，随后 eCryptfs 即自动完成相关的密钥产生/读取、文件的动态加密/解密和元数据保存等工作。

（3）充分利用已有的成熟安全技术。例如，eCryptfs 对于加密文件采用 OpenPGP 的文件格式，通过 Kernel Crypto API 使用内核提供的对称密钥加密算法和哈希算法等。

（4）增强安全性。eCryptfs 的安全性最终完全依赖于解密 FEK 时所需的口令或私钥。通过利用 TPM 硬件（TPM 可以产生公钥/私钥对，硬件直接执行加密/解密操作，而且私钥无法从硬件芯片中获得），eCryptfs 最大限度地保证了私钥不被泄露。

（5）支持增量备份。eCryptfs 将元数据和密文保存在同一个文件中，从而完美地支持增量备份及文件迁移。

（6）密钥托管。用户可以预先指定恢复账号，万一遗失加密 FEK 的口令/私钥，也可以通过恢复账号重新获得文件的明文；如果未指定恢复账号，则即使是系统管理员也无法恢复文件内容。

（7）丰富的配置策略。当应用程序在 eCryptfs 的挂载点目录中创建新文件时，eCryptfs 必须做出许多决定，如新文件是否加密、使用何种算法、FEK 的长度、是否使用 TPM 等。eCryptfs 支持与 Apache 类似的策略文件，用户可以根据具体的应用程序、目录进行详细的配置。

4）Encryption

Encryption 的目标是确保只有授权的用户可以查看、使用或受益于数据集。这些安全协议添加了额外保护，以抵御来自最终用户、管理员和网络上其他恶意节点的潜在威胁。数据保护可应用在 Hadoop 的许多层面。

5）DataGuise

DataGuise 是一家提供大数据安全解决方案的初创企业。DgSecure 数据保护产品系列可检测企业包括云部署在内的整个网络的数据安全。系统会定位和识别企业内部各个数据容器、微软 SharePoint 网站、NFS（网络文件服务器）及 Hadoop 集群中的敏感数据，并提供数据泄露的风险评估，帮助企业制定相应的补救措施（如数据屏蔽或数据隔离等），从而将数据安全地共享给员工和外部第三方。

DgSecure 实现的功能包括基于上下文的数据发现、选择性加密、跨单一或多个 Hadoop 集群的一致数据屏蔽、合规性审计报告等。

3.6.4 网络安全

1）httpfs

httpfs 是 Cloudera 公司提供给 Hadoop HDFS 的一个 http 接口，通过 WebHDFS REST API 可以对 HDFS 进行读/写等访问。与 WebHDFS 的区别在于，不需要客户端就可以访问 Hadoop

集群的每一个节点，通过 httpfs 可以访问放置在防火墙后面的 Hadoop 集群。httpfs 是一个 Web 应用，部署在内嵌的 Tomcat 中。

2）Apache Knox Gateway

Apache Knox Gateway 项目与 Apache Ranger 提高集群内部组件及用户互相访问的安全有所不同，Knox 提供 Hadoop 集群与外界的唯一交互接口，也就是说所有与集群交互的 REST API 都通过 Knox 进行处理。这样，Knox 就给大数据系统提供了一个很好的基于边缘的安全（perimeter-based security）。

3.6.5 其他集成工具

1）Cloudera Manager

Cloudera Manager 是一个重要的 Hadoop 管理和部署工具，可以使得对数据中心的管理变得简单和直观，方便部署，并且可以集中式地操作完整的大数据软件栈。该应用软件可以实现自动化安装过程，从而减少部署集群的时间。

其主要功能如下。

（1）支持全自动 Hadoop 集群安全，以及采用 Kerberos 的安全 Hadoop 集群安装。

（2）支持部署基于角色的管理系统。

（3）支持管理员配置安全预警，提示特定的用户活动和访问，可以实现安全事故和事件监控。

（4）提供实时的集群概况，如节点、服务的运行状况。

（5）提供集中的中央控制台对集群的配置进行更改。

（6）包含全面的报告和诊断工具，帮助优化性能和利用率。

Cloudera 产品具有开放的特性，提供了丰富的 API 供客户调用，基本上所有在界面上提供的功能都能通过 API 完成。Cloudera Manager API 支持的功能包括配置和服务生命周期管理、服务健康信息和指标，并允许配置 Cloudera Manager 本身。API 复用 Cloudera Manager 管理控制台相同的主机和端口，无须额外的操作流程或参数配置。API 支持 HTTP 基本身份验证（HTTP Basic Authentication），接受与 Cloudera Manager 管理控制台相同的用户和凭据。通过这些 API，能够方便地将 CM 集成到企业原有的集中管理系统。

2）Zettaset

Zettaset 协调器支持对 Hadoop 安全进行无缝的部署和管理，支持所有发行版。

其主要功能如下。

（1）提供安全 Hadoop 集群的自动化部署。

（2）增强 Hadoop 部署，从企业化的视角强化 Hadoop 集群环境的策略、兼容性、访问控制、风险管理等。

（3）提供集中的配置管理、日志及审计。

（4）提供基于角色的访问控制，支持生态系统中其他组件与 Kerberos 的无缝集成。

3）Rhino 项目

Rhino 项目的目标是为 Hadoop 生态系统提供端到端的安全保障。

其主要功能如下。

（1）Hadoop crypto codec 框架及其实现，为 Hadoop 提供块级数据加密。

（2）密钥分发和管理，MapReduce 可以按需解密数据块来执行程序。

（3）增强 HBase 安全性，引入 cell 级授权，为 HBase 中的表提供透明的加密支持。

（4）标准化审计日志框架，提供易于分析的日志模式。

第4章 Chapter 4 大数据系统安全体系

4.1 概述

大规模数据对数据的存储、分析和处理提出了挑战，同样如何管理和保护这些数据也是很大的挑战。以 Hadoop 为主的代表性大数据平台从设计之初就没有考虑安全性，即使后来有所改善，仍然无法满足用户在各种环境下对大数据平台的安全需求。因此，如何构建一个安全的大数据平台来保证数据的安全是当前迫切需要解决的关键问题。

由于大数据生态系统的复杂性，版图分化严重，还没有一个完整的、适用于绝大部分情况的大数据安全体系。本章从最初的传统信息系统安全体系出发，发展到云计算平台安全体系和后来的大数据安全体系。通过分析大数据环境下所面临的安全挑战与大数据的安全需求，提炼出大数据安全关键技术，针对性地设计了一个大数据系统安全体系框架。所设计的安全体系框架与实现方案对大数据平台的安全防护具有较高的实用性与推广价值。

4.2 相关研究

安全需求是信息安全体系结构设计与实施的源动力。传统的信息安全体系结构的安全需求涉及物理安全、系统安全、网络安全、数据安全、应用安全与安全管理等多个方面。无论是云计算平台还是大数据平台，它们都是由传统的信息系统发展而来的。所以，首先将分析传统信息系统安全体系的构建，以此作为设计大数据安全体系的参考基础。

龙新征等人[9]设计了一个典型的传统信息系统安全体系。如图 4.1 所示，该体系包含 5 个重要组成部分：安全管理中心、安全通信网络、安全区域边界、安全计算环境及安全应用系统，对包括透明数据加密、用户身份鉴别、表单编辑缓存在内的多种安全技术和策略进行了有机整合，实现了管理信息系统的网络安全、边界安全、计算环境安全和应用系统安全。

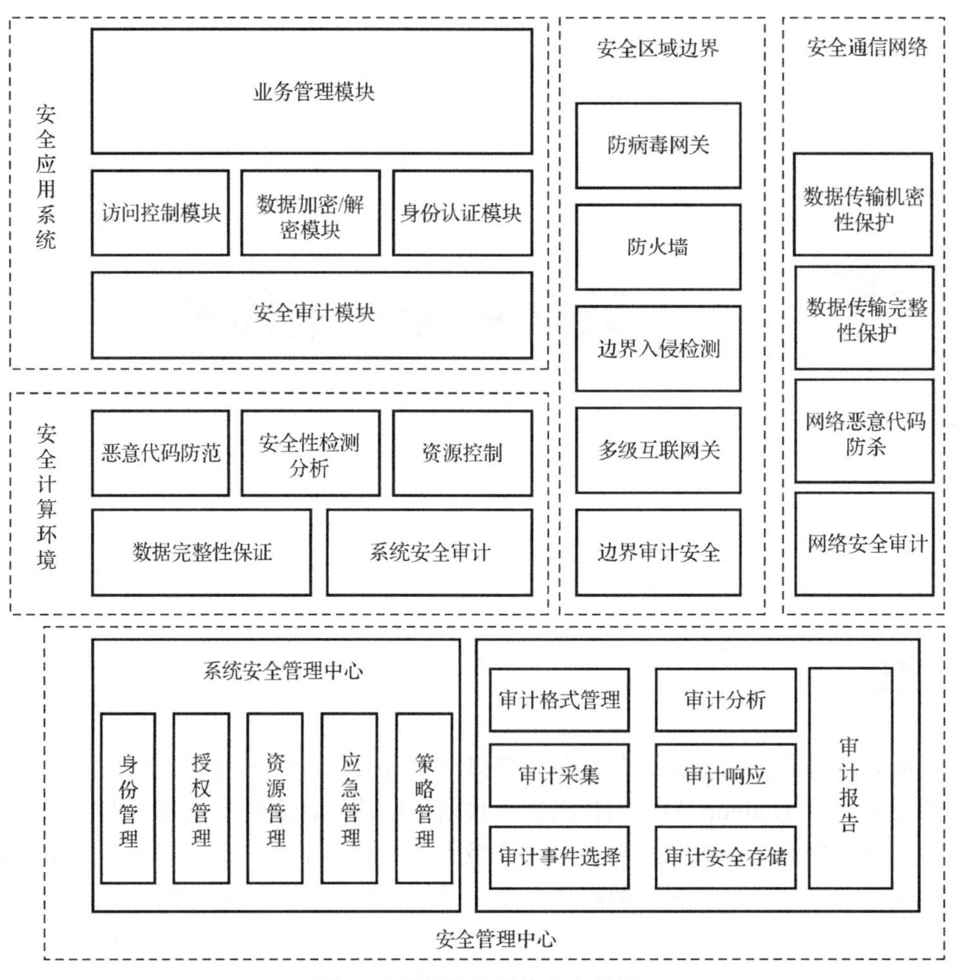

图 4.1　传统信息系统安全体系

云计算环境与大数据环境一样，都是由数据中心支撑的复杂信息系统环境，虚拟化是其突出特点。随着云计算平台的兴起，以及云计算、云存储、云服务系统的应用，传统信息系统安全体系已不能满足云计算平台的安全需求。所以，基于云计算环境的安全体系架构相继产生。

2016 年，Manogaran 等人[10]提出了一个云数据存储的安全架构。如图 4.2 所示，该安全架构将云存储分为终端用户系统、云应用、云数据存储、数据提供商、共享安全服务 5 个部分。在这个安全架构中，终端用户在经过身份认证后，可以通过云应用对数据库进行访问；在云数据存储中需要加配密钥认证管理系统来对云端数据库进行身份许可管理；共享安全中心为云存储与数据提供商提供 PKI 认证中心、入侵检测系统和安全信息管理等安全服务。该安全架构中存在的主要问题是缺少数据加密与数据隐藏部分，也缺少了对用户数据隐私方面的保护。

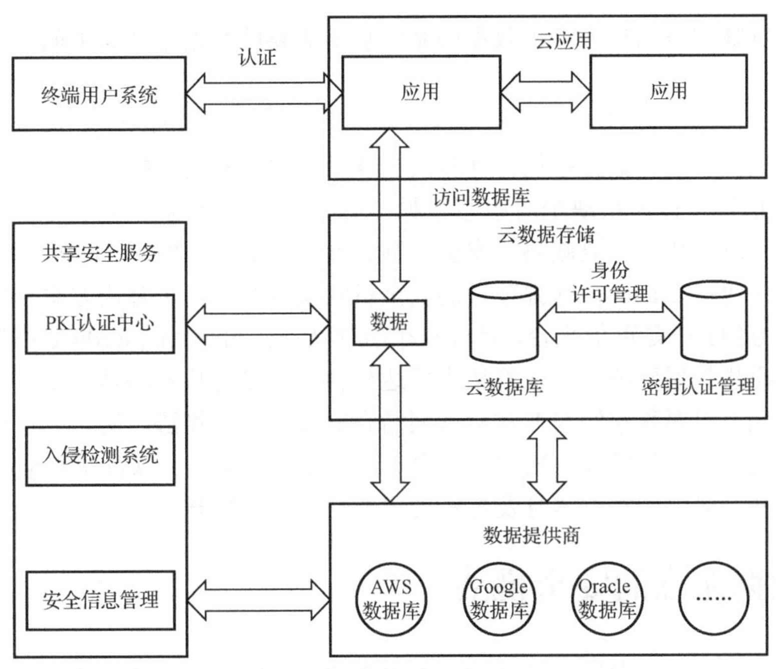

图 4.2　云数据存储的安全架构

大数据具有数据量大、数据类型多样、数据复杂性高、处理速度快等特点，传统的安全体系已不能满足大数据的具体安全需求。现有的大数据安全体系都或多或少存在一些缺陷。

2014 年，Zburivsky 等人[11]提出了一个复杂的、全面的大数据安全架构，如图 4.3 所示，包含了大数据平台安全方面需要考虑的一系列关键问题，包括认证、授权、数据隐藏、数据加密、网络安全、操作系统安全、应用安全、基础设施安全、系统安全事件监控、安全策略与流程。该体系提供了数据安全基本框架，但没有阐述解决每个关键问题的具体安全技术方案。

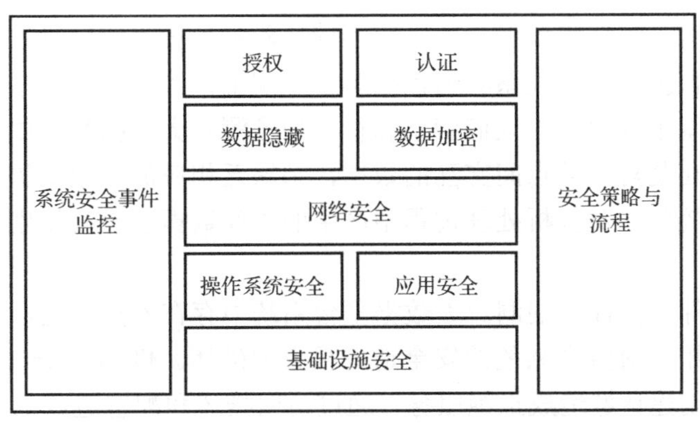

图 4.3　Zburivsky 设计的大数据安全架构

2015 年，Priya 等人[12]提出了一个针对 Hadoop 安全的解决方案。该方案从认证、授权、加密、审计跟踪等方面给出了 Hadoop 平台的安全体系，并结合 Hadoop 的各个组件给出了对应的安全方案。该安全体系考虑并不完善，缺少对 Hadoop 平台网络安全方面的相关防护，而且在数据加密方面也未考虑数据隐私保护所需要的数据隐藏、中间结果保护等安全措施。

2016 年，夏文忠等人[13]对大数据平台的安全体系进行了深入研究，通过对基础设施通用安全、数据采集安全、数据存储与计算安全体系构建的阐述，提出了一种大数据平台应用的安全体系框架。该体系缺少对敏感数据的隐藏及数据的远程可信认证。陈玺等人[14]从设计原则、系统架构、主要威胁、安全机制、设计挑战等方面对 Hadoop 的安全框架进行了综述，其中包括 Hadoop 开源项目的安全机制及企业级安全解决方案，并且提出了未来的几个研究方向：一是可信平台，目前单个组件认证的可信 MapReduce 框架的研究比较成熟，可将其思想扩展到统一认证框架中并达到稳定；二是从密码学角度，引入对非对称密钥的加密算法及对对称密钥与非对称密钥结合的混合加密算法，这是目前改进加密算法的最流行方法之一；三是引入云数据存储中三重数据加密算法，以及受 CryptDB 启发的并行加密方式，从而对加密算法本身及加密过程的性能进行提升。

4.3 大数据面临的安全挑战

由于最初的 Hadoop 在设计时没有考虑安全因素，所以如今的大数据生态系统中存在着许多安全隐患，大数据平台的安全性面临很大的挑战[15,16]。大数据平台的安全风险主要体现在以下几个方面。

（1）缺乏必要的认证授权与访问控制机制。认证授权与访问控制是实现数据受控共享的有效手段。由于大数据可能被用于多种不同场景，其访问控制需求十分突出。大数据平台访问控制的特点与难点在于：难以预设角色，实现角色划分。目前，大数据平台只有简单的认证模式，没有完整的授权与访问控制模型，任何人都能提交代码并执行。恶意用户可以冒充其他用户对数据或者提交的作业进行攻击。不能根据用户角色的不同来对其进行不同权限的访问控制，使得大数据平台极易被攻击者操控。

（2）缺乏对数据隐私的保护。在如今的大数据时代，大数据未被妥善处理会对用户的隐私造成极大的侵害。根据需要保护的内容不同，隐私保护又可以进一步细分为位置隐私保护、标识符匿名保护、连接关系匿名保护等。事实上，人们面临的威胁并不仅限于个人隐私泄露，还包括基于大数据对人们状态和行为的预测。大数据平台中不论是对存储在各个节点中的数据，还是对在节点间交互的数据，都缺乏相应的安全保护。同时，对敏感数据没有特殊的访问控制，对分析处理过程中产生的中间数据也没有特别的保护，极易造成隐私泄露。

（3）系统与组件存在许多漏洞。大数据平台系统中存在着很多漏洞，一些组件中的漏洞容易被攻击者利用，对整个系统的安全造成很大的破坏。例如，Kafka 的话题操作可以被恶意删除，恶意创建话题造成拒绝服务，通过访问描述和配置造成信息泄露；Hive 用户体系可能出现针对关系型数据库的表和字段的恶意访问、增删查改等。

（4）缺乏可信性保证。关于大数据的一个普遍的观点是：数据自己可以说明一切，数据自身就是事实。但实际情况是，如果不仔细甄别，数据也会骗人。大数据可信性的威胁之一是伪造或刻意制造的数据，错误的数据往往会导致错误的结论。若数据应用场景明确，就可能有人刻意制造数据、营造某种“假象”，诱导分析者得出对其有利的结论。由于虚假信息往往隐藏于大量信息中，使得人们无法鉴别真伪，从而做出错误判断。大数据可信性的威胁之二是数据在传播中的逐步失真。原因之一是人工干预的数据采集过程可能引入误差，由于失误导致数据失真与偏差，最终影响数据分析结果的准确性。此外，数据失真还有数据的版本变更等因素。在传播过程中，现实情况发生了变化，早期采集的数据已经不能反映真实情况。

4.4 大数据安全需求

大数据在如今的互联网环境下面临着许多新的安全挑战，也随之产生了许多大数据安全性方面的需求。我们将从两个不同的角度分析大数据的安全需求。

从大数据生命安全周期的角度，可以分为 4 个阶段：采集、传输、存储和应用。主要面临的安全需求是：①在数据采集过程中，如何防止对数据采集器的伪造、假冒攻击；②在数据传输过程中，如何防止传输的数据被窃取、篡改；③在数据存储过程中，数据面临可用性与保密性的威胁，如何确保数据资源在存储过程中的安全隔离；④在数据应用过程中，通过大数据分析形成更有价值的衍生数据，如何进行敏感度管理。

从大数据平台系统安全的角度，可以分为 4 个部分：预警、防护、检测、响应。主要面临的安全需求是：①大数据平台便于开发和应用的特性使得系统中存在许多漏洞，如何准确地进行系统安全预警；②大数据平台中集群节点分布复杂，如何保护分布式的计算节点不被欺诈、重放、拒绝服务等方式攻击；③大数据系统组成相对复杂，组件数量繁多，版本功能各异，如何全面地对系统安全进行有效检测；④大数据平台中存在着各种不同的用户角色，如何对其行为和影响进行监测、溯源。

通过对大数据安全挑战的分析，结合现有的安全体系，集中在大数据平台建设，将大数据安全需求分为 8 类（如图 4.4 所示），分别是认证、授权、访问控制、网络安全、数据隐藏与加密、系统与组件安全、系统安全监控、安全审计与管理。大数据平台的安全需求如下。

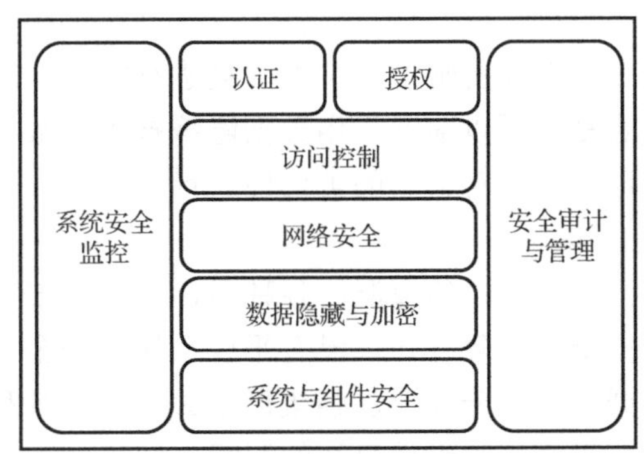

图 4.4　大数据安全需求

1）认证

大数据平台需要为用户提供单点登录认证功能，将大数据平台的认证与访问管理系统集成。根据用户应用的实际需要，为用户提供不同强度的认证方式，既可以保持原有的静态口令方式，又可以提供基于 Kerberos 的安全认证，而且还能够集成现有其他新型的安全认证方式。不仅可以实现用户认证的统一管理，而且能够为用户提供统一的认证工具，实现用户信息资源访问的单点登录。认证系统应支持基于角色的认证管理，角色信息来源于授权管理中的信息；并支持基于资源的认证管理，根据资源的重要程度，定义访问资源需要的认证方式和强度。

2）授权

大数据平台需要对敏感数据的访问实现基于角色的授权。授权是对用户的资源访问权限进行集中控制。用户授权管理需要以资源的授权、访问决策控制集中管理为目标，以资源的访问控制为导向，以资源的安全、防扩散为前提，将所有受控资源进行统一授权，不仅可以保护大数据系统的信息安全，建立全面的信息保密制度，而且同时满足对平台中敏感数据的加密和授权需求，构建安全可控的数据安全、防扩散管理系统。

3）访问控制

大数据平台需要控制不同的用户在数据集上可以做什么操作，哪些用户可以拥有集群中什么范围的数据处理能力。既要防止非法的主体进入受保护的大数据资源，又要防止合法的用户对受保护的大数据资源进行非授权的访问。需要结合大数据平台提供的功能模块，如 HDFS、Hive、HBase、Job、Spark、Storm、SSH，实现相应的访问控制，制定灵活的访问控制策略。

4）网络安全

大数据平台需要加强集群网络边界安全。在集群搭建时，平台需要设计合适的网络拓扑使大数据系统与其他信息系统相隔离，布置网络安全软件来控制数据的进出。在集群边界路由器配置防火墙对流量进行分析和过滤，并能够按照管理者所确定的策略来阻塞或者允许流量经过。大数据平台还应当提供 VPN 服务，建立私有数据传输通道，提供安全的端到端数据通信。

5）数据隐藏与加密

大数据平台需要部署合适的数据加密和隐藏技术。用户的数据可能存储在第三方平台上，为了保证敏感数据不被泄露和授权个人对敏感数据的安全访问，应当采用数据加密技术。数据加密主要分为静态数据加密与动态数据加密。静态加密是指对存储在服务器上的数据进行加密，动态加密是指对在传输过程中的数据进行加密。对数据的处理和应用过程中可能会暴露用户的相关隐私，所以需要采用数据隐藏技术对数据进行处理。另外，还需要添加一定的数据可信认证机制，对数据的可信性进行检测。

6）系统与组件安全

大数据平台存在许多已知与未知的漏洞，各种组件也存在着不同的问题。一旦这些漏洞被利用，大数据平台的安全将不复存在。没有平台系统的安全，就没有主机系统和网络系统的安全。所以，大数据平台十分需要加强集群中大数据系统和组件的安全，提供系统层次的安全，着重考虑大数据系统和组件已知的漏洞。同样，也需要考虑不同组件的相互结合可能会出现的兼容性问题。

7）系统安全监控

大数据平台需要通过一个安全事故和事件监控系统来负责收集、监控、分析集群中任何可疑的活动，并提供安全警报。通过收集各种系统日志、网络日志和应用日志来识别安全事故和事件。为了防御 APT 攻击对大数据平台的渗透入侵，平台需要配置入侵检测系统与入侵防御系统来对穿过防火墙的恶意事件进行检测和报警，并通过检测网络异常流量，自动对各类攻击性威胁进行实时阻断，提供主动防御。

8）安全审计与管理

大数据平台对数据生态系统的任何改变都要进行记录并提供审计报告，如数据访问活动报告和数据处理活动报告。通过对日志和活动报告进行分析来对大数据平台进行安全审计。需要为大数据平台设计有效的安全管理策略，审计的结果可以作为大数据安全管理的重要评判标准。

4.5 大数据安全关键技术

传统的安全防护手段已无法满足大数据技术、业务的要求，甚至会成为瓶颈。主要体现在以下几个方面：首先，随着大数据技术的发展，越来越需要更多的实时在线计算，传统加/解密的防护措施成为计算性能的瓶颈；其次，对于海量数据的访问控制需要动态的数据权限功能满足安全管控要求；再者，大数据平台需要应对实时的数据流动，传统的安全管控机制中安全监控、流程审批等存在局限性；最后，对于敏感数据的保护问题，在大数据平台中频繁的数据流转和交换，数据泄露不再是一次性的，通过二次组合后的非敏感数据可以形成敏感数据，造成敏感数据泄露。

同时，在大数据飞速发展的今天，越来越多的企业开始关注大数据安全解决方案。大量的大数据安全项目已经逐渐发展成熟。Hortonwork 的 Knox Gateway 项目、Cloudera 的 Sentry 项目、Intel 的安全加强版 Hadoop，以及诸如 Rhino 等开源项目已经正式发布并承诺帮助企业应用开发者来达到其安全要求。

结合大数据安全需求分析，我们设计了一个大数据安全关键技术体系，如表 4.1 所示。大数据平台的安全服务主要体现在 5 个方面：认证、授权与访问控制、数据隐藏与加密、网络安全、系统安全。针对大数据安全关键技术需求，提供了关键安全服务的具体解决方案。

表 4.1 大数据安全关键技术体系

安全服务	具体要求	解决方案
认证	① 客户端认证； ② 集群节点认证； ③ 系统组件认证	Kerberos
授权与访问控制	① 用户身份管理； ② 角色授权； ③ 功能授权； ④ 行列授权	Sentry Record Service Apache Ranger
数据隐藏与加密	① 用户隐私规则； ② 数据脱敏； ③ 磁盘级加密； ④ 域/行级加密； ⑤ 文件级加密； ⑥ 中间数据保护； ⑦ 数据隐藏； ⑧ 可信认证	Rhino eCryptfs Gazzang

续表

安全服务	具体要求	解决方案
网络安全	① 客户端与集群间加密传输； ② 集群内各节点加密传输； ③ 系统信息与计算结果加密传输； ④ 安全域； ⑤ 网络隔离	Apache Knox Gateway
系统安全	① 日志/审计； ② 数据监控； ③ 流量分析； ④ 事件监控	Ganglia Nagios

1）认证

认证主要分为3个方面：客户端认证、集群节点认证、系统组件认证。大数据平台本质上是一种分布式系统，集群中包含大量的节点。首先，不管是主节点还是子节点，在加入集群时都需要进行认证，以保证用户的作业与数据在安全可信的节点中存储、处理。其次，在布置节点上的大数据环境时，应当对大数据系统的各个组件进行安全认证，以保证用户可以在系统各个服务间进行安全通信。外部用户通过客户端访问大数据平台时，应当进行身份认证。对于集群中所存储的数据，只有认证的用户才能访问；对于集群所提供的服务，只有认证的用户才能使用。

目前，对于大数据平台的认证方式最为常用的是基于 Kerberos 的认证技术。Kerberos 是一个安全的网络认证协议，主要用于计算机网络的身份鉴别，其特点是用户只需输入一次身份验证信息就可以凭借这个验证获得的票据访问多个服务，即单点登录。由于在每个客户机和服务之间建立了共享密钥，使得该协议具有相当的安全性。Kerberos 认证有许多优点：①只在网络中传输时间敏感的票据而不会传输密码，降低了密码泄露的风险；②使用对称密钥操作，比 SSL 的公共密钥要更加高效；③服务器只需要识别自己的私有密钥，不需要存储任何与客户端相关的详细信息来认证客户端；④支持将密码或密钥存储在统一的系统中，便于管理员方便地管理系统和用户。

2）授权与访问控制

首先，大数据平台需要一个管理系统来对用户的身份进行统一的管理。统一用户管理系统在设计时就要能建立一个能适应各种系统权限管理要求的权限模型，在建设初期就要把自己权限设计的要求提交给统一用户管理系统，按照其需求在本身统一用户管理系统的权限模型上去构建出该系统的实例。然后，管理员就可以通过统一授权系统为各用户的权限进行配置，在登录时各系统就调用相关的统一认证和授权接口，获取用户相关的权限信息，进入到各系统后再创建用户，将相关的权限信息赋予用户类，然后就可以在应用系统中进行权限验证，管理员可以通过管理系统对用户的权限进行管理。通过将用户划分为多个不同的角色，进行基于角色的授权管理。通过基于角色的授权简化管理，可以将访问同一数据集的不同特权级别授予多个组。其次，大数据平台应当支持细粒度的数据和元数据访问控制。在服务器、数据库、表和视图范围提供了不同特权级别的访问控制，包括查找、插入等，允许管理员使用视图限制对行或列的访问。同样，可以根据用户不同的操作，对用户的行为进行功能授权与控制。通过正确的访问控制，可以识别出伪装的用户，保证合法用户任务的安全隔离。

目前，对授权与访问控制比较成熟的工具有 Sentry[17]、Record Service 和 Apache Ranger。Sentry 是 Cloudera 公司发布的一个 Hadoop 开源组件，截至目前已经孵化完成，它提供了细粒度级、基于角色的授权及多租户的管理模式。Sentry 当前可以和 Hive/Hcatalog、Apache Solr 和 Cloudera Impala 集成，未来会扩展到其他的 Hadoop 组件。Record Service 是一个全新的 Hadoop 安全层，为保证安全地访问运行于 Hadoop 之上的数据和分析引擎而设计，包括 MapReduce、Apache Spark 和 Cloudera Impala。Cloudera 公司之前提供的 Sentry 安全组件支持访问控制权限的定义，Record Service 通过控制访问到行和列级别来补充 Sentry。根据 Cloudera 公司的介绍，对于任何嵌入 Record Service API 的框架和分析引擎，它还支持动态的数据屏蔽、统一处理及细粒度的访问控制。Apache Ranger 是一个 Hadoop 集群权限框架，提供操作、监控、管理复杂数据的权限，它提供一个集中的管理机制，管理基于 YARN 的 Hadoop 生态圈的所有数据权限。Apache Ranger 可以对 Hadoop 生态的组件进行细粒度的数据访问控制。通过操作 Ranger 控制台，管理员可以轻松地通过配置策略来控制用户访问 HDFS 文件夹、HDFS 文件、数据库、表、字段权限。这些策略可以为不同的用户和组分别进行设置，同时权限可与 Hadoop 无缝对接。

3）数据隐藏与加密

数据隐藏与加密可分为 8 个环节，包括用户隐私规则、数据脱敏、磁盘级加密、域/行级加密、文件级加密、中间数据保护、数据隐藏与可信认证。首先，在对数据进行处理之前，管理员应当根据数据与用户的具体需求制定相应的用户隐私规则。管理员需要考虑数据特性、安全需求、使用环境等因素来设计一个切实有效并适用的安全策略。在数据采集进入大数据平台之前，数据所有者应当根据用户隐私规则对数据进行脱敏处理。在存储数据时，系统管理员应当根据需要选择数据的加密方式，包括磁盘级加密、域/行级加密、文件级加密。在进行数据分析前，需要对可能泄露隐私的数据进行隐藏处理。由于在数据处理过程中产生的中间数据也可能会泄露隐私，所以还应当对中间数据进行保护。为了满足远程用户对数据可信性的要求，防止数据被恶意篡改，应当在大数据平台中加入数据可信认证，保证存入大数据平台中的数据完整、有效。

对数据去隐私化，可以采用 k-匿名[18]、I-diversity 匿名[19]等数据匿名技术。对于数据加密，可以采用同态加密、混合加密等技术。同态加密库 FHEW[20]可以提供全同态加密功能，并支持对称加密算法对单比特数据的加/解密。对数据中间结果的保护一般会用到基于数据失真和加密的技术，包括数据变换、隐藏、随机扰动、平移和翻转技术。目前，可以提供数据安全的项目有 Rhino、eCryptfs[21]和 Gazzang。Rhino 项目是由 Cloudera、Intel 和 Hadoop 社区合力打造的一个项目。该项目旨在为数据保护提供一个全面的安全框架，解决静态加密的问题，使得加/解密变得透明。eCryptfs 是一个功能强大的企业级加密文件系统，堆叠在其他文件系统之上，为应用程序提供透明、动态、高效和安全的加密功能。Gazzang 提供了块级加密技术，其产品包括 Hadoop 环境下的一款数据加密产品及访问权限管理产品。后者可以控制对键值、令牌等数据访问授权协议的访问。除了支持 Hadoop 环境外，Gazzang 的加密技术还支持 Cassandra、MongoDB、Couch base、Amazon Elastic MapReduce 等下一代的数据存储环境。

4）网络安全

大数据平台的安全离不开网络安全。首先，大数据集群需要构建在一个与外部网络隔离的安全域当中。数据进出大数据平台均必须经过网络防火墙的监控与审查。用户无法直接访问集群中的节点，需要通过统一的网关经过认证后才能获得访问权限。在大数据平台中，为了防止数据泄露，需要对传输的数据进行加密，主要有 3 个方面：客户端与集群间加密传输、集群内各节点加密传输、系统信息与计算结果加密传输。

采用 SSL 来对流动中的数据进行加密处理。SSL 可以认证用户和服务器，确保数据在客户机和服务器之间的交换是加密的，不被其他人窃取。还可以维护数据的完整性，确保数据在传输过程中不被改变。使用 Apache Knox Gateway[22]来对大数据集群进行网络隔离。Apache Knox Gateway 提供的是 Hadoop 集群与外界的唯一交互接口，也就是说所有与集群交互的 REST API 都通过 Knox 进行处理。这样，Knox 就给大数据系统提供了一个很好的基于边缘的安全。

5）系统安全

系统安全主要分为 4 个方面：日志/审计、数据监控、流量分析和事件监控。即使在大数据平台配置了多种安全措施，还是很有可能存在一些未授权的访问或恶意入侵。所以管理员应当周期性地审计整个大数据平台，并且部署监控系统来对安全事件和数据流向进行自动监控。管理员需要在集群中各个节点上安装日志收集代理，负责记录节点中的事件和数据流动；然后，需要一个中央审计服务器对日志按照预先设置的安全策略进行审计。一旦发生安全事故或可疑事件，应通过警报系统自动对用户发出提醒。

采用 Ganglia 和 Nagios 对大数据平台进行监控。Ganglia 是一个开源集群监视项目，设计用于测量数以千计的节点，主要用来监控系统性能，如 CPU、内存、硬盘利用率、I/O 负载、网络流量情况等。通过曲线了解每个节点的工作状态，对合理调整、分配系统资源，提高系统整体性能起到重要作用。Nagios 是一个监视系统运行状态和网络信息的监视系统，能够监视所指定的本地或远程主机及服务，同时提供异常通知功能。当服务或主机发生问题与解决问题时将告警发送给联系人，并且可以定义一些处理程序，使之能够在服务或者主机发生故障时起到预防作用。

4.6 大数据系统安全体系框架

结合对大数据安全技术的讨论，我们在 Hadoop 框架的基础上设计了一个大数据系统安全体系框架，如图 4.5 所示。该体系框架包含基础安全层、组件安全层、安全服务层和应用层。具体说明如下。

1）基础安全层

基础安全层由系统安全、网络安全、数据安全和存储安全 4 部分组成。系统安全主要是保证 Hadoop 平台所在操作系统的安全。系统应当定期对网络、主机操作系统等进行安全漏洞扫描，确保漏洞识别的全面性和时效性，及时调整和更新病毒库，安装系统补丁。网络安全由网络边界隔离、入侵检测、防火墙与 VPN 等网络边界防护手段组成，旨在保证集群可以在安全可信的网络环境中运行，使用户可以安全地远程访问 Hadoop 平台。数据安全是在已有的操作系统和文件系统之上提供一个虚拟层来支持文件加密技术。文件在写入磁盘之前进行加密，读取后进行解密。同时，提供对数据远程可信性认证，防止数据被恶意篡改。存储安全是对平台中存储的数据进行备份处理，以防止集群节点意外宕机导致数据的丢失。

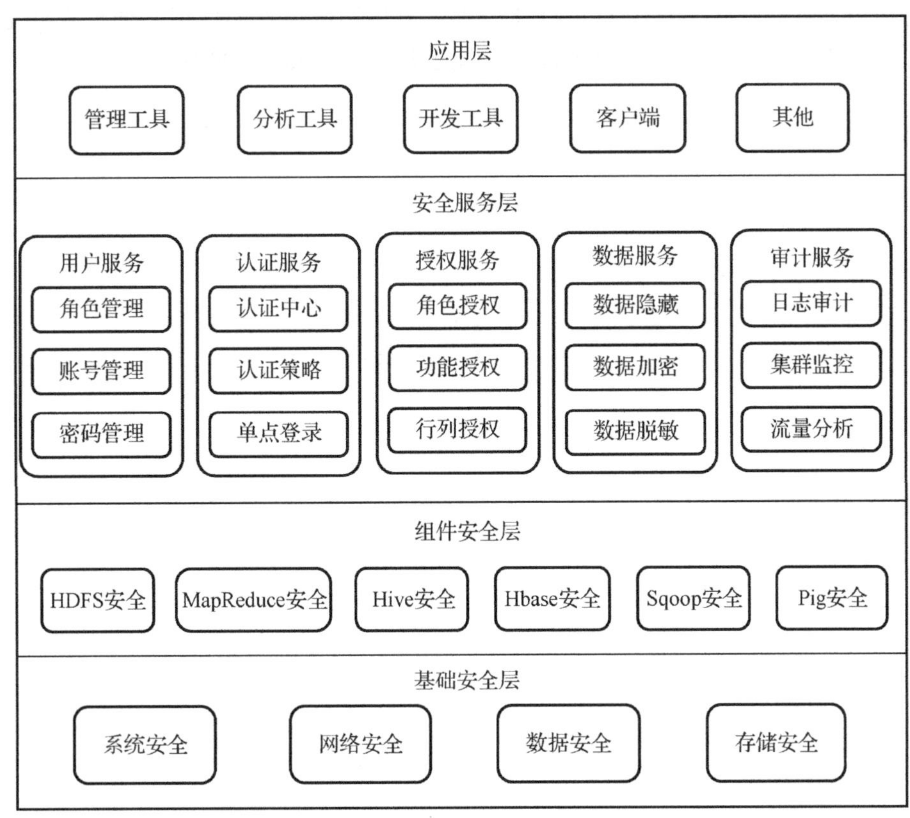

图 4.5　大数据系统安全体系框架

2）组件安全层

组件安全层是为了保证 Hadoop 平台功能组件的安全，如 HDFS 安全、MapReduce 安全、Hive 安全、Hbase 安全、Sqoop 安全与 Pig 安全。每个 Hadoop 生态系统组件都有自己的安全问题，需要根据其架构来进行专门的配置。有的组件还存在安全漏洞，需要针对性地进行防护。同时，为了保证用户对组件的有效访问控制，需要指定面向组件的访问控制策略。

3）安全服务层

安全服务层可以对用户提供 Hadoop 平台安全的用户服务、认证服务、授权服务、数据服务与审计服务。用户服务是对 Hadoop 平台的用户进行集中有效的管理，对用户的角色、账号和密码进行统一的管理调配。不同身份的用户通过不同应用访问 Hadoop 平台时，认证中心会结合预先设置好的认证策略对访问的用户提供身份认证、单点登录等认证服务。然后，根据需要对认证后的用户提供角色授权、功能授权或者行列授权服务。数据服务是为用户在 Hadoop 平台传输数据时提供安全的加密传输服务，以及对静态数据的加密与对敏感数据的隐藏服务。审计服务主要负责日志审计工作，提供对集群节点的实时监控与流量分析服务。

4）应用层

应用层为管理员、开发者、分析师、普通用户等不同角色的用户提供登录 Hadoop 平台的访问接口，并将操作界面进行可视化处理，方便不同用户的使用。通过管理工具、分析工具、开发工具和客户端，用户可以安全地远程访问 Hadoop 平台。

第5章 Chapter 5 大数据系统身份认证技术

5.1 概述

身份认证的目的是核实访问用户的身份，防止非法用户对数据或文件进行窃取、篡改等恶意的操作行为。最初，设计人员假设 Hadoop 集群是在合法的环境条件下运行的，任何人都可以在集群中进行任何操作，所有的用户和服务器都被认为是合法的。有安全需求的公司或组织在使用 Hadoop 时，则将它隔离在专有网络中，这样可以保证所有能够进行操作的用户都是可信赖的。

随着互联网和大数据的不断发展，Hadoop 大数据平台的应用环境也更加复杂，网络带来的安全问题日益严峻，将 Hadoop 隔离在专用网络中的措施已经不能够适应新的实际需求。自 2009 年起，Apache 公司在 Hadoop 上集成了 Kerberos 认证模块，这也是 Hadoop 大数据平台上最重要的安全机制。只有在 Kerberos 认证系统通过后，用户才可以对平台节点上的数据或文件进行操作，这样可以保证能够在集群内操作的用户都是可信的。

5.2 Kerberos 认证体系结构

Kerberos 安全协议由美国麻省理工学院研究人员设计，是国内外应用较广、协议体系较为成熟的安全认证协议之一[23]。它是一个基于可信第三方的经典认证体系，用于开放和不可信的网络环境通信。Kerberos 安全认证技术是目前 Hadoop 平台上为数不多的能够使用的安全机制，解决了服务器到服务器、客户端到服务器的部分身份认证问题，但尚未实现用户级别的身份认证。

Kerberos 安全协议基于对称密钥体制完成信息加密，主要采用共享密钥方式。相较于公开密钥体制实现的安全协议（如 SSL 等），Kerberos 不需要公钥/私钥密钥对的管理，流程简洁，具有很高的运行效率。

Kerberos 系统由 Kerberos 密钥分发中心（Key Distribution Center，KDC）、用户终端（Client，C）和目标服务器（Service，S）3 部分组成。其密钥分发中心（KDC）能够独自运行，可以布置在集群内或集群外的任意一个服务器上，因此不会受到目标服务器运行的影响，可以长时间稳定、可靠地运行。

Kerberos 认证系统结构如图 5.1 所示。

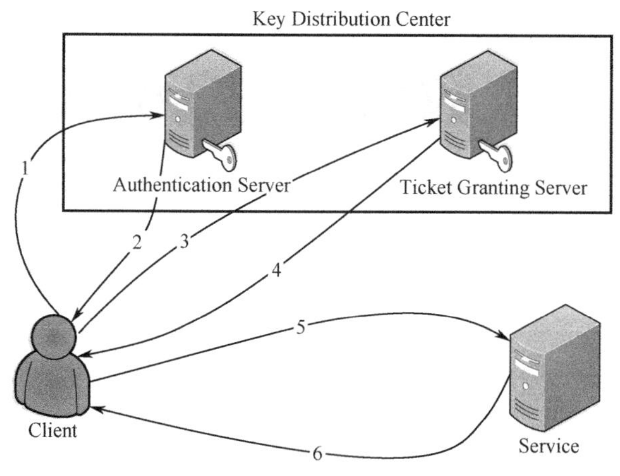

图 5.1　Kerberos 认证系统结构

1）密钥分发中心 KDC

Kerberos 的密钥分发中心 KDC 是一个可信的第三方，其认证数据库中存放了整个 Kerberos 域中的所有用户口令、用户属性标识及密钥等重要信息，是整个 Kerberos 认证体系的核心。KDC 将认证功能分配到两个相对独立的服务器中共同协作完成，即认证服务器（Authentication Server，AS）和票据认可服务器（Ticket Granting Server，TGS）。

AS 负责对合法用户的访问发放访问 TGS 的凭证。用户向认证服务器 AS 发出访问票据认可服务器 TGS 的请求，AS 接到请求后，产生会话密钥（Session Key）和 TGS 的票据 TGT（Ticket Granting Ticket）作为应答；用户收到应答后，用自己的密钥解密，获得 TGT 和会话密钥。其中，TGT 是用户想要访问 TGS 必需的凭证，会话密钥则会对用户和 TGS 之间的通信进行加密。

TGS 负责对合法用户的访问发放服务票据。用户向 TGS 发送访问目标服务器 S 的请求，请求内容包括 TGT、要访问服务器的名字及认证符。只有 TGS 可以解密 TGT，在确定用户身份后，产生会话密钥（Session Key）和服务票据（Service Ticket）。其中，服务票据是用户访问服务器资源的凭证，而用户和服务器之间的通信用会话密钥进行加密。

在整个 Kerberos 认证体系中，所有的用户终端和目标服务器都需要在 KDC 中进行注册，属性信息存放在 KDC 的认证数据库中。经过认证的用户终端、目标服务器被称作实体（Principal），由 KDC 和所有实体组成的环境称为 Kerberos 域（Realm）。

2）用户终端 C

Kerberos 的用户终端主要负责用户与 KDC 和目标服务器之间的通信，可以将用户的登录密码转换为用户的长期密钥。Kerberos 的命令行命令程序就是用户终端，常用 kinit。

3）目标服务器 S

目标服务器为用户提供所需要的应用服务。如果用户通过了 Kerberos 认证服务器的身份认证，用户就可以访问 Hadoop 部分的应用服务，包括分布式文件存储系统 HDFS 和 MapReduce 的服务等，可以进行数据或文件的上传、下载和存储。反之，如果用户没有通过 Kerberos 认证服务器的身份认证，则目标服务器不会接受用户的服务请求信息，进而用户的服务请求信息会再次定向到认证服务器,用户必须重新进行身份认证获得服务票据后，才能访问目标服务器。

5.3 身份认证方案

我们设计的身份认证方案主要包括 3 部分：完成用户认证、获得票据、获取目标服务。每一部分都由双方的交互组成，即请求和响应。身份认证时序如图 5.2 所示。

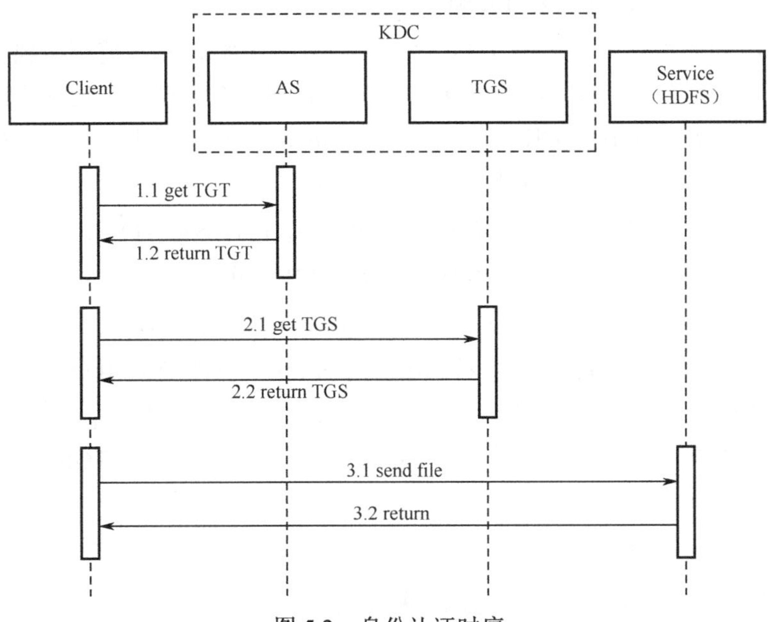

图 5.2 身份认证时序

Kerberos 相关符号及定义如表 5.1 所示。

表 5.1 Kerberos 相关符号及定义

符　号	定　义
CID	用户端标识
CIP	用户端 IP 地址
TGSID	票据认可服务器标识
SID	目标服务器标识
Timestamp	时间戳
Lifetime	生存期限

1）第一部分：完成用户认证

（1） AS_REQ={CID,SID,CIP,Lifetime}

用户终端 C 向认证服务器 AS 发出访问票据认可服务器 TGS 的请求，内容包括用户端标识、目标服务器标识、用户端 IP 地址及该请求的生存期限，请求以明文形式发送。

（2） AS_REP={SID,Timestamp,Lifetime,SK_{TGS}}K_C,{TGT}K_{TGS}

其中， TGT={CID,TGSID,CIP,Timestamp,Lifetime,SK_{TGS}}

认证服务器 AS 收到请求后，从数据库中获得该用户的密钥 K_C，验证用户身份。如果用户身份信息正确，认证服务器 AS 会产生会话密钥 SK_{TGS} 和 TGS 的票据 TGT 作为应答；用户收到应答后，用自己的密钥 K_C 解密，获得 TGT 和会话密钥。

2）第二部分：获得票据

（1） TGS_REQ={SID,Lifetime,Authenticator},{TGT}K_{TGS}

其中， Authenticator={CID,Timestamp}SK_{TGS}

用户终端 C 向票据认可服务器 TGS 发送访问目标服务器 S 申请服务票据的请求。如果用户收到认证服务器 AS 回应后的登录时间超过票据的有效期，则请求失败。请求中包括 TGT、要访问服务器的 ID（CID）及认证符 Authenticator。其中，只有票据认可服务器 TGS 可以解密 TGT，认证符用会话密钥 SK_{TGS} 加密。

（2） TGS_REP={SID,Timestamp,Lifetime,$SK_{Service}$}SK_{TGS},{$T_{Service}$}$K_{Service}$

其中， $T_{Service}$={CID,SID,CIP,Timestamp,Lifetime,$SK_{Service}$}

票据认可服务器 TGS 在收到请求后，使用数据库中的密钥 K_{TGS} 和会话密钥 SK_{TGS} 解密用户的请求内容。根据 TGT 和认证符 Authenticator，TGS 确定用户身份。如果用户身份信息合法，则将生成会话密钥 $SK_{Service}$ 和用户申请服务的票据 $T_{Service}$。其中，$SK_{Service}$ 是用于用户终端与服务器端进行通信的会话密钥。票据认可服务器 TGS 使用 SK_{TGS} 加密 $SK_{Service}$，连同用户申请服务的票据 $T_{Service}$ 一起发给用户。

3）第三部分：获取应用服务

（1） AP_REQ=Authenticator,{$T_{Service}$}$K_{Service}$

其中， Authenticator={CID,Timestamp}$SK_{Service}$

用户终端向目标服务器 S 发送访问请求，包括票据 $T_{Service}$ 和认证符 Authenticator。其中，目标服务器 S 用自己的密钥 $K_{Service}$ 加密票据，认证符用上一步得到的会话密钥 $SK_{Service}$ 进行加密。

（2） AP_RSP={Timestamp+1}$K_{Service}$

目标服务器 S 收到请求后，使用自己的密钥 $K_{Service}$ 进行解密处理，比较用户端标识 CID、用户端 IP 地址 CIP、时间戳 Timestamp 等属性信息。确定用户身份合法有效后，目标服务器 S 将认证符 Authenticator 得到的时间戳加 1，使用会话密钥 $SK_{Service}$ 加密后发给用户。

经过上面 3 部分的身份认证之后，用户终端 C 和目标服务器 S 之间的通信联系正式建立起来，拥有了两者通信的会话密钥 $K_{Service}$。在之后的通信过程中，两者的交互信息都可以使用这个会话密钥进行加密，安全性得到了一定的保证。

5.4 身份认证方案实现

在 Hadoop 平台上配置 Kerberos 认证服务主要分为两个步骤：安装 Kerberos、配置 Hadoop 使用 Kerberos 认证。主要流程如图 5.3、图 5.4 所示。

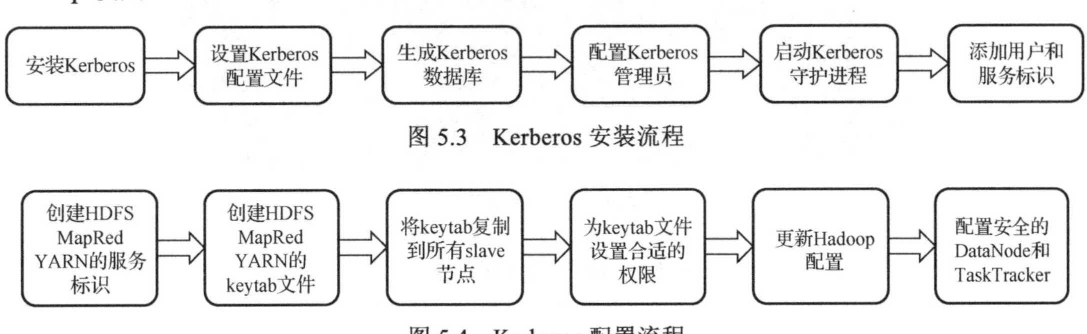

图 5.4 Kerberos 配置流程

安装、配置成功后，当合法用户以用户名和密码向 Hadoop 发起访问请求时，如果认证成功，则用户终端可以获得登录成功的界面，如图 5.5 所示。

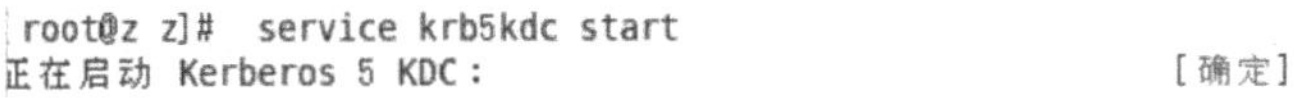

```
root@z z]#  service krb5kdc start
正在启动 Kerberos 5 KDC：                                  [确定]
```

图 5.5 用户登录成功界面

1. 安装 KDC

为了安装 Kerberos，首先要在一台安全的服务器上安装密钥分发中心 KDC。在 RHEL/CentOS/Fodora 系统上，安装 Kerberos，使用 root 权限执行以下命令：

```
# yum install krb5-server krb5-libs krb5-workstation
```

在 KDC 安装成功之后，可以按照 Master 和 Slave 模式（主-从模式）配置多个 KDC 增加系统的容错性。

2. 配置 KDC

MIT Kerberos 包含 3 个配置文件：krb5.conf、kdc.conf 和 kadm5.acl。krb5.conf 位于/etc 目录下，kdc.conf 与 kadm5.acl 位于/var/ erberos/krb5kdc 目录下。这些文件都遵循 Windows INI 文件格式。

Krb5.conf 是 Kerberos 的高层配置文件，配置 KDC 的位置、管理服务器、主机名与 Kerberos 域名等。使用 Kerberos 的机器上的配置文件都要同步。Krb5.conf 配置如图 5.6 所示。

Krb5.conf 属性定义如表 5.2 所示。

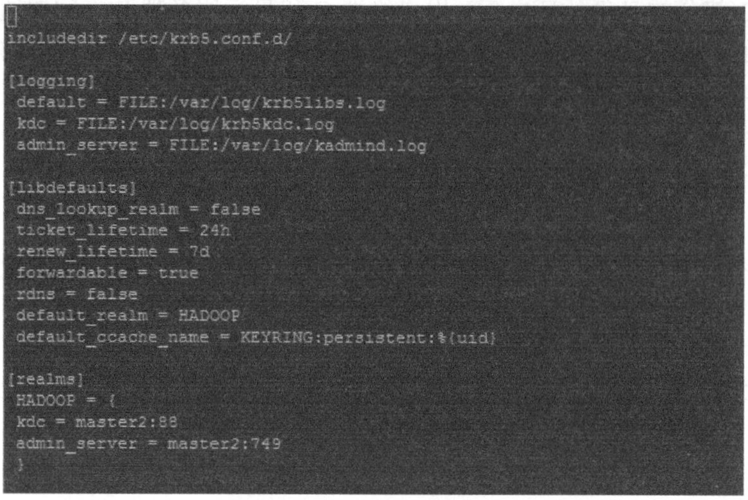

```
includedir /etc/krb5.conf.d/

[logging]
 default = FILE:/var/log/krb5libs.log
 kdc = FILE:/var/log/krb5kdc.log
 admin_server = FILE:/var/log/kadmind.log

[libdefaults]
 dns_lookup_realm = false
 ticket_lifetime = 24h
 renew_lifetime = 7d
 forwardable = true
 rdns = false
 default_realm = HADOOP
 default_ccache_name = KEYRING:persistent:%{uid}

[realms]
 HADOOP = {
 kdc = master2:88
 admin_server = master2:749
 }
```

图 5.6　krb5.conf 配置

表 5.2　krb5.conf 属性定义

属　性	描　述
libdefaults	Kerberos v5 类库采用的默认值
loginproperty	Kerberos v5 登录程序默认值
appdefaults	Kerberos v5 应用使用的默认值
realms	每一个子片段对应一个领域，描述领域相关信息，包括从哪里查找该领域对应的 Kerberos 服务器
domain_realm	域名、子域名与 Kerberos 域名的映射关系，程序将使用这些信息确定一个主机属于哪个领域，并给出一个正确的域名
logging	各种 Kerberos 程序的登录方法
capaths	跨域的认证路径，包括在跨领域认证中使用的中间领域

kdc.conf 配置文件包括 KDC 配置中与 Kerberos 票据和领域相关的配置、KDC 数据库登录的详细信息等。Kdc.conf 配置如图 5.7 所示。

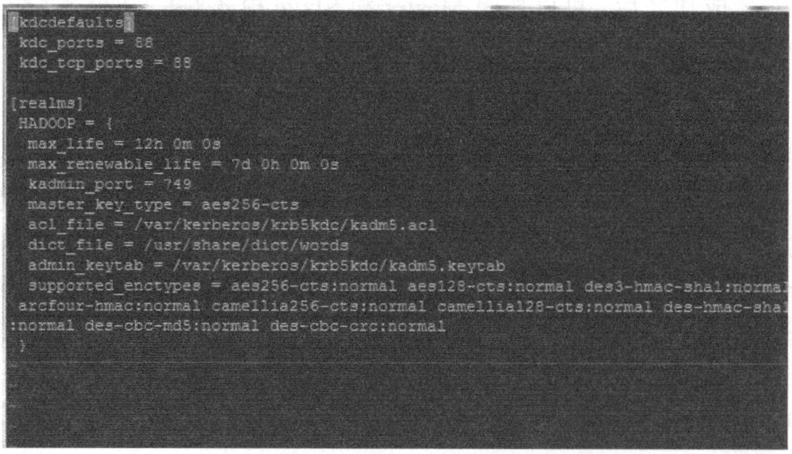

```
[kdcdefaults]
 kdc_ports = 88
 kdc_tcp_ports = 88

[realms]
 HADOOP = {
  max_life = 12h 0m 0s
  max_renewable_life = 7d 0h 0m 0s
  kadmin_port = 749
  master_key_type = aes256-cts
  acl_file = /var/kerberos/krb5kdc/kadm5.acl
  dict_file = /usr/share/dict/words
  admin_keytab = /var/kerberos/krb5kdc/kadm5.keytab
  supported_enctypes = aes256-cts:normal aes128-cts:normal des3-hmac-sha1:normal
 arcfour-hmac:normal camellia256-cts:normal camellia128-cts:normal des-hmac-sha1
:normal des-cbc-md5:normal des-cbc-crc:normal
 }
```

图 5.7　kdc.conf 配置

kdc.conf 属性定义如表 5.3 所示。

表 5.3　kdc.conf 属性定义

属　性	描　述
kdcdefaults	认证相关的默认值
realms	每个子部分对应的 Kerberos 领域
dbdefaults	KDC 存储标识信息采用的数据库默认配置
dbmodules	根据支持的数据库类型，对每个数据库模块进行配置
logging	每个 Kerberos 守护进程的登录配置

3. 创建 KDC 数据库

KDC 数据库存储了 KDC 中每个用户的密码信息。使用以下命令创建一个 KDC 数据库：

```
# kdb5_util create -r HADOOP -s
```

该命令在 /var/kerberos/krb5kdc 目录下生成 Kerberos 数据库文件 principal 和 principal.ok，如图 5.8 所示。

```
[root@master2 ~]# cd /var/kerberos/krb5kdc
[root@master2 krb5kdc]# ls
kadm5.acl  principal         principal.kadm5.lock
kdc.conf   principal.kadm5   principal.ok
```

图 5.8　Kerberos 数据库文件

4. 配置 Kerberos 管理员

创建 KDC 数据库之后，需要配置数据库管理员标识。首先，在/var/kerberos/krb5kdc/kadm5.acl 文件中添加管理员标识，该文件包括一个访问控制列表，kadmind 守护进程基于这个文件管理 Kerberos 数据库的访问。配置数据库管理员标识如图 5.9 所示。

图 5.9　配置数据库管理员标识

在 KDC 上使用 kadmin.local 命令对 KDC 进行管理。执行以下命令设置 Kerberos 管理员：

```
# kadmin.local
# kadmin.local: addprinc admin/admin@HADOOP
```

5. 启动 Kerberos 守护进程

通过以下命令启动 Kerberos 守护进程：

```
# service krb5kdc start
# service kadmin start
```

通过以下命令查看 KDC 与 kadmin 的状态信息，结果如图 5.10、图 5.11 所示。

```
# service krb5kdc status
# service kadmin status
```

```
[root@master2 krb5kdc]# service krb5kdc status
Redirecting to /bin/systemctl status  krb5kdc.service
● krb5kdc.service - Kerberos 5 KDC
   Loaded: loaded (/usr/lib/systemd/system/krb5kdc.service; disabled; vendor pre
set: disabled)
   Active: active (running) since 二 2017-12-19 10:31:05 CST; 5h 19min ago
  Process: 15313 ExecStart=/usr/sbin/krb5kdc -P /var/run/krb5kdc.pid $KRB5KDC_AR
GS (code=exited, status=0/SUCCESS)
 Main PID: 15314 (krb5kdc)
   CGroup: /system.slice/krb5kdc.service
           └─15314 /usr/sbin/krb5kdc -P /var/run/krb5kdc.pid

12月 19 10:31:05 master2 systemd[1]: Starting Kerberos 5 KDC...
12月 19 10:31:05 master2 systemd[1]: Started Kerberos 5 KDC.
```

图 5.10　KDC 状态信息

```
[root@master2 krb5kdc]# service kadmin  status
Redirecting to /bin/systemctl status  kadmin.service
● kadmin.service - Kerberos 5 Password-changing and Administration
   Loaded: loaded (/usr/lib/systemd/system/kadmin.service; disabled; vendor pres
et: disabled)
   Active: active (running) since 二 2017-12-19 10:31:21 CST; 5h 19min ago
  Process: 15345 ExecStart=/usr/sbin/_kadmind -P /var/run/kadmind.pid $KADMIND_A
RGS (code=exited, status=0/SUCCESS)
 Main PID: 15346 (kadmind)
   CGroup: /system.slice/kadmin.service
           └─15346 /usr/sbin/kadmind -P /var/run/kadmind.pid

12月 19 10:31:20 master2 systemd[1]: Starting Kerberos 5 Password-changing.....
12月 19 10:31:21 master2 systemd[1]: Started Kerberos 5 Password-changing ...n.
Hint: Some lines were ellipsized, use -l to show in full.
```

图 5.11　kadmin 状态信息

6．添加用户和服务标识

在 KDC 中添加 Kerberos 认证 Hadoop 守护进程的服务标识，可以使用以下命令：

```
# kadmin
kadmin: addprinc -randkey root/master2@HADOOP
kadmin: addprinc -randkey root/node4@HADOOP
kadmin: addprinc -randkey host/master2@HADOOP
kadmin: addprinc -randkey host/node4@HADOOP
kadmin: addprinc -randkey HTTP/master2@HADOOP
kadmin: addprinc -randkey HTTP/node4@HADOOP
```

7．创建用于 Hadoop 服务的 keytab 文件

keytab 文件包含键值对，即 Kerberos 标识和基于 Kerberos 密码生成的加密密钥。可通过如下命令为创建的 Hadoop 服务标识创建对应的 keytab 文件：

```
# kadmin
kadmin: xst -norandkey -k root.keytab root/master2@HADOOP
kadmin: xst -norandkey -k root.keytab root/node4@HADOOP
kadmin: xst -norandkey -k root.keytab host/master2@HADOOP
kadmin: xst -norandkey -k root.keytab host/node4@HADOOP
```

```
kadmin: xst -norandkey -k root.keytab HTTP/master2@HADOOP
kadmin: xst -norandkey -k root.keytab HTTP/node4@HADOOP
```

生成的 keytab 文件如图 5.12、图 5.13 所示。

图 5.12　keytab 文件

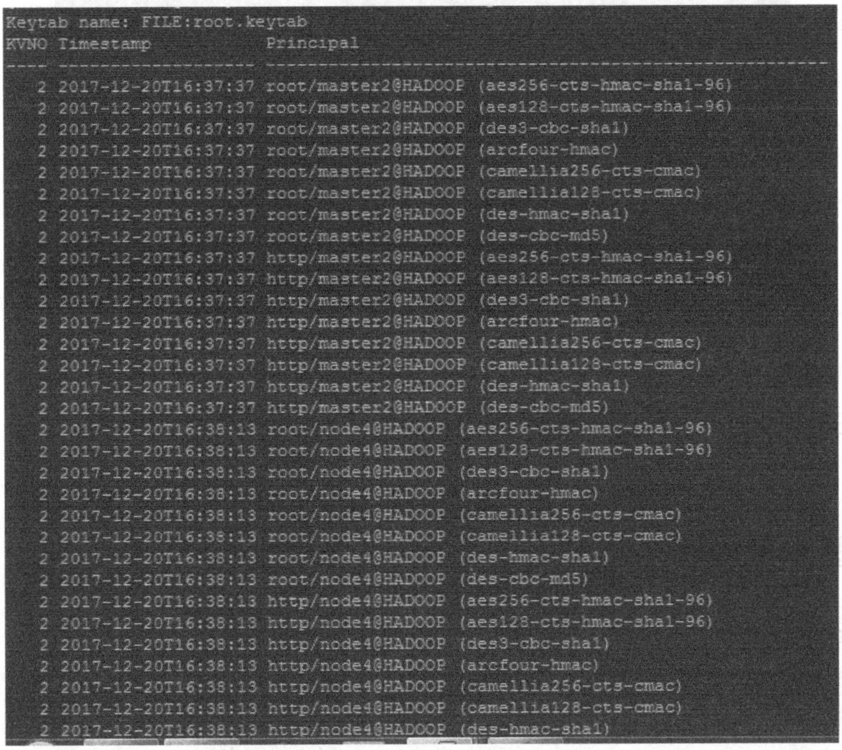

```
Keytab name: FILE:root.keytab
KVNO Timestamp           Principal
---- ------------------- ------------------------------------------------------
   2 2017-12-20T16:37:37 root/master2@HADOOP (aes256-cts-hmac-sha1-96)
   2 2017-12-20T16:37:37 root/master2@HADOOP (aes128-cts-hmac-sha1-96)
   2 2017-12-20T16:37:37 root/master2@HADOOP (des3-cbc-sha1)
   2 2017-12-20T16:37:37 root/master2@HADOOP (arcfour-hmac)
   2 2017-12-20T16:37:37 root/master2@HADOOP (camellia256-cts-cmac)
   2 2017-12-20T16:37:37 root/master2@HADOOP (camellia128-cts-cmac)
   2 2017-12-20T16:37:37 root/master2@HADOOP (des-hmac-sha1)
   2 2017-12-20T16:37:37 root/master2@HADOOP (des-cbc-md5)
   2 2017-12-20T16:37:37 http/master2@HADOOP (aes256-cts-hmac-sha1-96)
   2 2017-12-20T16:37:37 http/master2@HADOOP (aes128-cts-hmac-sha1-96)
   2 2017-12-20T16:37:37 http/master2@HADOOP (des3-cbc-sha1)
   2 2017-12-20T16:37:37 http/master2@HADOOP (arcfour-hmac)
   2 2017-12-20T16:37:37 http/master2@HADOOP (camellia256-cts-cmac)
   2 2017-12-20T16:37:37 http/master2@HADOOP (camellia128-cts-cmac)
   2 2017-12-20T16:37:37 http/master2@HADOOP (des-hmac-sha1)
   2 2017-12-20T16:37:37 http/master2@HADOOP (des-cbc-md5)
   2 2017-12-20T16:38:13 root/node4@HADOOP (aes256-cts-hmac-sha1-96)
   2 2017-12-20T16:38:13 root/node4@HADOOP (aes128-cts-hmac-sha1-96)
   2 2017-12-20T16:38:13 root/node4@HADOOP (des3-cbc-sha1)
   2 2017-12-20T16:38:13 root/node4@HADOOP (arcfour-hmac)
   2 2017-12-20T16:38:13 root/node4@HADOOP (camellia256-cts-cmac)
   2 2017-12-20T16:38:13 root/node4@HADOOP (camellia128-cts-cmac)
   2 2017-12-20T16:38:13 root/node4@HADOOP (des-hmac-sha1)
   2 2017-12-20T16:38:13 root/node4@HADOOP (des-cbc-md5)
   2 2017-12-20T16:38:13 http/node4@HADOOP (aes256-cts-hmac-sha1-96)
   2 2017-12-20T16:38:13 http/node4@HADOOP (aes128-cts-hmac-sha1-96)
   2 2017-12-20T16:38:13 http/node4@HADOOP (des3-cbc-sha1)
   2 2017-12-20T16:38:13 http/node4@HADOOP (arcfour-hmac)
   2 2017-12-20T16:38:13 http/node4@HADOOP (camellia256-cts-cmac)
   2 2017-12-20T16:38:13 http/node4@HADOOP (camellia128-cts-cmac)
   2 2017-12-20T16:38:13 http/node4@HADOOP (des-hmac-sha1)
```

图 5.13　keytab 文件内容

8．修改 Hadoop 配置文件

首先，更新 Hadoop 安装目录下/etc/hadoop/core-site.xml 文件的属性，在 Hadoop 集群中开启 Kerberos 认证和用户授权，具体修改如图 5.14 所示。

```xml
<property>
        <name>hadoop.security.authentication</name>
        <value>kerberos</value>
</property>

<property>
        <name>hadoop.security.authorization</name>
<value>true</value>
</property>
```

图 5.14　core-site.xml 修改

其次，修改 hdfs-site.xml 文件，具体如图 5.15 所示。

```xml
<property>
  <name>dfs.block.access.token.enable</name>
  <value>true</value>
</property>
<property>
  <name>dfs.datanode.data.dir.perm</name>
  <value>700</value>
</property>
<property>
  <name>dfs.namenode.keytab.file</name>
  <value>/root/bigdata/root.keytab</value>
</property>
<property>
  <name>dfs.namenode.kerberos.principal</name>
  <value>root/_HOST@HADOOP</value>
</property>
<property>
  <name>dfs.namenode.kerberos.https.principal</name>
  <value>http/_HOST@HADOOP</value>
</property>
<property>
  <name>dfs.datanode.address</name>
  <value>0.0.0.0:1004</value>
</property>
<property>
  <name>dfs.datanode.http.address</name>
  <value>0.0.0.0:1006</value>
</property>
<property>
  <name>dfs.datanode.keytab.file</name>
  <value>/root/bigdata/root.keytab</value>
</property>
<property>
  <name>dfs.datanode.kerberos.principal</name>
  <value>root/_HOST@HADOOP</value>
</property>
<property>
  <name>dfs.datanode.kerberos.https.principal</name>
  <value>http/_HOST@HADOOP</value>
</property>
```

图 5.15　hdfs-site.xml 修改

5.5　Kerberos 常用操作

5.5.1　基本操作

1）管理员操作

```
kadmin.local                                //以超管身份进入 kadmin
kadmin                                      //进入 kadmin 模式，需输入密码
kdb5_util create -r JENKIN.COM -s           //创建数据库
service krb5kdc start                       //启动 kdc 服务
service kadmin start                        //启动 kadmin 服务
service kprop start                         //启动 kprop 服务
kdb5_util dump /var/kerberos/krb5kdc/slave_data                    //生成 dump 文件
kprop -f /var/kerberos/krb5kdc/slave_data master2.com        //将master 数据库
同步到 slave
```

kadmin 模式下：

```
addprinc -randkey root/master1@HADOOP.COM        //生成随机密钥的安全个体
addprinc admin/admin                             //生成指定密钥的安全个体
listprincs                                       //查看所有的安全个体
change_password -pw xxxx admin/admin             //修改 admin/admin 的密码
delete_principal  admin/admin                    //删除安全个体
```

2）用户操作

```
klist                                            //查看当前的认证用户
klist -e -k -t /var/kerberos/krb5kdc/keytab/root.keytab  //查看 keytab
kinit -kt /xx/xx/kerberos.keytab hdfs/hadoop1            //认证用户
kdestroy                                         //删除当前的认证的缓存
kinit admin/admin                                //验证安全个体是否可用
xst -norandkey -k /var/kerberos/krb5kdc/keytab/root.keytab root/ master1@
JENKIN. COM host/master1@JENKIN.COM    //为安全个体生成 keytab，可同时添加多个
ktadd -k /etc/krb5.keytab host/master1@JENKIN.COM    //ktadd 也可生成 keytab
kinit -k -t /var/kerberos/krb5kdc/keytab/root.keytab root/master1@JENKIN.
COM                                              //测试 keytab 是否可用
```

3）Hadoop 基础操作

```
./bin/hdfs zkfc -formatZK                  //格式化 zkfc
./bin/hdfs namenode -format  ns            //格式化 namenode
./sbin/start-dfs.sh                        //启动 dfs，namenode、journalnode、
datanode、zkfc 都会启动
./sbin/start-yarn.sh                       // 启 动  yarn ， nodemanager 、
resourcemanager 都会启动
./sbin/hadoop-daemon.sh start journalnode           //启动 journalnode，也可单
独启动 namenode、datanode
./sbin/yarn-daemon.sh start resourcemanager         //启动 resourcemanager，
也可单独启动 nodemanager
hadoop fs -put ./NOTICE.txt hdfs://ns/              //上传文件至 hdfs 根目录
hadoop fs -ls                                       //查看 hdfs 根目录文件
```

5.5.2 操作流程

（1）在 KDC 服务器上直接输入 kadmin.local 进入管理模式。

```
kadmin.local  //以超管身份进入 kadmin，kadmin.local 可以直接运行在 KDC 上，无须通
过 Kerberos 认证
```

（2）在客户端上先通过 kinit 进行认证，再输入 kadmin 进入管理模式，如图 5.16 所示。

```
kinit admin/admin          //验证安全个体是否可用
kadmin                     //进入 kadmin 模式，需输入密码
```

```
[root@hadoop bin]# kinit root/admin
Password for root/admin@SUPERMAN:
[root@hadoop bin]# klist
Ticket cache: KEYRING:persistent:0:krb_ccache_HOEI83g
Default principal: root/admin@SUPERMAN

Valid starting       Expires              Service principal
2017-10-23T16:05:38  2017-10-24T16:05:38  krbtgt/SUPERMAN@SUPERMAN
[root@hadoop bin]# kadmin
Authenticating as principal root/admin@SUPERMAN with password.
Password for root/admin@SUPERMAN:
```

图 5.16　执行 kinit 和 kadmin 的界面

（3）在 kadmin 模式下执行以下命令，如图 5.17 所示。

```
addprinc -randkey root/admin@SUPERMAN       //生成随机密钥的安全个体
addprinc admin/admin                        //生成指定密钥的安全个体
```

```
kadmin:  addprinc hahaha
WARNING: no policy specified for hahaha@SUPERMAN; defaulting to no policy
Enter password for principal "hahaha@SUPERMAN":
Re-enter password for principal "hahaha@SUPERMAN":
Principal "hahaha@SUPERMAN" created.
kadmin:
```

图 5.17　执行 addprinc 的界面

```
listprincs  //查看安全个体
```

查看所有的安全个体，如图 5.18 所示。

```
kadmin:  listprincs
K/M@SUPERMAN
kadmin/admin@SUPERMAN
kadmin/changepw@SUPERMAN
kadmin/localhost@SUPERMAN
kiprop/localhost@SUPERMAN
krbtgt/SUPERMAN@SUPERMAN
root/admin@SUPERMAN
test@SUPERMAN
```

图 5.18　执行 listprincs 的界面

```
change_password -pw xxxx admin/admin        //修改 admin/admin 的密码
delete_principal  admin/admin               //删除安全个体
```

（4）进行 Kerberos 服务启动与状态查看。

```
service krb5kdc start                       //启动 KDC 服务
service kadmin start                        //启动 kadmin 服务
service krb5kdc status                      //查看 KDC 状态信息
service kadmin status                       //查看 kadmin 状态信息
```

（5）执行用户操作。

```
klist  //查看当前的认证用户
klist -e -k -t /var/kerberos/krb5kdc/keytab/xxx.keytab    //查看 keytab
kinit -kt /xx/xx/kerberos.keytab hdfs/hadoop1             //认证用户
kdestroy                                   //删除当前的认证的缓存
kinit admin/admin                          //验证安全个体是否可用
xst  -norandkey  -k  /var/kerberos/krb5kdc/keytab/xxx.keytab  root/
admin@SUPERMAN                             //为安全个体生成 keytab，可同时添加多个
ktadd -k /etc/krb5.keytab host/root/admin@SUPERMAN  //ktadd 也可生成 keytab
kinit -k -t /var/kerberos/krb5kdc/keytab/xxx.keytab root/admin@SUPERMAN
                                                 //测试 keytab 是否可用
```

第6章 Chapter 6 大数据系统访问控制技术

6.1 概述

访问控制的目的是限制主体对于客体的访问，防止主体对客体的任何资源进行未授权的访问。对于大数据平台而言，访问控制不仅要防止非法用户对于资源的恶意获取访问及篡改，而且要控制合法用户的越权访问和越权操作。

Hadoop 访问控制的重点是对合法用户的访问进行控制。在当前 Hadoop 大数据平台上，Kerberos 的身份认证方案已经较为成熟，得到了广泛应用，从某种程度上可以防止非法用户对于平台的恶意访问。相比而言，Hadoop 大数据平台的内部访问控制机制较弱，只采用了基于访问控制列表（Access Control List，ACL）的访问控制机制，即在本地计算机和节点上，通过保存访问控制列表、形成访问控制矩阵来精确控制每个用户的读/写访问权限。

事实上，基于 ACL 的访问控制机制并不适用于大数据平台。首先，基于 ACL 的访问控制机制精确地控制每个用户的行为操作。对于大数据平台而言，用户群体将是难以估计、非常庞大的。如果平台对每个用户的操作都精确控制，那么访问控制矩阵将会非常复杂，这样不仅仅造成存储空间的浪费，而且难以实现用户管理。具体来说，Hadoop 大数据平台中每新增一个用户或对现存用户的身份信息进行更新时，所有节点处的访问控制列表都需要进行更新及重新配置。显然，这样的访问控制机制并不适用于大规模的用户管理，不仅难以对用户数据和操作权限进行更新，而且也给整个集群的正常运转带来巨大的负担。

在 Hadoop 现有的运行机制下，如何更改访问控制的整体机制、进一步提升集群的安全性，是需要解决的问题。为了方便大规模的用户管理，我们将采用较为成熟的基于角色的访问控制（Role-Based Access Control，RBAC）方案，并且采用 XACML 语言框架和 Sentry 开源组件两种方案实现访问控制策略。

6.2 基于角色的访问控制方案

随着访问控制机制的不断完善，标准矩阵模型将访问权限直接分配给访问主体的缺陷日益凸显，尤其在用户管理上存在着严重缺陷。当需要增减用户、更改用户属性、批量管理用户时，传统访问控制模式的适用问题突出。

为了不直接将权限分配给主体，基于角色的访问控制方案引入了角色的概念，作为权限和访问主体之间的纽带，如图 6.1 所示。在整个机制中，系统将权限分配给角色，然后用户从拥有的角色中分配权限[24]。

图 6.1 基于角色的访问控制方案

在基于角色的访问控制机制下，访问权限与角色挂钩，访问主体的角色决定了访问主体所能获得的权限。在这种情况下，角色是整个访问机制的核心，是访问主体和权限之间的纽带。当访问主体的角色发生变化时，访问主体所拥有的权限自然发生变化，权限分配的重复性劳动大大减少。当访问主体的属性变更时，并不会影响权限的总体分配，这样的方式降低了系统的复杂性；访问权限的更改也无须对具体的访问主体进行操作，完成了访问主体和具体权限之间的解耦[25]。在这种机制下，系统更改、维护的成本大幅度降低，具有更大的灵活性。

访问主体和角色的对应关系不限定为一对一，可以是一对多或多对多。当访问主体拥有多个角色时，访问主体可以通过更改自己的角色来直接更改自己的权限。如果实际情况下不允许同一个访问主体拥有多个角色，则可以在角色的集合中设置角色互斥存在的规则，这样可以明确责任的预授权，保证权限更加有效、合理地分配。

与传统的访问控制机制相比，基于角色的访问控制分离了用户和权限，完成了责任的预授权，减少了权限分配的重复劳动，简化了系统管理，进而加强了 Hadoop 大数据平台的安全机制，具有灵活性和可管理性[26]。对于现阶段 Hadoop 大数据平台的访问控制来说，RBAC 可以实现对大规模用户的访问控制，同时可以较为方便地实现大规模用户的管理，方便用户权限的分配，是一个可行的技术方案。

自 20 世纪 70 年代 RBAC 模型概念出现以来，这个访问控制模型获得了国内外相当广泛的关注和研究。1992 年，RBAC 实现了形式化的定义；2001 年，John F. Barkley 在这些模型的基础上制定了 RBAC2001 标准；2003 年，基于任务-角色的访问控制模型（T-RBAC）[27]被提出，同时，国内也出现了扩充角色层次关系模型（EHRBAC）[28]、基于时限的角色访问控制模型[29]等。

6.3 XACML 语言框架

6.3.1 访问控制框架

XACML（eXtensible Access Control Markup Language）是一个基于 XML 的开放式语言框架，定义了可扩展的访问策略和访问决策，具有较好的交互性。它可以用来描述安全政策，提供了主体（客户端）与访问客体（目标资源）之间的行为（访问请求）的控制规则的语法。XACML 于 2003 年 2 月由结构化信息标准组织（OASIS）批准[30]，是一个比较成熟的语言框架，具有较强的通用性。

Hadoop 大数据平台的核心是分布式文件系统 HDFS，其访问控制需要通过分布式的管理手段得以实现。由于 XACML 语言框架具有开放性和良好的交互性，可以用来实现基于角色的访问控制。当用户终端发送访问请求时，XACML 会把这个请求当作问询进行处理，识别请求中主体、资源、环境的属性及采取的行为，并将这些属性标签和策略规则中设定好的属性标签进行对比，只有当每一条属性标签都符合规则设定时，XACML 才会允许该用户的访问。一般情况下，用户的访问请求有 4 种结果，分别是 Permit、Deny、Indeterminate 和 Not Applicable。

XACML 语言框架包含执行访问控制的 4 个部件，分别是策略管理点（Policy Administrate Point，PAP）、策略信息点（Policy Information Point，PIP）、策略执行点（Policy Enforcement Point，PEP）和策略决策点（Policy Decision Point，PDP）。其中，PAP 创建规则和策略集，并进行策略和规则的管理；PIP 存放主体、资源和环境的属性信息；PEP 和用户交互，当用户发出访问请求后，PEP 创建一个 XACML 请求的 XML 文件，并将这个文件发送到 PDP，PEP 会根据 PDP 的响应结果对客户端的访问请求做出回复；PDP 评估可用策略且提供授权的响应决定。

当用户终端发出访问请求后，XACML 执行的访问控制流程如图 6.2 所示。

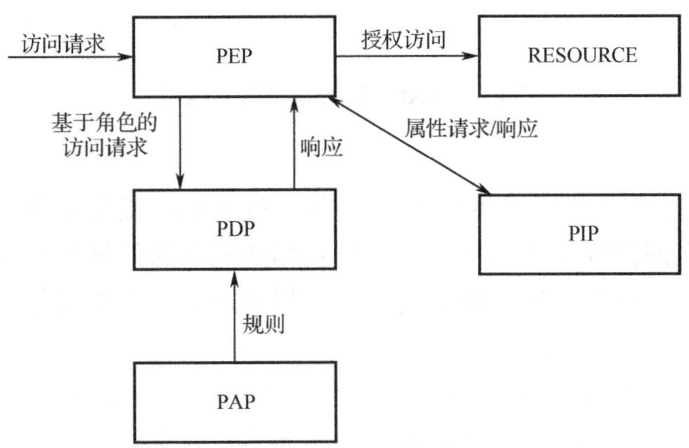

图 6.2 XACML 执行的访问控制流程

具体的访问控制流程说明如下。

（1）用户终端先向策略执行点 PEP 发出访问资源的请求。

（2）策略执行点 PEP 接受了用户终端的访问请求后，向策略信息点 PIP 请求用户的角色属性与访问资源的属性，PIP 对请求进行响应。

（3）策略执行点 PEP 将用户的角色属性、想要访问的资源属性、操作行为和用户所在环境封装成 XACML 语言结构发送给策略决策点 PDP。

（4）策略决策点 PDP 从策略管理点 PAP 接收属性策略集与访问规则。

（5）PDP 根据策略管理点 PAP 和策略信息点 PIP 提供的策略集信息，对比之前 PEP 送来的信息，做出访问决策，并将访问决策传回 PEP。

（6）策略执行点 PEP 对客户端的访问请求做出回复，如果访问合法则同意访问请求，如果访问不合法则拒绝访问请求。

6.3.2 策略语言模型

XACML 的策略语言模型由 3 个核心部件组成，即策略集（Policy Set）、规则（Rule）和策略（Policy），如图 6.3 所示。

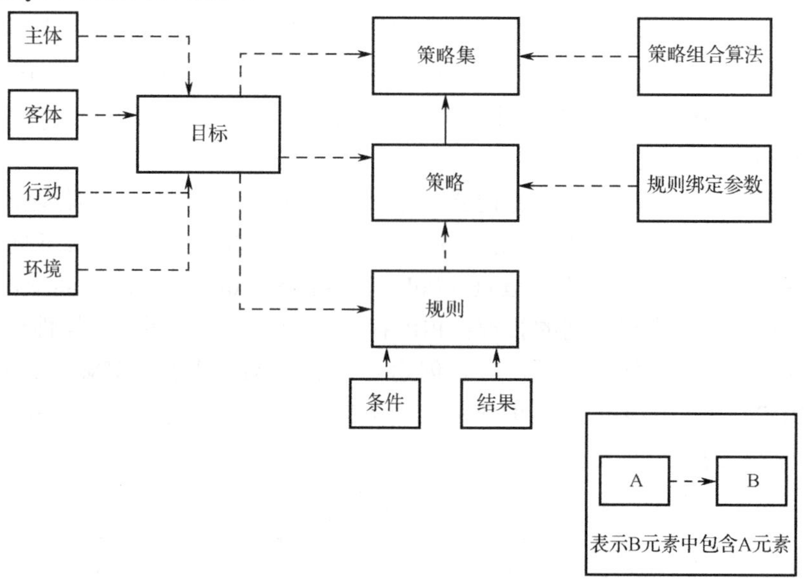

图 6.3　XACML 的策略语言模型

1）规则

目标是规则应用的对象，它是由主体、客体、行动和环境组成的。也就是说，主体在环境中对访问客体之间的行动就是目标。但是目标所提供的信息并不完全，这就需要条件来提供辅助信息，从而更全面地了解相关信息。规则产生后的结果称为效用（Effect）。

2）策略

在 XACML 的策略语言框架中，可以进行交互的最小单元就是策略。它主要由规则集、目标、规则绑定参数组成，策略管理点 PAP 负责和客户端进行交互，接收客户端的访问请求，并最终对访问请求做出回复；策略决策点 PDP 则根据规则策略对请求进行判断。

3）策略集

策略集主要由目标、策略、策略绑定参数组成。一个策略集可以包含其他的策略集。

在分布式环境下，对于相同的客体，策略管理点 PAP 可能制定多个并不相同的访问控制策略。这些策略之间可能本身就会有冲突，这就需要一定的策略组合算法来保证只执行一个策略，从而得到正确的执行结果。

6.4 基于 XACML 的角色访问控制方案实现

6.4.1 角色访问控制策略描述

1. 角色访问控制系统结构

本方案将访问控制结构框架分为用户终端层、服务层和数据节点层，如图 6.4 所示。

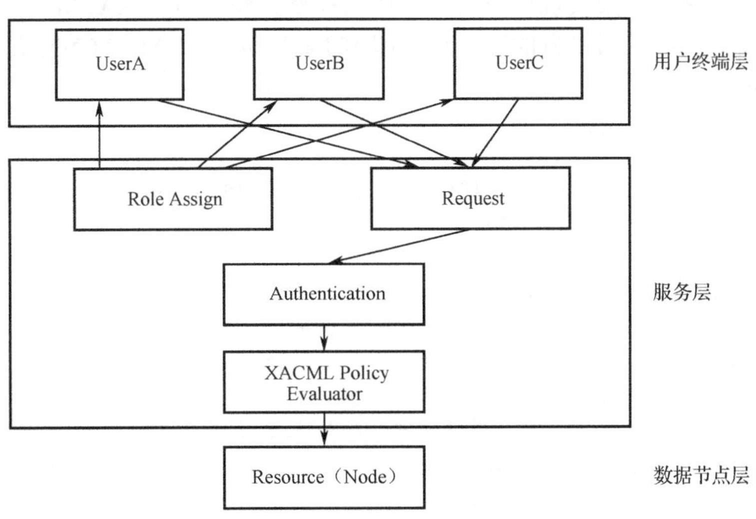

图 6.4 访问控制结构框架

1）*用户终端层*

用户进行访问时，首先需要登录。当用户通过认证后，系统根据用户提供的身份信息，从访问控制中的策略集内获取该用户所对应的角色并分配权限。也就是说，当用户登录时，其访问控制已经开始。

根据实际背景，可以对角色权限进行分配。例如，UserA 角色对资源有读取的权限；UserB 角色对资源有读/写的权限；UserC 角色对资源有读/写和操作的权限。

2）*服务层*

服务层是一个逻辑上的概念，并不以实体形式存在，主要是参与到用户与 Hadoop 的通信当中，充当中间人的职能。用户登录成功之后，由服务层发出对 Hadoop 的分布式文件系统的访问请求。

3）*数据节点层*

Hadoop 的数据节点指的是 NameNode 和 DataNode 两种节点。其中，NameNode 是数据管理节点，用户终端和 Hadoop 的交互都是通过 NameNode 实现的。DataNode 是数据存储节点，也是方案中对用户的访问进行控制的主要位置。

2. 具体的访问控制流程

用户在认证平台上登录 Hadoop 服务器，服务器依据用户的用户名和密码来确定用户在系统中的角色；用户登录成功之后，由服务层发出对 Hadoop 的分布式文件系统的访问请求；访问请求被送到策略执行点 PEP 处，PEP 将用户的角色信息、访问的资源信息、操作行为和用户所在的环境封装成 XACML 语言结构发送给策略决策点 PDP；PDP 根据策略管理点 PAP 和策略信息点 PIP 提供的策略集信息，对比之前 PEP 送来的信息，做出访问决策，并将访问决策传回 PEP；PEP 根据决策结果来决定是否给用户授权，即发放用户所在角色的权限；HDFS 分布式系统则根据 PEP 的结果来确定接下来用户的操作。

6.4.2 角色访问控制策略实现

我们采用 XACML 框架实现用户角色和访问控制策略。由于 XACML 是一个较为成熟的语言框架，我们选择了第三方的开发包，即 SUN 公司的 SUMXACML 包，进行二次开发，实现访问控制模块。

1）用 Java 代码实现 PDP

```
public static void main(String[] args) throws Exception{
Scanner scanner = new Scanner(System.in);
//设置请求文件和策略文件
    System.out.println("输入请求文件：");
    String requestFile = scanner.nextLine();
    ArrayList<String> policyFiles = new ArrayList<>();
    String policyFile;
    System.out.println("输入策略文件，输入 done 结束输入：");
    while (!(policyFile=scanner.nextLine()).equals("done"))
     policyFiles.add(policyFile);

    if(requestFile==null || requestFile.isEmpty() || policyFiles.isEmpty())
    {
    System.out.println("至少需要一组请求和策略文件！");
    System.exit(1);
    }
    //生成测试对象
    AccessController accessController = new AccessController(policyFiles);

    //接收请求信息，分析并生成 ResponseCtx 对象
    ResponseCtx responseCtx = accessController.evaluate(requestFile);

    //输出结果
    responseCtx.encode(System.out,new Indenter());
   }
```

2）策略规则的代码

```
URI policyId = new URI("ProjectPlanAccessPolicy");
URI combiningAlgId = new URI(OrderedPermitOverridesRuleAlg.algId);
```

```
    CombiningAlgFactory factory = CombiningAlgFactory.getInstance();
    RuleCombiningAlgorithm combiningAlg =
      (RuleCombiningAlgorithm) (factory.createAlgorithm(combiningAlgId));
    //创建策略目标
    Target policyTarget = createPolicyTarget();
    //创建策略规则
    List ruleList = createRules();
    //创建策略
    Policy policy =
      new Policy(
        policyId,
        combiningAlg,
        description,
        policyTarget,
        ruleList);
    //展示策略
    policy.encode(System.out, new Indenter());
```

6.4.3 角色访问控制策略测试

将访问控制模块安装到目标系统的网关进行测试。当用户登录并且确定要访问资源时，访问控制模块获取用户信息、访问 URL 及操作，自动打包生成 request.xml 文件。XACML 语言框架只能识别特定结构的请求。用户读/写文件的请求如图 6.5 所示。

```
/Library/Java/JavaVirtualMachines/jdk1.8.0_101.jdk/Contents/Home/bin/java ...
<Request>
  <Subject SubjectCategory="urn:oasis:names:tc:xacml:1.0:subject-category:access-subject">
    <Attribute AttributeId="urn:oasis:names:tc:xacml:1.0:subject:subject-id" DataType="urn:oasis:names:tc:xacml:1.0:data-type:rfc822Name"><AttributeValue>seth@users.e
    <Attribute AttributeId="group" DataType="http://www.w3.org/2001/XMLSchema#string" Issuer="admin@users.example.com"><AttributeValue>developer</AttributeValue></Att
  </Subject>
  <Resource>
    <Attribute AttributeId="urn:oasis:names:tc:xacml:1.0:resource:resource-id" DataType="http://www.w3.org/2001/XMLSchema#anyURI"><AttributeValue>http://server.exampl
  </Resource>
  <Action>
    <Attribute AttributeId="urn:oasis:names:tc:xacml:1.0:action:action-id" DataType="http://www.w3.org/2001/XMLSchema#string"><AttributeValue>commit</AttributeValue><
  </Action>
</Request>

Process finished with exit code 0
```

图 6.5　用户读/写文件的请求

网关处的 XACML 语言框架接收到用户读/写文件的请求后，其策略决策点 PDP 会识别请求中主体、资源、环境的属性及采取的行为，并将这些属性和策略规则中的角色属性进行对比。具体实验如图 6.6～图 6.10 所示。

```
UserA
<请求信息>
User : UserA
Action : commit
ResourceID : http://server.example.com/

Decision : Permit
```

图 6.6　UserA commit 访问通过

```
UserB
<请求信息>
User : UserB
Action : commit
ResourceID : http://server.example.com/

Decision : Deny
```

图 6.7　UserB commit 访问未通过

```
UserB
<请求信息>
User : UserB
Action : read
ResourceID : http://server.example.com/

Decision : Permit
```

图 6.8　UserB read 访问通过

```
UserC
<请求信息>
User : UserC
Action : read
ResourceID : http://server.example.com/

Decision : Permit
```

图 6.9　UserC read 访问通过

```
UserC
<请求信息>
User : UserC
Action : write
ResourceID : http://server.example.com/

Decision : Deny
```

图 6.10　UserC write 访问未通过

在具体测试实验中，角色权限对照表如表 6.1 所示。

表 6.1　角色权限对照表

角　色	资　源	权　限
UserA	Hadoop/HDFS	commit、read、write
UserB	Hadoop/HDFS	read、write
UserC	Hadoop/HDFS	read

从具体测试实验的结果可以看出，基于 XACML 的角色访问控制策略可以控制合法用户的访问，对用户的操作进行授权，防止合法用户进行非法操作。

6.5 Sentry 开源组件

Sentry 与 Hadoop 的集成主要是通过 Hive 和 Impala 来实现的。实际上，Sentry 并不直接与 HDFS 通信，而是与 Hadoop 上更高级的封装层连接。Sentry 通过集成接口 Sentry Plugin 与 Hive 集成通信之后，接管对 Hive 的控制权，Sentry 中的安全策略会对 Hive 中本来设定的模拟用户存在的权限进行禁用，接管 Hive 中能够访问的数据库的表权限，这样访问 HDFS 的用户就只能通过 Sentry 的查询控制接口。因此，Sentry 就可以对这些访问者的访问请求进行判决，为其分配相应的访问权限，使得 Sentry 开源组件对访问者有着较高的控制级别。同时，Sentry 通过与 Hive 通信后获得 HDFS 中的数据内容，可以解决 HDFS 本身没有访问控制安全机制的问题。通过 Sentry 对访问者的访问内容加以控制，可以避免越权访问和访问不足的问题，也可以避免大数据平台上来源不明的用户直接获取 HDFS 的访问权限。

Sentry 与 Hadoop 中各组件的集成都是通过 Sentry Plugin 接口。Sentry 通过这个集成接口可以与 HDFS 中的主节点 NameNode 相连，也通过这个接口与 Impala、Solr 相连。Sentry 通过 SQL 语言管理 Hive 和 Impala，可以与 Solr 通信。关于 Solr 和 Impala 在本章不过多赘述。值得注意的是，Sentry 是通过集成接口 Sentry Plugin 与 HiveServer2，直接与关系型数据库 HiveMetastore 通信的。实际上，Sentry 对于用户身份的角色分配与权限授予的整个过程与关系型数据库 HiveMetastore 密不可分，因为这个关系型数据库中存储着数据库、表和视图信息、表数据的位置、列数据的类型等关键信息。HiveServer2 作为一个添加的中间层角色来避免 Sentry 的用户直接与关系型数据库进行通信，能够更好地与 Sentry 集成；其更重要的作用是作为一个隔离层将客户端与 HiveMetastore 数据库分隔开来，这样客户端用户就不会获得关系型数据库的直接访问权限，只能与 HiveServer2 通信，将需要的指令通过 HiveServer2 传达给数据库，能够较好地保证数据库的安全性，防止关系型数据库中涉及分配权限的重要内容被恶意用户篡改。

基于角色的访问控制策略能够较好地避免权限不足或权限冗余，但还不能完全解决这个问题，可以在其中加入基于属性的访问控制策略中的一些属性约束来进一步提升访问控制模型的安全度。在 RBAC 模型中，用户一旦确定属于某个用户组，且用户组角色发放完成后，就处于比较固定的模式中。如果要对分配给用户或用户组的权限进行更改，则基于文件的权限分配方式会使得这个更改有着较大的麻烦，采用 Hive 中的 HiveMetastore 关系型数据库来代替文本记录的方式来保存所存储的关系能够简化对于权限分配的更改。RBAC 模型在不同访问环境下的灵活度不如基于属性的访问控制（Attribute-Based Access Control，ABAC）模型，这是由于基于属性的访问控制策略中存在着环境属性约束。这一约束能够实时监测用户发出访问请求时的动态环境变量，使得整个授权过程更加灵活且具有较高的适应性，还能够随着环境属性约束的变化而对权限的分配产生变化，以更好地适应大数据环境下对访问控制的安全需求。

6.6 基于 Sentry 的细粒度访问控制方案

6.6.1 加入环境属性约束的访问控制模型

如图 6.11 所示，本方案在基于角色的访问控制模型中加入动态的环境属性约束。这个约束将产生用于用户与资源进行访问交互时的环境变量，能够根据访问环境的不同灵活地产生当次访问过程中的访问环境属性变量，使得对用户的授权发生相应的变化。加入了环境属性约束的访问控制模型将更加灵活地对请求主体发放权限，而且保留角色访问控制的高效性。

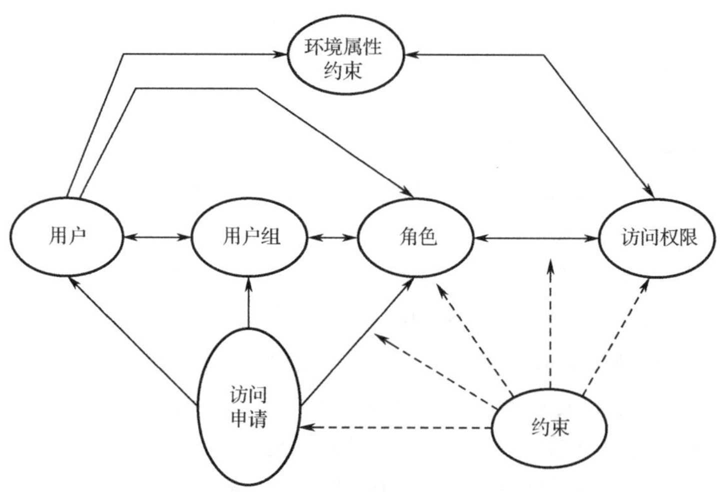

图 6.11　加入环境属性约束的访问控制模型

如图 6.12 所示，在外围的访问控制模块设计中，需要对管理员身份和用户身份进行认证。认证通过之后，管理员将为申请访问的用户发放功能权限和数据权限。管理员可以通过对这两个权限的分离发放，以及对用户的请求进行控制来保护大数据平台的数据安全。用户一旦通过身份认证且被发放相应的权限之后，就可以通过模块与 HDFS 通信来进行文件的查阅和操作。用户和管理员的身份认证则是通过 Kerberos 协议来完成的。由于实现的模块在本地完成，所以应该预先在 Kerberos 的 KDC 中建立用户身份和管理员身份，之后通过模块进行调用。分发的功能权限和数据权限、所分配的角色和授予的权限都是通过 Sentry 来实现的，除此之外，还可以借助 Sentry 开源组件来实现该模块的细粒度访问控制部分。

Sentry 的细粒度访问控制体现在 3 个部分：数据表中的细粒度访问、对于用户和用户组角色分发的细粒度访问及 SQL 命令语言的细粒度访问。目前，本模块实现了对于数据表的行列级访问和对用户角色控制的细粒度访问。

关于数据表的细粒度访问，Sentry 能够实现对 Hadoop 中数据表的细粒度访问。在最初的发行版本中，Sentry 借助 Hive 工具集成能够实现对数据库、数据表的行列级别的访问权限控制，还有许多特权模式，能够提供特权级别的访问，包括审阅、下载、上传等。管理员能够用屏蔽的方式限制用户对行或列的访问，可以根据需要通过 Sentry 在文件内屏蔽数据，借此实现对数据表的细粒度访问控制。

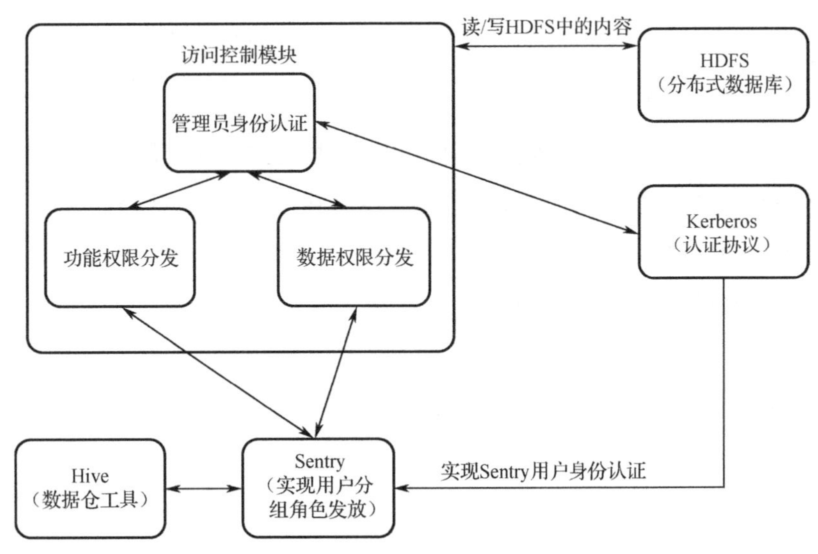

图 6.12 访问控制模块设计

基于角色的访问控制模型使得 Sentry 对于授权的操作大大简化，它可以给多个组赋予不同特权或对不同数据集的访问权限，使得对于数据表的访问控制更加灵活多变。Sentry 能够授予不同管理员对于不同数据库的多种访问权限的管理特权。这样对于不同用户组的用户，Sentry 能够非常细化地对具体用户的具体权限进行颁发管理。

6.6.2 MySQL 安装配置

（1）在安装配置 Sentry 之前，必须先安装 MySQL：

```
rpm -qa | grep mysql
```

（2）这里执行安装命令是无效的，因为 CentOS 7 默认是 Mariadb，所以执行以下命令只是更新 Mariadb 数据库；下载 MySQL 的 repo 源：

```
wget http://repo.mysql.com/mysql-community-release-el7-5.noarch.rpm
```

（3）安装 mysql-community-release-el7-5.noarch.rpm 包：

```
sudo rpm -ivh mysql-community-release-el7-5.noarch.rpm
```

（4）安装 MySQL：

```
sudo yum install mysql-server
```

根据步骤安装即可，但安装完成之后需要重置密码。安装后再次查看 MySQL。

（5）登录 MySQL：

```
[root@localhost ~]# mysql -u root
```

登录时可能报错，这是由/var/lib/mysql 的访问权限问题引起的。下面的命令把/var/lib/mysql 的拥有者改为当前用户：

```
[root@localhost ~]# chown root /var/lib/mysql
```

（6）修改 root 的密码，进行安全配置（设置密码），执行命令：

```
$>mysql -u root -p
```

回车执行之后，由于开始没有设置密码，所以这里无须输入密码，直接回车即可登录。执行成功后，如果控制台显示 mysql>，则表示进入 mysql。输入命令（注意分号）：

```
mysql> set password for 'root'@'localhost'=password('admin');
```

此时，root 用户的密码修改为 admin。

退出 mysql：

```
mysql> quit
```

重新登录：

```
mysql -u root -p
```

输入密码 admin 即可登录。

（7）创建 hive 所需的账户和数据库。

① 以 root 身份进入 MySQL。

```
$>mysql -u root -p
```

回车，密码为空，回车，进入 MySQL 命令行页面。

② 创建 hive 数据库，为 hive 建立 MySQL 账户。

```
mysql> create user 'hive' identified by '123456';
mysql> CREATE DATABASE hive;
```

③ MySQL 授权。

```
mysql> GRANT ALL PRIVILEGES ON *.* TO 'hyxy'@'%' IDENTIFIED BY '123456';//
错误

mysql> GRANT ALL PRIVILEGES ON *.* TO 'hive'@'%' IDENTIFIED BY '123456';//
改正
mysql> flush privileges;
```

（8）配置 MySQL 服务远程可访问。

① 连接 MySQL 服务器。

```
mysql -u root -p
```

提示输入管理员密码。注意，这里输入的密码不回显。

② 使用如下命令，授权 root 用户远程连接服务器。

```
mysql> grant all privileges on *.* to 'root'@'%' identified by "admin" with
grant option;
```

```
mysql> flush privileges;
```

③ 退出 MySQL 连接。

```
mysql> exit;
```

6.6.3 Hive 安装配置

方法一：

（1）将 Hive 安装包 apache-hive-1.0.0-bin.tar.gz 移到/home/hadoop/app/目录下并解压，然后将文件名称改为 hive-1.0.0。

```
[hadoop@master app]$ tar -zxvf apache-hive-1.0.0-bin.tar.gz
[hadoop@master app]$ mv apache-hive-1.0.0-bin hive-1.0.0
[hadoop@master app]$ ln -s hive-1.0.0  hive
```

（2）添加 Hive 环境变量。

```
[root@master ~]$ vi /etc/profile
#hive
export HIVE_HOME=/home/hadoop/app/hive
PATH=$JAVA_HOME/bin:$HADOOP_HOME/bin:$HIVE_HOME/bin:$PATH

[root@master ~]# source /etc/profile
```

（3）为 Hive 建立相应的 MySQL 账户，并赋予足够的权限。

```
[root@master app]# mysql -uroot -prootroot
mysql> create user 'hive' identified by 'hive'; //创建一个账号，用户名为hive，密码为hive
```

或者

```
mysql> create user 'hive'@'%' identified by 'hive'; //创建一个账号，用户名为hive，密码为hive
mysql> GRANT ALL PRIVILEGES ON *.* to 'hive'@'%' IDENTIFIED BY 'hive' WITH GRANT OPTION;   //将权限授予host为%，即所有主机的hive用户
mysql> GRANT ALL PRIVILEGES ON *.* to 'hive'@'master' IDENTIFIED BY 'hive' WITH GRANT OPTION;  //将权限授予host为master的hive用户
mysql> GRANT ALL PRIVILEGES ON *.* to 'hive'@'localhost' IDENTIFIED BY 'hive' WITH GRANT OPTION; //将权限授予host为localhost的hive用户（其实这一步可以不配）
```

默认情况下 MySQL 只允许本地登录，所以需要修改配置文件给地址绑定添加注释。

```
Query OK, 0 rows affected (0.00 sec)
mysql> flush privileges;
Query OK, 0 rows affected (0.00 sec)
mysql> select user,host,password from mysql.user;
mysql> exit;
```

（4）建立 Hive 专用的元数据库，使用刚才创建的“hive”账号登录。

```
[root@master app]# mysql -uhive -phive //用 hive 用户名登录，密码为 hive
mysql> create database hive;   //创建 hive 存放的元数据库的名称为 hive
```

（5）在 Hive 安装目录下，创建一个临时的 IO 文件 iotmp，专门为 hive 存放临时的 IO 文件。

```
[hadoop@master hive]$ pwd
/home/hadoop/app/hive
[hadoop@master hive]$ mkdir iotmp
[hadoop@master  hive]$ ls
bin  derby.log  hcatalog  lib  metastore_db  README.txt  scripts
conf examples iotmp   LICENSE  NOTICE   RELEASE_NOTES.txt
```

（6）将路径配置到 hive-site.xml 文件的以下参数中：

```
[hadoop@master conf]$ vi hive-site.xml
< property>
   < name>hive.querylog.location< /name>
   < value>/home/hadoop/app/hive/iotmp< /value>
   < description>Location of Hive run time structured log file< /description>
< /property>

< property>
   < name>hive.exec.local.scratchdir< /name>
   < value>/home/hadoop/app/hive/iotmp< /value>
   < description>Local scratch space for Hive jobs< /description>
< /property>

< property>
   < name>hive.downloaded.resources.dir< /name>
   < value>/home/hadoop/app/hive/iotmp< /value>
   < description>Temporary local directory for added resources in the remote
file system.< /description>
< /property>
```

注意：配置文件中的路径改为自己的文件路径；如果没有 hive.xml，就改为 hive-default.xml.template。

方法二：

（1）将 apache-hive-1.0.0-bin.tar.gz 包复制到服务器，并使用 tar-zxvf apache-hive-1.0.0-bin.tar.gz 命令进行解压。

（2）进入解压好的 apache-hive-1.0.0-bin 目录，找到 conf 子目录，将 hive-default.xml.template 文件复制一份，并且重命名为 hive-site.xml。

（3）将以下配置加入 hive-site.xml 文件的开头（标签<value>中的内容根据存放路径定义）。

```
<property>
   <name>system:java.io.tmpdir</name>
   <value>/home/apache-hive/tmpdir</value>
```

```
  </property>
  <property>
    <name>system:user.name</name>
    <value>hive</value>
  </property>
```

（4）安装 MySQL，此处省略 MySQL 的安装步骤。安装完成后启动 MySQL，执行 grant all on *.* to root@'%' identified by '123456'; 语句给以任意 IP 登录数据库的用户授权，并且执行 create database hive; 语句创建一个名为 hive 的数据库。

（5）下载 MySQL 的 jdbc 驱动包，将该驱动包放在服务器上，使用 tar-zxvf mysql-connector-java-5.1.45.tar.gz 命令进行解压，生成 mysql-connector-java-5.1.45 文件，将该文件中的 mysql-connector-java-5.1.45-bin.jar 包放在 hive 目录下的 lib 文件中。

（6）再次进入 hive 目录的 conf 文件中，配置 hive-site.xml 文件。利用 vi 编辑器中的搜索功能（Esc 模式下输入/），分别找到 javax.jdo.option.ConnectionURL、javax.jdo.option.ConnectionDriverName、javax.jdo.option.ConnectionUserName、javax.jdo.option.Connection Password 四项配置，其中这四项的<value>分别填<value>jdbc:mysql://centos1:3306/hive?characterEncoding=utf8&useSSL=false</value>、<value>com.mysql.jdbc.Driver</value>、<value>root</value>、<value>123456</value>。（注：这里 centos1 是服务器的主机名。）

（7）进入 hive 目录的 bin 文件中，使用 ./schematool -dbType mysql -initSchema 进行元数据库初始化。

（8）初始化完成后，使用./hive 命令启动 hive。

注意：

（1）Hive 启动时经常显示${system:java.io.tmpdir}找不到路径，使用上述的步骤（3）即可解决。

（2）出现 useSSL=false 警告时，将 6javax.jdo.option.Connection -URL 按照 value 值进行配置即可。

（3）出现 Unable to instantiate org.apache.hadoop.hive.ql.metadata.SessionHive-MetaStore Client 异常时，执行上述的步骤（7）即可解决。

6.6.4 Sentry 安装配置

1）修改 Sentry 的配置文件（sentry-site.xml）

```
mv apache-sentry-1.6.0-incubating-bin apache-sentry-1.6.0
cp mysql-connector-java-5.1.38-bin.jar /opt/apache-sentry-1.6.0/lib
cd /opt/apache-sentry-1.6.0/conf
vim sentry-site.xml
```

2）修改 sentry-sitem.xml 文件

```
<?xml version="1.0" encoding="utf-8"?>
<?xml-stylesheet type="text/xsl" href="configuration.xsl"?>

<configuration>
```

```
    <property>
    <name>sentry.service.admin.group</name>
    <value>admin</value>
    </property>
    <property>
    <name>sentry.service.allow.connect</name>
    <value>hive,admin</value>
    </property>
    <property>
    <name>sentry.service.reporting</name>
    <value>JMX</value>
    </property>
    <property>
    <name>sentry.service.server.rpc-address</name>
    <value>192.168.70.110</value>
    </property>
    <property>
    <name>sentry.service.server.rpc-port</name>
    <value>8038</value>
    </property>
    <property>
    <name>sentry.store.group.mapping</name>
    <value>org.apache.sentry.provider.common.HadoopGroupMappingService</val
ue>
    </property>
    <property>
    <name>sentry.hive.server</name>
    <value>server1</value>
    </property>
    <!-- 配置 Webserver -->
    <property>
    <name>sentry.service.web.enable</name>
    <value>true</value>
    </property>
    <property>
    <name>sentry.service.web.port</name>
    <value>51000</value>
    </property>
    <property>
    <name>sentry.service.web.authentication.type</name>
    <value>NONE</value>
    </property>
    <property>
    <name>sentry.service.web.authentication.kerberos.principal</name>
    <value> </value>
    </property>
    <property>
```

```
<name>sentry.service.web.authentication.kerberos.keytab</name>
<value> </value>
</property>
<!--配置认证-->
<property>
<name>sentry.service.security.mode</name>
<value>none</value>
</property>
<property>
<name>sentry.service.server.principal</name>
<value> </value>
</property>
<property>
<name>sentry.service.server.keytab</name>
<value> </value>
</property>
<!-- 配置 Jdbc -->
<property>
<name>sentry.store.jdbc.url</name>
<value>jdbc:mysql://192.168.70.110:3306/sentry</value>
</property>
<property>
<name>sentry.store.jdbc.driver</name>
<value>com.mysql.jdbc.Driver</value>
</property>
<property>
<name>sentry.store.jdbc.user</name>
<value>sentry</value>
</property>
<property>
<name>sentry.store.jdbc.password</name>
<value>sentry</value>
</property>
</configuration>
```

3）配置环境变量

编辑文件，vim /etc/profile，添加如下内容：

```
export SENTRY_HOME=/opt/apache-sentry-1.6.0
export PATH=${SENTRY_HOME}/bin:$PATH
```

使文件生效，source /etc/profile。

注意：SENTRY_HOME 的路径改为自己的 Sentry 路径。

4）在 MySQL 中创建 Sentry 数据库

```
create database sentry;
CREATE USER sentry IDENTIFIED BY 'sentry';
GRANT all ON sentry.* TO sentry@'%' IDENTIFIED BY 'sentry';
```

```
flush privileges;
```

5）将 mysql-jdbc 的 jar 包复制到 sentry/lib 目录下

```
cp mysql-connector-java-5.1.38-bin.jar  ${SENTRY_HOME}/lib
```

6）替换 Hadoop 中 jline 的 jar 包

```
rm ${HADOOP_HOME}/share/hadoop/yarn/lib/jline-0.9.94.jar
cp ${SENTRY_HOME}/lib/jline-2.12.jar ${HADOOP_HOME}/share/hadoop/yarn/lib
```

7）初始化 Sentry 数据库

```
sentry --command schema-tool --conffile  ${SENTRY_HOME}/conf/sentry-site.
xml --dbType mysql --initSchema
```

8）启动 Sentry 服务

```
sentry --command service --conffile  ${SENTRY_HOME}/conf/sentry-site.xml
```

6.6.5 细粒度访问控制模块实现

1）用户组及其权限的创建

首先，将 Sentry 集成到 Hive 上。

（1）修改 hive-site.xml 配置文件。

```
<?xml version="1.0" encoding="utf-8"?>
<?xml-stylesheet type="text/xsl" href="configuration.xsl"?>
<configuration>
  <property>
    <name>hive.sentry.conf.url</name>
    <value>file:///opt/apache-hive-1.1.0/conf/sentry-site.xml</value>
  </property>
  <!-- 配置开关控制列访问权限 -->
  <property>
    <name>hive.stats.collect.scancols</name>
    <value>true</value>
  </property>
  <!-- Hive Metastore 集成 Sentry -->
  <property>
    <name>hive.metastore.pre.event.listeners</name>
    <value>org.apache.sentry.binding.metastore.MetastoreAuthzBinding
</value>
  </property>
  <property>
    <name>hive.metastore.event.listeners</name>
    <value>org.apache.sentry.binding.metastore.SentryMetastorePostEvent
Listener</value>
  </property>
  <!-- Hive Server2 集成 Sentry -->
```

```
    <property>
      <name>hive.server2.session.hook</name>
      <value>org.apache.sentry.binding.hive.HiveAuthzBindingSessionHook
</value>
    </property>
    <property>
      <name>hive.security.authorization.task.factory</name>
      <value>org.apache.sentry.binding.hive.SentryHiveAuthorizationTask
FactoryImpl</value>
    </property>
    <!-- 设置 mysql-jdbc -->
    <property>
      <name>javax.jdo.option.ConnectionURL</name>
      <value>jdbc:mysql://192.168.70.110:3306/hive?createDatabaseIfNot
Exist=true</value>
    </property>
    <property>
      <name>javax.jdo.option.ConnectionDriverName</name>
      <value>com.mysql.jdbc.Driver</value>
    </property>
    <property>
      <name>javax.jdo.option.ConnectionUserName</name>
      <value>hive</value>
    </property>
    <property>
      <name>javax.jdo.option.ConnectionPassword</name>
      <value>hive</value>
    </property>
  </configuration>
```

（2）修改 sentry-site.xml 配置文件。

注意：该文件是在 hive/conf **目录下的，不要和** sentry/conf **目录下的** sentry-site.xml **文件混淆。**

```
  <?xml version="1.0" encoding="utf-8"?>
  <?xml-stylesheet type="text/xsl" href="configuration.xsl"?>
  <configuration>
    <property>
      <name>sentry.service.client.server.rpc-address</name>
      <value>192.168.70.110</value>
    </property>
    <property>
      <name>sentry.service.client.server.rpc-port</name>
      <value>8038</value>
    </property>
    <property>
      <name>sentry.service.client.server.rpc-connection-timeout</name>
      <value>200000</value>
```

```
    </property>
    <!--配置认证-->
    <property>
      <name>sentry.service.security.mode</name>
      <value>none</value>
    </property>
    <property>
      <name>sentry.service.server.principal</name>
      <value> </value>
    </property>
    <property>
      <name>sentry.service.server.keytab</name>
      <value> </value>
    </property>
    <property>
      <name>sentry.provider</name>
      <value>org.apache.sentry.provider.file.HadoopGroupResourceAuthorization
Provider</value>
    </property>
    <property>
      <name>sentry.hive.provider.backend</name>
      <value>org.apache.sentry.provider.db.SimpleDBProviderBackend</value>
    </property>
    <property>
      <name>sentry.metastore.service.users</name>
      <value>hive</value>
      <!--queries made by hive user (beeline) skip meta store check-->
    </property>
    <property>
      <name>sentry.hive.server</name>
      <value>server1</value>
    </property>
    <property>
      <name>sentry.hive.testing.mode</name>
      <value>true</value>
    </property>
  </configuration>
```

（3）复制 sentry/lib 下的 jar 包到 hive/lib 目录下。

```
cp ${SENTRY_HOME}/lib/sentry*.jar ${HIVE_HOME}/lib
cp ${SENTRY_HOME}/lib/shiro-*.jar ${HIVE_HOME}/lib
```

注意：shiro-*.jar 一定要复制过去，否则报错。

（4）修改 Hive 在 HDFS 上的文件权限。

```
hadoop fs -chown -R hive:hive /user/hive/warehouse
hadoop fs -chmod -R 770 /user/hive/warehouse
```

（5）启动 HiveMetastore 服务。

```
hive --service metastore -hiveconf hive.root.logger=DEBUG,console
```

（6）启动 HiveServer2 服务。

```
hive --service hiveserver2 -hiveconf hive.root.logger=DEBUG,console
```

（7）创建用户组及角色权限。启动 MySQL、Hadoop、HiveServer2 和 Sentry 服务，可以在 Sentry 中创建角色，并为角色分发权限。使用 create role 命令创建 admin 和 user 角色，并为其赋予不同的权限；使用 show current roles 命令可以查看当前角色和角色所拥有的权限。

```
create role admin_role;
GRANT ALL ON SERVER server1 TO ROLE admin_role;
GRANT ROLE admin_role TO GROUP admin;

create role test_role;
GRANT ALL ON DATABASE filtered TO ROLE test_role;
use sensitive;
GRANT SELECT(ip) on TABLE sensitive.events TO ROLE test_role;
GRANT ROLE test_role TO GROUP test;
```

2）访问控制模块的 Java 实现

关于访问控制模块的实现，首先要在 Eclipse 中安装 Swing 组件，之后使用 JPanel（面板）、JLabel（标签）、JButton（按钮）、JTextField（文本）和 JPasswordField（密码）等建立一个静态的登录界面。然后创建整个面板的格式，并通过 setLayout 对整个静态界面进行布局设置。使用这些函数一共建立起 3 个静态界面，分别为登录界面、登录之后的用户界面和登录之后的管理员界面。由于可以选择是用户登录还是管理员登录，所以用 login()来对登录身份进行区别后，使用 UGI 函数调用 Kerberos 认证来验证用户或管理员登录身份，并可以使用 System.out.println 来输出登录成功或失败，之后用 ui=new ui 命令跳转到用户界面或管理员界面。

选择管理员身份登录 Java 客户端界面，如果用户名和登录密码都正确，通过了 Kerberos 认证，则显示如图 6.13、图 6.14 所示的界面。

图 6.13 管理员登录界面

图 6.14　登录成功提示界面

在“请输入用户名”部分输入 user，单击“添加”按钮可以将 user 加入 Hive 的元数据库中，通过“分配功能权限”和“分配数据权限”按钮为其分配相应权限，如图 6.15 所示。

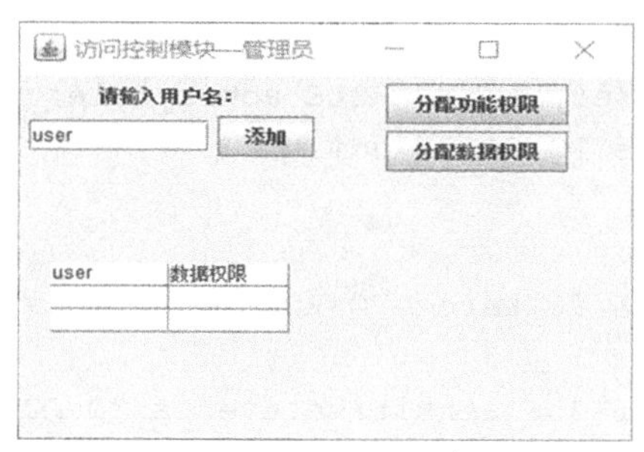

图 6.15　权限管理界面

在 Sentry 中连接 HiveServer2，在其中创建角色 admin_role 和 user_role，并为其赋予权限，将 Server 的权限赋予 admin 角色，则 admin 角色可以访问所有数据库；给 user 角色赋予 test 表的数据权限，则 user 角色可以查看 test 表，但是无权更改。若要授予功能和数据权限，则将角色 admin 赋予用户；若只拥有数据权限，则将角色 user 赋予用户。

第7章 Chapter 7 大数据系统数据加密技术

7.1 概述

Hadoop 逐步完善认证授权等方面的安全机制，尤其是对企业级用户提供了很多内部的安全解决方案，包括在 Hadoop 生态框架中推出的 HUE、Zeus 等组件来提供企业数据权限管理的功能。在系统安全建设的初期以最坏的打算来设计，假使系统被外部成功入侵或攻击发生于内部，存储于 HDFS 中的明文数据则完全暴露在攻击者面前。因此，对于安全问题的核心保护手段仍然是数据加密。在不影响大数据处理能力的情况下，对重要数据进行不同等级的加密，可以保护数据的核心价值。

目前，Hadoop 已提供了实现网络传输的数据加密机制，但对 HDFS 中存储数据的加密还要进一步设计，包括密钥产生方法、密钥持有者所属节点、系统拓扑结构等。

7.2 透明加密

透明加密方案的核心思想是加密和解密过程对客户端都是透明的，即客户端不用对程序代码进行任何修改，数据加密和解密操作都由客户端完成，HDFS 也不会存储未加密的数据或未加密的数据加密密钥。对于透明加密，我们向 HDFS 引入了一个新的抽象：加密区（Encryption Zone，EZ）。它是一个特殊目录，其内容将在写入时透明加密，并在读取时透明解密。每个加密区与创建它时指定的单个密钥相关联。加密区内的每个文件都有自己的唯一数据加密密钥（Data Encryption Key，DEK），DEK 从不直接由 HDFS 处理，相反，HDFS 只处理加密的数据加密密钥（Encrypted DEK，EDEK）。客户端向 KMS 发出请求解密 EDEK，然后使用后续的 DEK 读取和写入数据。在 HDFS 数据节点只能看到加密字节流。

透明加密方案的具体描述如下。

（1）在系统集群内配置一个可信的认证模块/平台，将密钥管理权交给它并认定它是可信的。

（2）客户端在经过 Kerberos 认证后，我们认为使用客户端的用户是合法的并且掌握有合理的权限配置。

（3）HDFS 存储有大量有用数据，但是不能确保系统完全安全，因为随时有可能遭受外部攻击（包括物理主机上的攻击和网络传输上的攻击），因此不能信任 HDFS，要求存储的有价值数据必须以密文的形式存放，包括用户上传的数据和认证平台分配的数据加密密钥。

具体来说，以上方案涉及三个主体，在系统中分别对应了 KMS、DFSClient 和 NameNode。客户端可以在 HDFS 上通过 KMS 申请创建一个特殊的文件目录——加密区 EZ。客户端可以用 Java 的 keytool 工具创建一个唯一的密钥并将它与 EZ 建立连接，我们将该密钥称为加密区密钥（Encryption Zone Key，EZK）。只有拥有 EZK 的客户端才能访问相应的 EZ，否则无权访问或只能查看经过对称加密算法加密后的密文数据。当客户端要读取或写入某一加密区的文件时，首先向 HDFS 申请一个随机的数据加密密钥 DEK。当然，EZK 也可以直接充当 DEK 的角色。这个密钥由 NameNode 发出、传递并且在后续的过程中被用来加密用户的数据。DEK 并不会在加密完成后直接存储在 HDFS 中。KMS 会生成一个用来加密 DEK 的随机密钥。在用户完成数据加密后，系统会向 KMS 申请随机密钥来加密 DEK，将加密的数据加密密钥 EDEK 存放在 HDFS 中。

在 Master 节点上安装客户端实现透明加密。客户端进行数据读/写流程如图 7.1 所示，数据写入流程如图 7.2 所示，数据读出流程如图 7.3 所示。

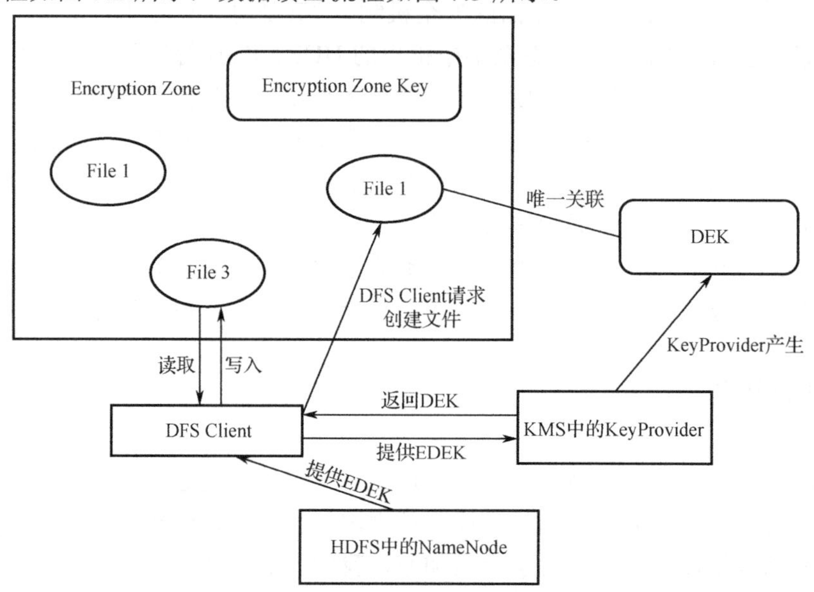

图 7.1　客户端进行数据读/写流程

使用透明加密方案可以对 HDFS 中存储数据进行选择性加密。在数据采集阶段，通过客户端上传的文件可以根据加密需求选择不同的目录，客户端透明地完成加密则可使处于加密区中的数据以密文形式存储，有效抵御黑客入侵攻击。在数据处理阶段，由该客户端发出读取请求，并被客户端透明地解密后传送到处理模块。在实现数据保护的同时，大大减轻了用户的操作压力，也可以避免盲目的全盘加密，实现数据的高效处理。

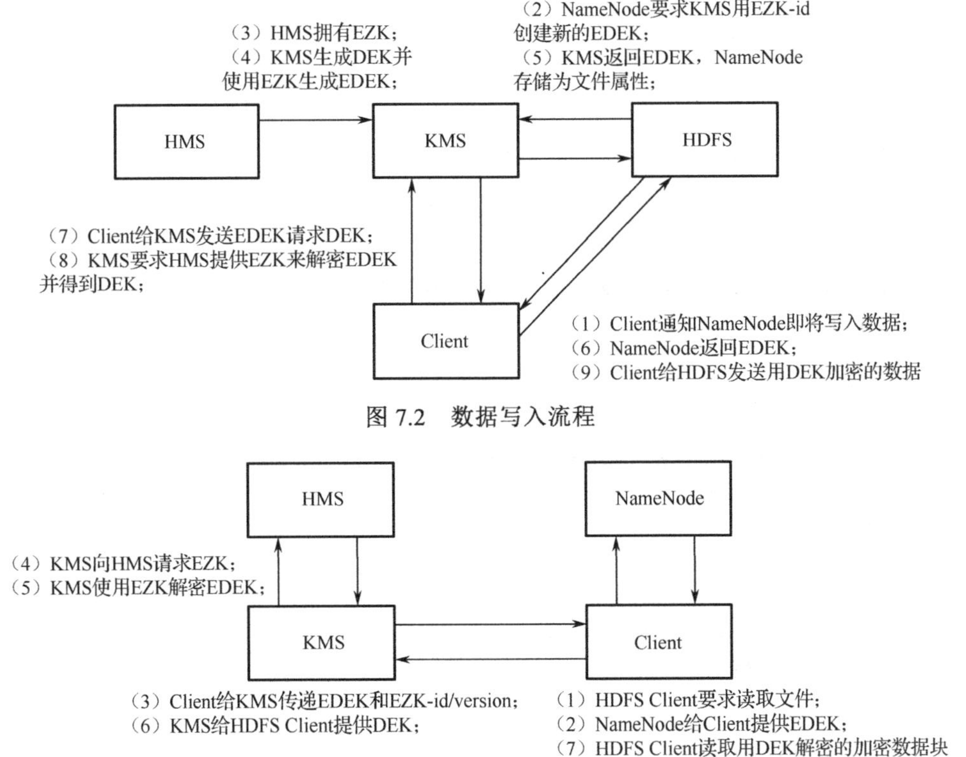

图 7.2　数据写入流程

图 7.3　数据读出流程

HDFS 对从 HDFS 读取和写入 HDFS 的数据执行透明的端到端加密，无须更改应用程序代码。由于是端到端加密，可以仅通过客户端加密和解密数据。HDFS 不会存储或访问未加密的数据或加密密钥。

7.3 存储数据加密方案实现

7.3.1 实现步骤

（1）在 KMS server 修改配置 kms-site.xml 文件。

```
<!-- KMS Backend KeyProvider -->
<property>
<name>hadoop.kms.key.provider.uri</name>
<value>jceks://file@/${user.home}/kms.keystore</value>
</property>
<property>
<name>hadoop.security.keystore.java-keystore-provider.password-file</name>
<value>kms.keystore</value>
```

```
</property>
<!-- KMS Cache -->
<property>
<name>hadoop.kms.cache.enable</name>
<value>true</value>
</property>
<property>
<name>hadoop.kms.cache.timeout.ms</name>
<value>600000</value>
</property>
<property>
<name>hadoop.kms.current.key.cache.timeout.ms</name>
<value>30000</value>
</property>
<!-- KMS Audit -->
<property>
<name>hadoop.kms.audit.aggregation.window.ms</name>
<value>10000</value>
</property>
<!-- KMS Security -->
<property>
<name>hadoop.kms.authentication.type</name>
<value>simple</value>
</property>
```

（2）修改 kms-env.sh 配置。

```
KMS_HTTP_PORT
KMS_ADMIN_PORT
KMS_MAX_THREADS
KMS_LOG
export KMS_LOG=${KMS_HOME}/logs/kms
export KMS_HTTP_PORT=16000
export KMS_ADMIN_PORT=16001
```

（3）配置完成后。

启动 kms：

```
${HADOOP_HOME}/sbin/kms.sh start
```

停止 kms：

```
${HADOOP_HOME}/sbin/kms.sh stop
```

启动成功后输入 jps，可以发现后台多了 Bootstrap 进程。

（4）KMS 客户端配置。kms-site.xml 配置如下参数。

```
/etc/hadoop/conf/hdfs-site.xml
<property>
<name>dfs.encryption.key.provider.uri</name>
<value>kms://http@localhost:16000/kms</value>
```

```
</property>
/etc/hadoop/core-site.xml
<property>
<name>hadoop.security.key.provider.path</name>
<value>kms://http@localhost:16000/kms</value>
</property>
```

（5）重新启动 hadoop。

（6）通过命令行创建密钥。

（7）通过命令行创建加密区。

7.3.2 参数说明

1）hadoop.security.crypto.codec.classes.EXAMPLECIPHERSUITE

给定密码编译码器的前缀，包含一个密码编译码器（如 EXAMPLECIPHERSUITE）的实现类列表，用逗号分隔。第一个实现可以被使用，其他为偏好设置。

2）hadoop.security.crypto.codec.classes.aes.ctr.nopadding

默认：org.apache.hadoop.crypto.OpensslAesCtrCryptoCodec 或 org.apache.hadoop.crypto.JceAesCtrCryptoCodec。

用于 AES/CTR/NoPadding 密码编译码器的实现类列表。第一个实现可以被使用，其他为偏好设置。

3）hadoop.security.crypto.cipher.suite

默认：AES/CTR/NoPadding。

为密码编译码器的密码套件。

4）hadoop.security.crypto.jce.provider

默认：None。

为在密码编译码器中使用的 JCE 供应商名字。

5）hadoop.security.crypto.buffer.size

默认：8192。

为 CryptoInputStream 和 CryptoOutputStream 使用的缓冲区大小。

7.3.3 功能测试

具体过程如图 7.4～图 7.9 所示。

```
[root@Master ~]# hadoop key create aes128 -size 128
17/06/01 22:11:30 WARN util.NativeCodeLoader: Unable to load native-hadoop library for your platform... using builtin-java classes where applicable
aes128 has been successfully created with options Options{cipher='AES/CTR/NoPadding', bitLength=128, description='null', attributes=null}.
KMSClientProvider[http://localhost:16000/kms/v1/] has been updated.
[root@Master ~]# hadoop key create aes192 -size 192
17/06/01 22:11:54 WARN util.NativeCodeLoader: Unable to load native-hadoop library for your platform... using builtin-java classes where applicable
aes192 has been successfully created with options Options{cipher='AES/CTR/NoPadding', bitLength=192, description='null', attributes=null}.
KMSClientProvider[http://localhost:16000/kms/v1/] has been updated.
[root@Master ~]# hadoop key create aes256 -size 256
17/06/01 22:12:07 WARN util.NativeCodeLoader: Unable to load native-hadoop library for your platform... using builtin-java classes where applicable
aes256 has been successfully created with options Options{cipher='AES/CTR/NoPadding', bitLength=256, description='null', attributes=null}.
KMSClientProvider[http://localhost:16000/kms/v1/] has been updated.
[root@Master ~]#
```

图 7.4 创建加密区密钥 EZK

```
[root@Master ~]# hdfs crypto -createZone -keyName aes128 -path /AES128
17/06/01 22:16:27 WARN util.NativeCodeLoader: Unable to load native-hadoop library for your platform... using builtin-java classes where applicable
Added encryption zone /AES128
[root@Master ~]# hdfs crypto -createZone -keyName aes192 -path /AES192
17/06/01 22:16:49 WARN util.NativeCodeLoader: Unable to load native-hadoop library for your platform... using builtin-java classes where applicable
Added encryption zone /AES192
[root@Master ~]# hdfs crypto -createZone -keyName aes256 -path /AES256
17/06/01 22:17:26 WARN util.NativeCodeLoader: Unable to load native-hadoop library for your platform... using builtin-java classes where applicable
Added encryption zone /AES256
```

图 7.5　创建加密区 EZ

```
[root@Master ~]# hdfs crypto -listZones
17/06/01 22:18:53 WARN util.NativeCodeLoader: Unable to load native-hadoop library for your platform... using builtin-java classes where applicable
/encryptzone  key1
/AES128       aes128
/AES192       aes192
/AES256       aes256

[root@Master ~]# ▮
```

图 7.6　列出加密区 EZ

```
[root@Master ~]# hadoop key list -metadata
17/06/01 22:19:58 WARN util.NativeCodeLoader: Unable to load native-hadoop library for your platform... using builtin-java classes where applicable
Listing keys for KeyProvider: KMSClientProvider[http://localhost:16000/kms/v1/]
aes256 : cipher: AES/CTR/NoPadding, length: 256, description: null, created: Thu Jun 01 22:12:07 CST 2017, version: 1, attributes: [key.acl.name=aes256]
aes192 : cipher: AES/CTR/NoPadding, length: 192, description: null, created: Thu Jun 01 22:11:55 CST 2017, version: 1, attributes: [key.acl.name=aes192]
key4 : cipher: AES, length: 256, description: null, created: Fri May 19 20:12:41 CST 2017, version: 1, attributes: [key.acl.name=key4]
key3 : cipher: AES, length: 192, description: null, created: Fri May 19 20:12:23 CST 2017, version: 1, attributes: [key.acl.name=key3]
key2 : cipher: AES/CTR/NoPadding, length: 128, description: null, created: Fri May 19 08:09:30 CST 2017, version: 1, attributes: [key.acl.name=key2]
qwe : cipher: aes, length: 192, description: null, created: Fri May 26 03:45:26 CST 2017, version: 1, attributes: [key.acl.name=qwe]
aes128 : cipher: AES/CTR/NoPadding, length: 128, description: null, created: Thu Jun 01 22:11:31 CST 2017, version: 1, attributes: [key.acl.name=aes128]
key1 : cipher: AES/CTR/NoPadding, length: 128, description: null, created: Fri May 19 08:27:38 CST 2017, version: 1, attributes: [key.acl.name=key1]
[root@Master ~]# ▮
```

图 7.7　列出加密区密钥 EZK

```
[root@Master ~]# /home/hadoop/hadoop/bin/hadoop fs -cat /encryptzone/test
17/06/01 22:24:14 WARN util.NativeCodeLoader: Unable to load native-hadoop library for your platform... using builtin-java classes where applicable
ken is a good man
ken have to study hard
[root@Master ~]# ▮
```

图 7.8　持有密钥的客户端查看文件

```
[root@Node1 ~]# /home/hadoop/hadoop/bin/hadoop fs -cat /encryptzone/test
17/06/01 22:25:16 WARN util.NativeCodeLoader: Unable to load native-hadoop library for your platform... using builtin-java classes where applicable
cat: No KeyProvider is configured, cannot access an encrypted file
[root@Node1 ~]# ▮
```

图 7.9　其他客户端查看文件

从以上过程可以看到，Master 可以使用 key1 对目录 encryptzone 进行 AES 加密，密钥长度为 128 位，加/解密过程对客户端完全透明，而其他用户不能正常查看文件，功能验证通过。

7.4　SSL 协议

7.4.1　SSL 协议体系结构

SSL（Secure Sockets Layer，安全套接层）协议是为网络通信提供安全及数据完整性的一种安全协议，在传输层对网络连接进行加密。SSL 协议位于 TCP/IP 协议与各种应用层协议之间，为数据通信提供安全支持。

SSL 协议提供如下服务。

- 认证用户和服务器，确保数据发送到正确的客户端和服务器；
- 加密数据以防止数据中途被窃取；
- 维护数据的完整性，确保数据在传输过程中不被改变。

SSL 的体系结构中包含两个协议子层，其中底层是 SSL 记录协议层（SSL Record Protocol Layer），高层是 SSL 握手协议层（SSL HandShake Protocol Layer）。

SSL 记录协议层的作用是为高层协议提供基本的安全服务。SSL 记录协议层针对 HTTP

协议进行了特别的设计，使得超文本传输协议（Hyper Text Transfer Protocol，HTTP）能够在 SSL 运行。SSL 记录协议层封装各种高层协议，具体实施压缩/解压缩、加密/解密、计算和校验 MAC 等与安全有关的操作。

SSL 握手协议层包括 SSL 握手协议（SSL HandShake Protocol）、SSL 密码参数修改协议（SSL Change Cipher Spec Protocol）、应用数据协议（Application Data Protocol）和 SSL 告警协议（SSL Alert Protocol）。SSL 握手协议层用于 SSL 管理信息的交换，允许应用协议传送数据之间相互验证，协商加密算法和生成密钥等。SSL 握手协议层的作用是协调客户端和服务器的状态，使双方能够达到状态的同步。

7.4.2 SSL 协议工作流程

1）认证阶段

服务器认证过程：

（1）客户端向服务器发送一个开始信息“Hello”，以便开始一个新的会话链接。

（2）服务器根据客户端的信息确定是否需要生成新的主密钥，如需要，则服务器在响应客户端的“Hello”信息时将包含生成主密钥所需的信息。

（3）客户端根据收到的服务器响应信息产生一个主密钥，并用服务器的公开密钥加密后传给服务器。

（4）服务器回复该主密钥，并返回给客户端一个用主密钥认证的信息，以此让客户认证服务器。

用户认证过程：在此之前，服务器已经通过了客户认证。经认证的服务器发送一个提问给客户，客户则返回（数字）签名后的提问和其公开密钥，从而向服务器提供认证。

2）数据传输阶段

发送方的工作过程：

（1）对信息进行分段，分成若干记录；使用指定的压缩算法进行数据压缩（可选）。

（2）使用指定的 MAC 算法生成 MAC。

（3）使用指定的加密算法进行数据加密。

（4）添加 SSL 记录协议层的头信息，发送数据。

接收方的工作过程：

（1）接收数据，从 SSL 记录协议层的头信息中获取相关信息。

（2）使用指定的解密算法解密数据。

（3）使用指定的 MAC 算法校验 MAC。

（4）使用压缩算法对数据解压缩（在需要时进行）。

（5）将记录进行数据重组。

（6）将数据发送给高层。

7.4.3 Hadoop 平台上 SSL 协议配置

用户通过 Web 代理访问 Hadoop 集群加密传输实现方式：

（1）配置 SSL，导入证书文件，根据证书文件信息配置以下相关参数。

```
ssl.server.keystore.password
ssl.server.keystore.location
ssl.server.keystore.password
ssl.server.truststore.location
ssl.server.truststore.password
```

（2）开启 https 认证，设置 dfs.http.policy 为 HTTPS_ONLY，dfs.https.enable 为 true。

（3）配置 namenode、secondary namenode、datanode 的 https 端口，配置以下参数。

```
dfs.https.port
dfs.namenode.https-address
dfs.namenode.secondary.https-address
datanode.https.port
```

用户通过 Hadoop 客户端采用 RPC 协议访问 Hadoop 集群数据传输实现方式：在 core-site.xml 上设置 hadoop.rpc.protection 为 true。

7.5 传输数据加密方案实现

7.5.1 传输数据加密需求

传输数据加密是对原来为明文的文件按某种算法进行处理，使其成为不可读的一段代码，通常称为“密文”。然后将其在不安全的信道上进行传输，数据接收方只能在输入相应的密钥之后才能显示出其本来内容。通过这样的方式可以保护数据，使数据不被非法窃取及阅读。该过程的逆过程为解密，即将密文信息转化为明文信息。

在互联网上进行文件传输、电子邮件商务往来存在许多不安全因素，特别是对一些重要文件或敏感信息的网络传输。互联网的不安全性由 TCP/IP 协议决定。所以为了保证网络传输的信息安全，我们必须对网络传输的文件或数据进行加密。

加密在网络上的作用就是防止有用或私有化信息在网络上被拦截和窃取。Hadoop 默认不开启数据传输加密的选项。应采用合适的加密方案，保证 Hadoop 中数据传输的安全。Hadoop 集群数据传输分为两部分：一是用户与 Hadoop 集群之间的数据传输；二是 Hadoop 集群内部节点之间的数据传输。针对这两种情况，我们采用不同的方案实现传输数据加密。

用户与 Hadoop 集群之间的数据传输有两种方式（因为用户访问 Hadoop 集群有两种方式）：第一种方式是用户通过 Web 代理访问 Hadoop 集群；第二种方式是用户通过 Hadoop 客户端访问 Hadoop 集群。

1）用户通过 Web 代理访问 Hadoop 集群

如图 7.10 所示，用户通过 Web 代理采用 HTTP 访问 Hadoop 的 Web 服务器。HTTP 是用于从服务器传输超文本到本地浏览器的传送协议，是基于 TCP/IP 通信协议来传递数据的，包括 HTML 文件、图片文件、查询结果等。HTTP 是一个属于应用层的面向对象的协议，由于其简捷、快速的方式，适用于分布式超媒体信息系统。HTTP 工作于客户端-服务器架构之上。浏览器作为 HTTP 客户端通过 URL 向 HTTP 服务端即 Web 服务器发送所有请求，Web 服务器根据接收到的请求向客户端发送响应信息。

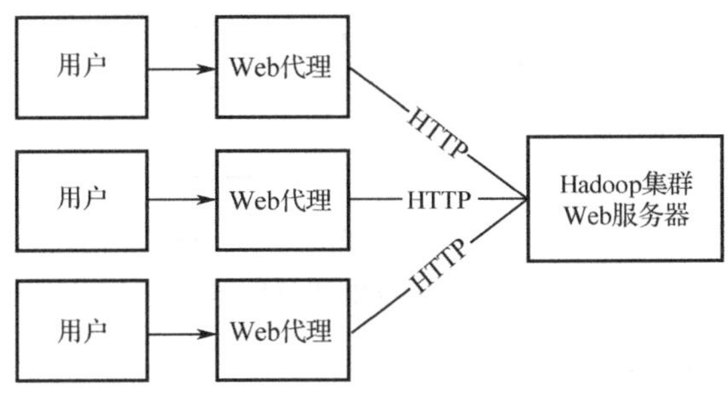

图 7.10　用户通过 Web 代理访问 Hadoop 集群

2）用户通过 Hadoop 客户端访问 Hadoop 集群

如图 7.11 所示，用户通过 Hadoop 客户端采用 RPC（Remote Procedure Call，远程过程调用）协议访问 Hadoop 集群。RPC 协议是一种通过网络从远程计算机程序上请求服务，而无须了解底层网络技术的协议。RPC 协议假定某些传输协议的存在，如 TCP 或 UDP，为通信程序之间携带信息数据。在 OSI 网络通信模型中，RPC 协议跨越了传输层和应用层。RPC 协议使得开发包括网络分布式多程序在内的应用程序更加容易。

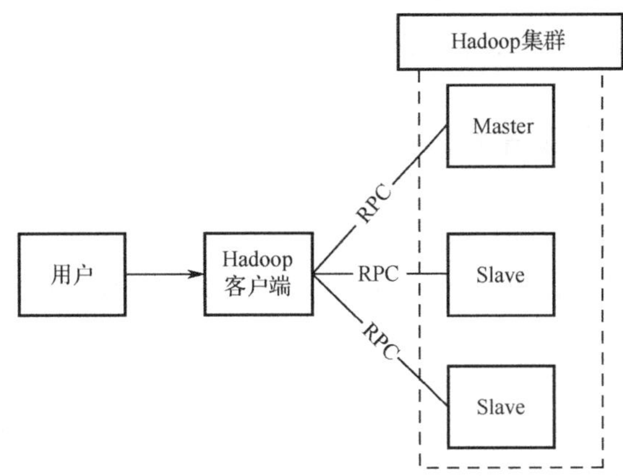

图 7.11　用户通过 Hadoop 客户端访问 Hadoop 集群

7.5.2　Hadoop 集群内部节点之间数据传输加密配置

Hadoop 内部节点之间也采用 RPC 协议进行通信，Hadoop 集群间通信如图 7.12 所示。Hadoop 集群内部节点之间数据传输加密配置步骤如下。

1）Hadoop 数据块传输加密服务开关

在 hdfs-site.xml 中设置 dfs.encrypt.data.transfer 为 true，激活 DataNode 上数据传输协议的数据加密功能。

2）Hadoop RPC 传输加密开关

Hadoop RPC 传输加密开关主要用于 Hadoop 服务器和客户端之间的数据传输，在 core-site.xml 中设置 hadoop.rpc.protection 为 privacy。

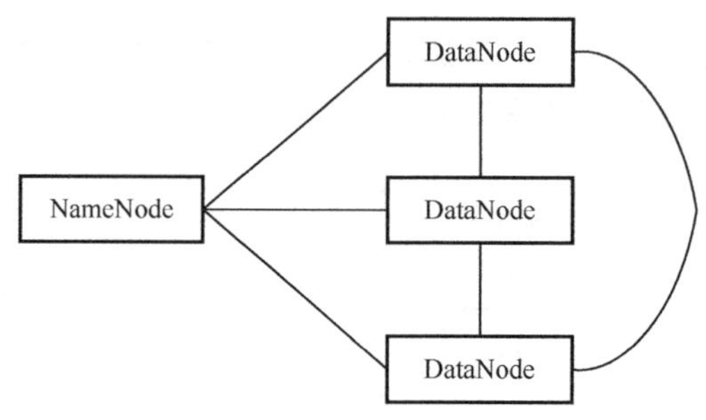

图 7.12 Hadoop 集群间通信

3）加密算法选择：3DES、RC4

设置 dfs.encrypt.data.transfer.algorithm 为 3DES 或 RC4，默认情况下使用系统配置的 JCE，它使用的是 3DES。

3DES 和 RC4 更多用于 Hadoop 集群。

4）启用 AES

设置 dfs.encrypt.data.transfer.cipher.suites 为 AES/CTR/NoPadding 激活 AES 加密，默认情况下不使用 AES。当使用 AES 时，dfs.encrypt.data.transfer.algorithm 中指定的算法在初始密钥交换时仍然被使用。

5）AES 密钥比特长度选择：128、192、256

设置 dfs.encrypt.data.transfer.cipher.key.bitlength 为 128、192 或 256，默认值为 128。

7.5.3 Hadoop 总体加密配置

Hadoop 总体加密配置流程如下。

（1）只需在一台主机上完成 KMS 的配置，修改 KMS 的主要配置文件 kms-site.xml，主要配置项是 hadoop.kms.key.provider.uri。

（2）在 Hadoop 的 core-site.xml 中修改 hadoop.security.key.provider.path。

（3）重启 HDFS，以 KMS 身份，启动 KMS（/path/to/hadoop/sbin/kms.sh start），启动后，可以通过路径/path/to/hadoop/bin/hadoop key list -metadata 查看 KMS 中存储的密钥。

（4）配置 SSL（HTTPS），确保传输过程加密。

（5）配置 KMS Kerberos 需要 HTTP 的凭据，在 KMS 服务器上生成凭据，配置 kms-site.xml 文件，设置 hadoop.kms.authentication.type 为 kerberos，然后添加 hadoop.kms.authentication.kerberos.keytab 和 hadoop.kms.authentication.kerberos.principal，设置 hadoop.kms.authentication.kerberos.name.rules 为 default。

（6）使用 hadoop key list 查看当前存储的密钥：

```
    hadoop key list -metadata -provider kms://https@${hostname}:16000/kms #
需带上 provider。
```

（7）修改配置文件 kms-acls.xml 以配置 KMS 密钥访问权限。

第8章 Chapter 8 大数据系统监控技术

8.1 概述

即使在大数据平台配置了多种安全措施，还是很有可能存在一些未授权的访问或恶意入侵。所以管理员应当周期性地审计整个大数据平台，并且部署监控系统来对安全事件和数据流向进行自动监控。管理员需要在集群中各个节点上安装日志收集代理，负责记录节点中的事件和数据流动，然后需要一个中央审计服务器对日志按照预先设置的安全策略进行审计。一旦发生安全事故或可疑事件，应通过警报系统自动地对用户发出提醒。目前，可以采用 Ganglia 和 ELK 对大数据平台进行监控。

Ganglia 是一个开源集群监视项目，设计用于测量数以千计的节点。Ganglia 主要用来监控系统性能，如 CPU、内存、硬盘利用率、I/O 负载、网络流量情况等。它通过曲线很容易观察每个节点的工作状态，对合理调整、分配系统资源，提高系统整体性能起到重要作用。

8.2 Ganglia 开源工具

Ganglia 是一款为 HPC（高性能计算）集群设计的可扩展性的分布式监控系统，可以监视和显示集群中节点的各种状态信息。由运行在各个节点上的 gmond 守护进程来采集 CPU、内存、磁盘利用率、I/O 负载、网络流量情况等方面的数据，然后汇总到 gmetad 守护进程下，使用 rrdtool 存储数据，将历史数据以曲线方式的 PHP 页面呈现。

Ganglia 包括三大组件：

1）gmond

gmond 类似于传统监控系统中的代理，需要安装在每台主机上，负责和操作系统交互以获得需要关注的指标数据。

gmond 在内部采用模块化设计，采用基于 C 语言编写、根据操作系统定制的插件进行监控。gmond 为指标提供了大部分标准插件，而且可以增加更多的采用 C、C++或 Python 等语言编写的插件来支持新的指标。此外，内置的 gmetric 工具可以用来报告用任何语言编译的自定义指标数据。

gmond 根据自身本地配置文件定义的调度方案进行轮询。gmond 监听数据时使用简单的监听/通告协议，通过 XDR 在集群内的主机之间共享。这些通告默认使用多播，而集群由共享同一多播地址的主机构成。gmond 也可以使用单播，将数据都汇聚到同一台中心节点。

每台 gmond 主机将指标数据多播到集群内的其他主机，也记录了集群内其他主机的指标数据。远程轮询器通过默认的 8649 端口向集群内任意节点请求获得该集群 XML 格式的所有数据。

如果服务器主机过多，只要轮询集群中任意节点就能获取所有集群内其他主机的性能指标数据。所以，可以将众多的主机划分到不同的组里，收集数据的工作量将大大减轻。

2）gmetad

gmetad 的主要作用就是整合所有信息。

gmetad 是一个简单的轮询器，对网络中每个集群进行轮询，并将每台主机上返回的所有指标数据写入各个集群对应的轮询数据库。轮询器对集群的“轮询”只需要打开一个用于读取的套接字，连接到目标 gmond 节点的 8649 端口即可，通过远程操作非常容易实现。

gmetad 还可以从其他的 gmetad 中轮询数据，通过 TCP 端口 8651 侦听远程 gmetad 连接，并且向授权主机提供 XML 格式的网络状态，从而构成一种联合层次结构。gmetad 具有交互式查询功能，外部监控系统可以通过 TCP 8652 端口用简单文本协议进行轮询。gmetad 也可以通过配置将指标数据转送到 Graphite 外部系统发送数据。

gmetad 默认将指标数据直接写入文件系统上的 RRD 文件。在有 I/O 限制的大型装置中，rrdcached 充当 gmetad 和 RRD 文件之间的缓存。

3）gweb

gweb 作为可视化工具，显示 Ganglia 收集的主机各项指标。

gweb 允许在图标中通过“单击→拖曳”改变时间周期。gweb 包含从不同文本格式（CSV、JSON 等）中便捷提供数据的工具，显示完整、使用的 URL 信号，使用户可以通过预知的 URL 将感兴趣的图表嵌入其他程序。

gweb 是一种 PHP 程序，需要与轮询器创建的 RRD 数据库交互，所以 gweb 通常安装在和 gmetad 相同的物理硬件上。

8.3 Ganglia 环境部署

8.3.1 Ganglia 测试集群 rpm 包安装方式

CentOS 6 系统采用 Ganglia 测试集群 rpm 包安装方式。

1）服务器端的安装

Ganglia 的官网：http://ganglia.info，下载链接：http://ganglia.info/?page_id=66。

步骤 1：yum 安装相关软件包组。

```
    # yum -y install apr-devel apr-util check-devel cairo-devel pango-devel
libxml2-devel rpm-build glib2-devel dbus-devel freetype-devel fontconfig-devel
gcc gcc-c++ expat-devel python-devel libXrender-devel
    # yum install -y libart_lgpl-devel pcre-devel libtool
    # yum install -y rrdtool rrdtool-devel
```

步骤 2：安装 gmetad。

制作一个最简单的 epel 第三方 yum 安装配置：

```
    # cat /etc/yum.repos.d/epel.repo
    [epel]
    name=CentOS-$releasever - Epel
    baseurl=http://dl.fedoraproject.org/pub/epel/$releasever/$basearch/
    gpgcheck=0
    # yum install libconfuse libconfuse-devel -y
    # cd /tools/
    #wget
https://sourceforge.net/projects/ganglia/files/ganglia%20monitoring%20core/
3.7.2/ganglia-3.7.2.tar.gz
    #tar zxf ganglia-3.7.2.tar.gz
    [root@localhost ganglia-3.7.2]# ls -l ganglia.spec # ganglia.spec 说明支持
rpm 安装
    -rw-r--r--. 1 1000 1000 23494 7月 2 2015 ganglia.spec
    # rpmbuild -tb /tools/ganglia-3.7.2.tar.gz #-tb 表示从 tar 包中创建二进制文件
    # cd /root/rpmbuild/RPMS/x86_64/
    [root@localhost x86_64]# ll
    总用量 824
    -rw-r--r--. 1 root root 434360 1月 9 18:49 ganglia-debuginfo-3.7.2-1.x86_
64.rpm
    -rw-r--r--. 1 root root 49136 1月 9 18:49 ganglia-devel-3.7.2-1.x86_64.rpm
    -rw-r--r--. 1 root root 56228 1月 9 18:49 ganglia-gmetad-3.7.2-1.x86_64.rpm
    -rw-r--r--. 1 root root 119048 1月 9 18:49 ganglia-gmond-3.7.2-1.x86_64.rpm
    -rw-r--r--. 1 root root 128120 1月 9 18:49 ganglia-gmond-modules-python-
3.7.2-1.x86_64.rpm
    -rw-r--r--. 1 root root 42756 1月 9 18:49 libganglia-3.7.2-1.x86_64.rpm
    # rpm -ivh /root/rpmbuild/RPMS/x86_64/*
    Preparing...########################################### [100%]
    1:libganglia########################################### [ 17%]
    2:ganglia-gmond############################################ [ 33%]
    3:ganglia-gmond-modules-p########################################## [ 50%]
    4:ganglia-devel ######################################## [ 67%]
    5:ganglia-gmetad ######################################## [ 83%]
    6:ganglia-debuginfo ######################################## [100%]
```

这样，以 rpm 包安装之后：

```
/etc/ganglia/ #为主配置文件目录
/var/lib/ganglia/rrds #为 rrds 图信息存储目录
# rpm -ql ganglia-gmetad-3.7.2 -1 #通过命令可看出 gmetad 的 rpm 包相关的目录
/etc/ganglia/gmetad.conf
/etc/init.d/gmetad
/etc/sysconfig/gmetad
/usr/sbin/gmetad
/usr/share/man/man1/gmetad.1.gz
/usr/share/man/man1/gmetad.py.1.gz
/var/lib/ganglia
/var/lib/ganglia/rrds
```

步骤 3：安装 gweb。

```
# yum install httpd httpd-devel php -y
# yum -y install rsync
# cd /tools/
# wget https://sourceforge.net/projects/ganglia/files/ganglia-web/3.7.2/
ganglia-web-3.7.2.tar.gz
# tar zxf /tools/ganglia-web-3.7.2.tar.gz -C /var/www/html/
# cd /var/www/html/
# mv ganglia-web-3.7.2 ganglia
# cd /var/www/html/ganglia/
# make install #执行这步，创建相关的目录
```

步骤 4：启动相关服务并查看效果。

```
# /etc/init.d/gmond restart
# /etc/init.d/gmetad restart
# /etc/init.d/httpd restart
# netstat -lntup #查看状态
Active Internet connections (only servers)
Proto Recv-Q Send-Q Local AddressForeign Address StatePID/Program name
tcp00 0.0.0.0:86490.0.0.0:* LISTEN14639/gmond #gmond 默认是 8649 端口
tcp00 0.0.0.0:86510.0.0.0:* LISTEN14747/gmetad#gmetad 启动两个端口
tcp00 0.0.0.0:86520.0.0.0:* LISTEN14747/gmetad
tcp00 0.0.0.0:220.0.0.0:* LISTEN1351/sshd
tcp00 :::80 :::*LISTEN14472/httpd
tcp00 :::22 :::*LISTEN1351/sshd
udp00 239.2.11.71:86490.0.0.0:* 14639/gmond #默认是组播形式
访问 url：http://192.168.1.101/ganglia/
```

2）gmond 节点的安装

```
#yum -y install apr-devel apr-util check-devel cairo-devel pango-devel
libxml2-devel rpm-build glib2-devel dbus-devel freetype-devel fontconfig-devel
gcc gcc-c++ expat-devel python-devel libXrender-devel
# yum install libconfuse libconfuse-devel -y
```

需要下面 4 个 rpm 包：发送到其他客户端，使用 rpm -ivh *。

```
ganglia-devel-3.7.2-1.x86_64.rpm
ganglia-gmond-3.7.2-1.x86_64.rpm
ganglia-gmond-modules-python-3.7.2-1.x86_64.rpm
libganglia-3.7.2-1.x86_64.rpm
# /etc/init.d/gmond #启动 gmond 服务，默认配置是一个组播组，组播地址和端口都是统一的
```

注意问题：

（1）访问 url：http://192.168.1.101/ganglia/，如果没有执行# cd /var/www/html/ganglia/ && make install 会报以下错误：

Fatal error:

Errors were detected in your configuration.

- Unable to create directory for overlay events file: /var/lib/ganglia-web/conf
- Unable to create overlay events file: /var/lib/ganglia-web/conf/events.json
- Unable to create directory for event color map file: /var/lib/ganglia-web/conf
- Unable to create event color map file: /var/lib/ganglia-web/conf/event_color.json
- DWOO compiled templates directory '/var/lib/ganglia-web/dwoo/compiled' is not writeable
  Please adjust $conf['dwoo_compiled_dir']
- DWOO cache directory '/var/lib/ganglia-web/dwoo/cache' is not writeable
  Please adjust $conf['dwoo_cache_dir']
- Views directory '/var/lib/ganglia-web/conf' is not readable
  Please adjust $conf['views_dir']
- Directory used to store configuration information '/var/lib/ganglia-web/conf' is not readable
  Please adjust $conf['conf_dir']

in /var/www/html/ganglia/eval_conf.php on line 126

解决办法：

```
# ln -s /var/lib/ganglia/var/lib/ganglia-web
# mkdir -p /var/lib/ganglia-web/dwoo/{compiled,cache} -p
# chown -R apache:apache /var/lib/ganglia
```

（2）Ganglia 访问失败，显示 There was an error collecting ganglia data (127.0.0.1:8652): fsockopen error: Connection refused。

查看 message 日志：

```
localhost /usr/sbin/gmetad[14747]: RRD_create: creating '/var/lib/ganglia/rrds/__SummaryInfo__/diskstat_vda_writes.rrd': Permission denied
localhost /usr/sbin/gmetad[14747]: Unable to write meta data for metric diskstat_vda_writes to RRD
```

解决办法：

```
# /etc/init.d/gmetad status#查看状态 gmetad 是死状态，但是 subsys 被锁
# chown nobody:nobody /var/lib/ganglia/rrds -R
# /etc/init.d/gmetad restart
```

（3）注意 CentOS 7 系列，用 rpm 包安装方式会报错：

```
# rpm -ivh *.rpm
```

错误：依赖检测失败。

libpcre.so.0()(64bit) 被 ganglia-gmond-3.7.2-1.x86_64 需要

libpcre.so.0()(64bit) 被 ganglia-gmond-modules-python-3.7.2-1.x86_64 需要

libpython2.6.so.1.0()(64bit) 被 ganglia-gmond-modules-python-3.7.2-1.x86_64 需要

libpcre.so.0()(64bit) 被 libganglia-3.7.2-1.x86_64 需要

解决办法：

缺少对应的库文件，如 libpython2.6.so.1.0，这是 CentOS 6 系统版本里面才有的，CentOS 7 系统版本默认的是 libpython2.7。我们下载的 Ganglia 是最新系统版本，所以如果有 CentOS 7 系统版本了，就不能采用 rpm 包进行安装，而要换成编译安装的形式。我们线上一般也采取编译安装的形式，因为编译安装可以指定对应的目录和参数。

（4）服务器启动了，节点也加载了，但会发现只有主机图，而且里面没有曲线数值，图的下方提示：No matching metrics detected，如图 8.1 所示。

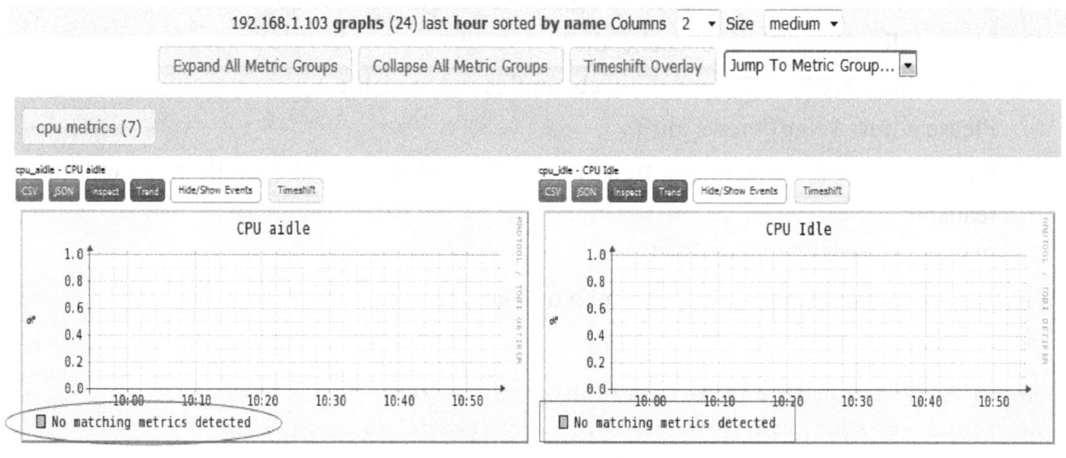

图 8.1　主机图

解决办法：

首先，检查安装步骤是否正确，是否缺少相关的目录；其次，查看 message 日志，看目录权限是否有错误，尤其是/var/lib/ganglia/rrds/是否有权限报警；最后，检查被监控的节点是不是开了防火墙之类的操作。以 192.168.1.103 为例（CentOS 7 系统的 firewalld 没有关闭），关闭防火墙服务后的效果如图 8.2 所示。

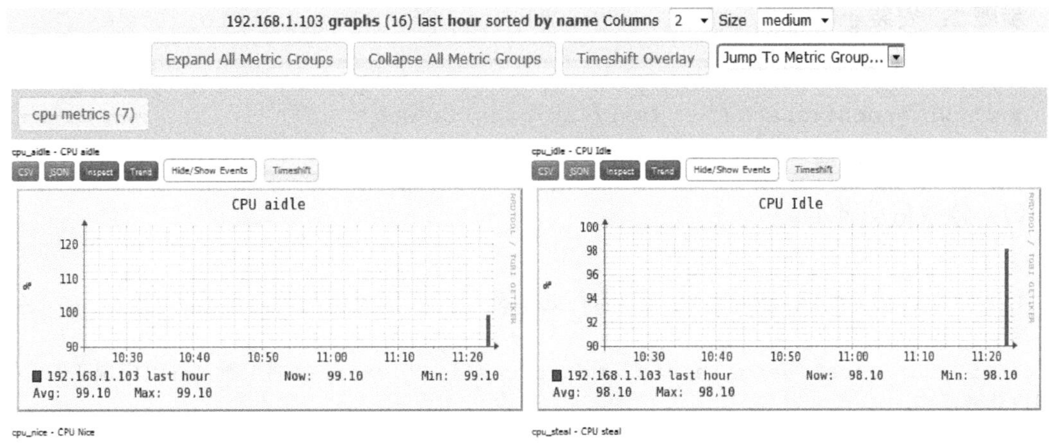

图 8.2　关闭防火墙服务后的效果

8.3.2　Ganglia 测试集群编译安装方式

CentOS 7 系统采用 Ganglia 测试集群编译安装方式。

1）服务器端的操作

步骤 1：安装 gmetad。

```
    # yum -y install apr-devel apr-util check-devel cairo-devel pango-devel
libxml2-devel rpm-build glib2-devel dbus-devel freetype-devel fontconfig-devel
gcc gcc-c++ expat-devel python-devel libXrender-devel
    # yum install -y libart_lgpl-devel pcre-devel libtool
    # yum install-y rrdtool rrdtool-devel
    # mkdir /tools
    # cd/tools/
    # wget http://download.savannah.gnu.org/releases/confuse/confuse-2.7.tar.gz
    # tar zxf confuse-2.7.tar.gz
    # cd confuse-2.7
    # ./configure--prefix=/usr/local/ganglia-tools/confuse CFLAGS=-fPIC--disable-
nls --libdir=/usr/local/ganglia-tools/confuse/lib64
    # make && make install
    # cd /tools/
    # wget https://sourceforge.net/projects/ganglia/files/ganglia%20monitoring%
20core/3.7.2/ganglia-3.7.2.tar.gz
    # tar zxf ganglia-3.7.2.tar.gz
    # cd ganglia-3.7.2
    # ./configure --prefix=/usr/local/ganglia --enable-gexec --enable-status
--with-gmetad  --with-libconfuse=/usr/local/ganglia-tools/confuse   #enable-
gexec 是 gmond 节点
    # make && make install
    # cp gmetad/gmetad.init /etc/init.d/gmetad
    # ln -s /usr/local/ganglia/sbin/gmetad /usr/sbin/gmetad
```

步骤 2：安装 gweb。

参照第一种安装方式即可。

```
# chown apache:apache -R /var/lib/ganglia-web/
```

步骤 3：修改配置。

（1）修改启动脚本。

```
# vi /etc/init.d/gmetad
GMETAD=/usr/sbin/gmetad #可以自行更改 gmetad 的命令，也能向前面做软连接
start() {
[ -f /usr/local/ganglia/etc/gmetad.conf] || exit 6#将配置文件改成现在的位置，否则启动没反应
```

（2）创建 rrds 目录。

```
# mkdir /var/lib/ganglia/rrds -p
# chown -R nobody:nobody/var/lib/ganglia/rrds
```

（3）修改 gmetad 配置文件。这里先让它当一个单纯的 gweb 节点和 gmetad 节点，不为其启动 gmond 服务，假设它不在多播集群里。

```
# vi /usr/local/ganglia/etc/gmetad.conf
data_source "my cluster" 192.168.1.102:8649  #这是以后经常修改的地方，""里面是组名称，后面是到某 IP 的某端口采集 gmond 数据
```

步骤 4：启动服务。

```
# systemctl start httpd.service
# systemctl start gmetad.service
# systemctl enable httpd.service
# systemctl enable gmetad.service
```

使用浏览器访问{ip}/ganglia 即可，浏览器访问界面如图 8.3 所示。

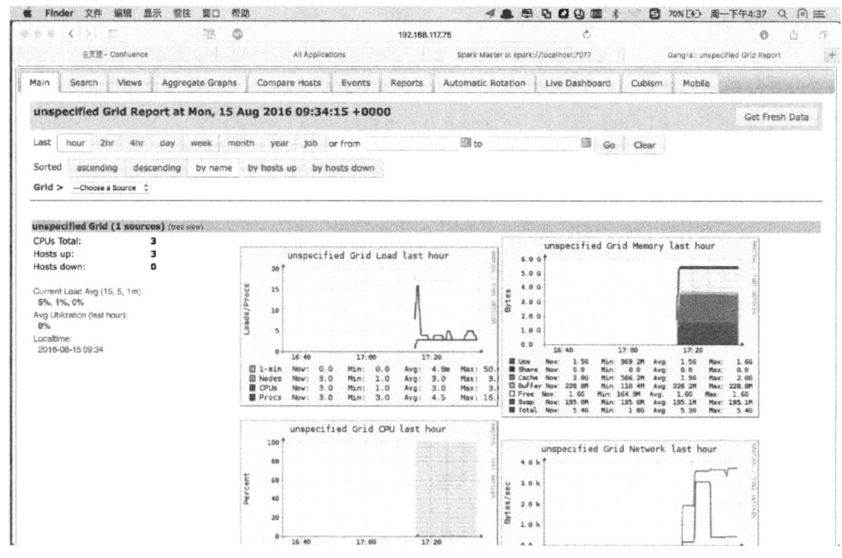

图 8.3　浏览器访问界面

2）客户端的操作

```
    # yum -y install apr-devel apr-util check-devel cairo-devel pango-devel
libxml2-devel rpm-build glib2-devel dbus-devel freetype-devel fontconfig-devel
gcc gcc-c++ expat-devel python-devel libXrender-devel
    # yum install -y libart_lgpl-devel pcre-devel libtool
    # mkdir /tools
    # cd/tools/
    # wget http://download.savannah.gnu.org/releases/confuse/confuse-2.7.tar.gz
    # tar zxf confuse-2.7.tar.gz
    # cd confuse-2.7
    # ./configure--prefix=/usr/local/ganglia-tools/confuse CFLAGS=-fPIC--disable-
nls --libdir=/usr/local/ganglia-tools/confuse/lib64
    # make && make install
    # cd /tools/
    # wget https://sourceforge.net/projects/ganglia/files/ganglia%20monitoring
%20core/3.7.2/ganglia-3.7.2.tar.gz
    # tar zxf ganglia-3.7.2.tar.gz
    # cd ganglia-3.7.2
    # ./configure --prefix=/usr/local/ganglia --enable-gexec --enable-status--
with-libconfuse=/usr/local/ganglia-tools/confuse  #enable-gexec是gmond节点
    # make && make install
    # /usr/local/ganglia/sbin/gmond -t >/usr/local/ganglia/etc/gmond.conf  #
生成gmond配置文件
    # cp /tools/ganglia-3.7.2/gmond/gmond.init /etc/init.d/gmond
    启动服务
    # systemctl start gmond.service
    # systemctl enable gmond.service
```

注意问题：

（1）如果测试结果正确，一般创建一个监控用于线上环境，专门用来存放相关的监控程序。所以，我们的编译过程都指定了安装位置，但是一般不会放到/usr/local下，都安装到监控用户或监控目录下。另外，客户端有一个编译安装成功了，可以直接把生成的目录发送到其他的客户端，同样可以使用，不需要每台机器都进行一次编译过程。yum安装软件包组还是需要的。

（2）以调试模式启动gmetad：gmetad -d 9，查看gmetad收集到的XML文件：telnet 192.168.52.105 8649。如果提示没有telnet命令，则执行以下操作。

```
    yum install telnet-server #安装 telnet服务
    yum install telnet.* #安装 telnet客户端
```

（3）如果出现错误：There was an error collecting ganglia data (127.0.0.1:8652): fsockopen error: Permission denied，则按以下方法进行处理。

可能原因1：SELINUX配置问题。

解决方法：

① 关闭selinux，vi /etc/selinux/config，把SELINUX=enforcing改为SELINUX=disable。该方法需要重启机器。

② 可以使用命令 setenforce 0 关闭 selinux 而无须重启，刷新页面，即可访问。不过此法只是权宜之计，如果想永久修改 selinux 设置，还是要使用第一种方法。

可能原因 2：rrds 目录的访问权限未正确配置。

解决方法：给/var/lib/ganglia/rrds 目录赋予 nobody:nobody 的可访问权限。

（4）如果出现错误：/ganglia 无法访问，但同时 httpd server 可以正常访问，则说明是/ganglia 站点的访问权限或相关目录的权限配置有问题。

可能原因 1：/etc/httpd/conf.d/ganglia.conf 配置文件未修改正确。

解决方法：注释掉其他内容，添加“Allow from all”。

可能原因 2：/var/www/html/ganglia 目录没有赋予正确的访问权限。

解决方法：

```
chown -R apache:apache /var/www/html/ganglia
chmod -R 755 /var/www/html/ganglia
```

8.4 Ganglia 配置文件

8.4.1 gmond 配置文件

```
# /usr/local/ganglia/sbin/gmond -t  #查看 gmond 的默认配置
```

配置文件由用{}括起来的几个 section 组成，section 名和属性不区分大小写。

具体说明如下。

（1）globals { #section:globals。globals 在配置中只出现一次。

daemonize = yes #当值为 true（yes|true|on）时，gmond 将在后台分散运行；当值为 false 时，由守护进程管理器运行 gmond。

setuid = yes # gmond 将 user 属性指定的特定用户的 UID 作为有效 UID。当值为 false 时，gmond 将不会改变其有效用户。

user = nobody #用户名

debug_level = 0 #当值为 0 时，gmond 正常运行；当值大于 0 时，gmond 前台运行并输出调试信息。debug_level 值越大，输出越详细。

max_udp_msg_len = 1472 #gmond 发送包所能包含的最大长度，一般不改变此值。

mute = no #当值为 no 时，gmond 可以发送数据；当值为 yes 时，就是单收，但是仍然会响应诸如 gmetad 的外部轮询器。

deaf = no #当值为 yes 时，gmond 将不能接收数据；当值为 no 时，可以接收数据。

allow_extra_data = yes #当值为 no 时，gmond 将不会发送 XML 的 EXTRA_ELEMENT 和 EXTRA_DATA 部分。这里是发送。

host_dmax = 86400 #当值为 0 时，gmond 不会从队列中删除不在报告的主机。这里的意思是在 86400s 内，接收不到某台主机的数据，gmond 将删除。

host_tmax = 20 #在 gmond 等到 20s×4 的时间内，接收不到某台主机的任何消息，gmond 就认为该主机已经崩溃。

cleanup_threshold = 300 #gmond 清除过期数据的最小时间间隔为 300s。

gexec = no #当值为 yes 时，gmond 将允许主机运行 gexec 任务。这种方式需要允许 gexecd 并安装合适的验证码。

send_metadata_interval = 0 #设置 gmond 两次发送元数据包的时间间隔，单位是秒。默认设置为 0，表示 gmond 只有在启动和收集到其他远程允许的 gmond 节点请求时才会发送元数据包。如果在单播环境下，则必须设置重发间隔。

override_hostname = "mywebserver.domain.com" # gweb 界面要显示的名称，可以是 IP 或字符串，默认的是注释状态。默认情况下，gmond 在显示主机名时将使用反向 DNS 解析。

}

注意问题： 如果是 CentOS 7 环境，设置了 override_hostname，会发现 message 日志里存在多条日志。

```
    # tail -f /var/log/messages
    Jan 13 16:23:14 localhost /usr/sbin/gmond[1360]: Incorrect format for spoof
argument. exiting.#012
    Jan 13 16:23:14 localhost /usr/sbin/gmond[1360]: Incorrect format for spoof
argument. exiting.#012
    Jan 13 16:23:14 localhost /usr/sbin/gmond[1360]: Incorrect format for spoof
argument. exiting.#012
    Jan 13 16:23:14 localhost /usr/sbin/gmond[1360]: Incorrect format for spoof
argument. exiting.#012
    Jan 13 16:23:14 localhost /usr/sbin/gmond[1360]: Incorrect format for spoof
argument. exiting.#012
```

解决办法：CentOS 7 系列版本里面不增加 override_hostname 项。如果是单播环境，单播的接收节点最好不要在/etc/hosts 定义类似于 192.168.1.103 test2 的主机名称和不要增加一个 127.0.0.1 的本地地址通过，否则 gweb 上面会显示两个图形，一个是 localhost（因为默认 127.0.0.1 对应的是 localhost），一个是 test2。

（2）cluster {#section:cluster。每个 gmond 守护进程使用在 cluster section 中定义的属性来报告它所属集群的信息。

name = "unspecified" #指定集群名称。当轮询节点的集群状态的 XML 集合时，把该名称插入 CLUSTER 元素内。轮询该节点的 gmetad 会使用该值来命名存储集群数据的 RRD 文件。该指令将取代 gmetad.conf 配置文件中指定的集群名称。

owner = "unspecified" #指定集群管理员。

latlong = "unspecified" #指定该集群在地区上的 GPS 坐标的经纬度。

url = "unspecified" #指定接待集群特定信息（如集群用途和使用细节）的 URL。

}

注意问题： 多播地址和 UDP 端口指定一个主机是否在某个集群内。name 属性只充当轮询时的标识符。

（3）host { #section:host。提供运行 gmond 主机的相关信息。目前只支持地址字符串属性。

location = "unspecified" #用来描述主机位置，描述的格式一般与站点位置有关，如 rack,U[,blade]。

}

（4）udp_send_channel { #UDP 发送和接收通过确定 gmond 节点间的交互方式。gmond 集群内每个节点默认通过 UDP 将自身数据多播或单播至其他节点或中心节点，如果是多播形式，还会侦听其他节点的类似 UDP 多播。UDP 通过 udp_（send|receive）_channel section 创建。

#bind_hostname = yes #通知 gmond 使用源地址解析主机名。

mcast_join = 239.2.11.71 #gmond 将创建 UDP 套接字并加入由 239.2.11.71 指定的多播组。该选项与 host 相互排斥。

port = 8649 #指定 gmond 发送数据的端口号，未指定的则默认是 8649。

ttl = 1 #该设置在多播环境比较重要，当该值设置得比实际所需的更大时，指标数据将能够通过 WAN 连接传输到多个站点。

注意问题：还有以下两个参数。

mcast_if #gmond 将发送来自指定接口（如 eth0）的数据。

host IP 地址 #gmond 将向已命名主机发送数据，这就是单播。

}

（5）udp_recv_channel {#udp 接收通道。

mcast_join = 239.2.11.71 #gmond 侦听指定 IP 的多播组所发送的多播数据包。如果未指定多播属性，gmond 将在指定端口创建单播 UDP 服务器。

port = 8649 #gmond 接收数据的端口号，默认是 8649。

bind = 239.2.11.71 #当指定该选项时，gmond 将捆绑到指定的本地地址。

retry_bind = true #绑定失败后重试绑定。

buffer = 10485760 #UDP 缓冲区大小。如果处理大量的指标，应该将它提高到 10MB 甚至更高。

注意问题：还有以下几个参数。

bindIP 地址 #gmond 将捆绑到指定的本地地址。

family (inet4|inet6) #默认版本为 inet4。如果用户对一个特殊的端口进行 IPv4 和 IPv6 侦听，则为此端口定义两个分离的接收通道。

mcast_if 网卡名称 #gmond 将侦听指定接口（如 eth0）数据。

acl #通过指定访问控制列表（ACL）可以对接收通道进行精细的访问控制。

}

（6）tcp_accept_channel { #TCP 接收通道是 gmond 节点创建向 gmetad 或其他外部轮询器汇报集群状态的通道。用户可以配置多选项。

port = 8649 #gmond 接收连接的端口号。

gzip_output = no #对 XML 输出不进行压缩。

注意问题：还有以下几个参数。

bindIP 地址 #gmond 将捆绑到指定的本地地址。

family (inet4|inet6) #默认版本为 inet4。如果用户对一个特殊的端口进行 IPv4 和 IPv6 侦听，则为此端口定义两个分离的接收通道。

interface 网卡名称 #gmond 将侦听指定接口（如 eth0）数据。

acl #通过指定访问控制列表（ACL）可以对接收通道进行精细的访问控制。

}

（7）#udp_recv_channel {#定义 sFlow 的接收通道，默认情况不设置该通道。

#port = 6343

#}

#sflow { #sFlow 是用于监测高速路由网络的工业标准技术。gmond 通过配置充当网络中 sFlow 代理的聚合器，收集 sFlow 代理的数据并实现对 gmetad 的透明传输。

udp_port = 6343 #gmond 接收 sFlow 数据的端口。其他配置参数用来处理特定应用的 sFlow 数据类型。

accept_vm_metrics = yes

accept_jvm_metrics = yes

multiple_jvm_instances = no

accept_http_metrics = yes

multiple_http_instances = no

accept_memcache_metrics = yes

multiple_memcache_instances = no

#}

（8）modules { #包含加载指定模块的必要参数。指标模板是动态可加载的共享目标文件，用于扩展 gmond 可收集的指标。如果模块已经与 gmond 静态链接，它会不需要加载路径。但是所有动态可加载模块必须包括负载路径。每个模块必须包含至少一个 module subsection。

module {

name = "core_metrics" #模块如果由 python 开发，则模块名与源文件名相同；如果用 C/C++开发，则模块名由模块结构决定。

#如果未指定开发模块的源代码语言，则默认为 C/C++。例如，language = "C/C++"

}

```
    module {
    name = "cpu_module"
    path = "modcpu.so" #gmond 预设的加载模块路径，默认在 ganglia 安装目录的
lib64/ganglia/下。
    }
    module {
    name = "disk_module"
    path = "moddisk.so"
    }
    module {
    name = "load_module"
    path = "modload.so"
    }
    module {
    name = "mem_module"
    path = "modmem.so"
    }
    module {
```

```
name = "net_module"
path = "modnet.so"
}
module {
name = "proc_module"
path = "modproc.so"
}
module {
name = "sys_module"
path = "modsys.so"
}
}
```

（9）collection_group { #指定 gmond 包含的指标及 gmond 收集和广播这些指标的周期。可以定义多收集组，每个收集组必须包含至少一种 metric section。

collect_once = yes #有些指标重启也不变化，如系统 CPU 数量，只在初始启动时收集一次，设置为 yes，与 collect_every 相互排斥。

```
time_threshold = 20
metric {
name = "heartbeat"
}
}
collection_group {
collect_every = 60 #收集组的轮询间隔为 60s
time_threshold = 60 #gmond 发送 collection_group 所指定的指标数据到所有已配置的
udp_send_channels 的最大时间
metric {
name = "cpu_num" #指标收集模块定义的单个指标标准名称
title = "CPU Count" #用于 Web 前端的指标名称
}
metric {
name = "cpu_speed"
title = "CPU Speed"
}
metric {
name = "mem_total"
title = "Memory Total"
}
metric {
name = "swap_total"
title = "Swap Space Total"
}
metric {
name = "boottime"
title = "Last Boot Time"
}
metric {
```

```
name = "machine_type"
title = "Machine Type"
}
metric {
name = "os_name"
title = "Operating System"
}
metric {
name = "os_release"
title = "Operating System Release"
}
metric {
name = "location"
title = "Location"
}
}
collection_group {
collect_once = yes
time_threshold = 300
metric {
name = "gexec"
title = "Gexec Status"
}
}
collection_group {
collect_every = 20
time_threshold = 90
metric {
name = "cpu_user"
value_threshold = "1.0" #每次收集到指标数据时，将新值与上一次的数值进行比较。当两者差别大于 value_threshold 时，整个收集组被发送至已定义的 udp_send_channels。在不同的指定模块中该值表示不同的指标单位。例如，对于 CPU 统计，该值代表百分比；对于网络统计，则将该值理解为原始字节数
title = "CPU User"
}
metric {
name = "cpu_system"
value_threshold = "1.0"
title = "CPU System"
}
metric {
name = "cpu_idle"
value_threshold = "5.0"
title = "CPU Idle"
}
metric {
name = "cpu_nice"
value_threshold = "1.0"
```

```
title = "CPU Nice"
}
metric {
name = "cpu_aidle"
value_threshold = "5.0"
title = "CPU aidle"
}
metric {
name = "cpu_wio"
value_threshold = "1.0"
title = "CPU wio"
}
metric {
name = "cpu_steal"
value_threshold = "1.0"
title = "CPU steal"
}
metric {
name = "cpu_intr"
value_threshold = "1.0"
title = "CPU intr"
}
metric {
name = "cpu_sintr"
value_threshold = "1.0"
title = "CPU sintr"
}
}

collection_group {
collect_every = 20
time_threshold = 90
/* Load Averages */
metric {
name = "load_one"
value_threshold = "1.0"
title = "One Minute Load Average"
}
metric {
name = "load_five"
value_threshold = "1.0"
title = "Five Minute Load Average"
}
metric {
name = "load_fifteen"
value_threshold = "1.0"
title = "Fifteen Minute Load Average"
}
```

```
}
collection_group {
collect_every = 80
time_threshold = 950
metric {
name = "proc_run"
value_threshold = "1.0"
title = "Total Running Processes"
}
metric {
name = "proc_total"
value_threshold = "1.0"
title = "Total Processes"
}
}
collection_group {
collect_every = 40
time_threshold = 180
metric {
name = "mem_free"
value_threshold = "1024.0"
title = "Free Memory"
}
metric {
name = "mem_shared"
value_threshold = "1024.0"
title = "Shared Memory"
}
metric {
name = "mem_buffers"
value_threshold = "1024.0"
title = "Memory Buffers"
}
metric {
name = "mem_cached"
value_threshold = "1024.0"
title = "Cached Memory"
}
metric {
name = "swap_free"
value_threshold = "1024.0"
title = "Free Swap Space"
}
}
collection_group {
collect_every = 40
time_threshold = 300
metric {
```

```
name = "bytes_out"
value_threshold = 4096
title = "Bytes Sent"
}
metric {
name = "bytes_in"
value_threshold = 4096
title = "Bytes Received"
}
metric {
name = "pkts_in"
value_threshold = 256
title = "Packets Received"
}
metric {
name = "pkts_out"
value_threshold = 256
title = "Packets Sent"
}
}
collection_group {
collect_every = 1800
time_threshold = 3600
metric {
name = "disk_total"
value_threshold = 1.0
title = "Total Disk Space"
}
}

collection_group {
collect_every = 40
time_threshold = 180
metric {
name = "disk_free"
value_threshold = 1.0
title = "Disk Space Available"
}
metric {
name = "part_max_used"
value_threshold = 1.0
title = "Maximum Disk Space Used"
}
}
```

include ("/usr/local/ganglia/etc/conf.d/*.conf") #在需要复杂配置的情况下，include 指令可以将 gmond.conf 文件划分为多个文件。

注意问题：gmond.conf 快速启动时，只需要设置默认配置文件中的“cluster”section 的 name 属性。

8.4.2 gmetad 配置文件

```
# cat /usr/local/ganglia/etc/gmetad.conf
```

显示配置文件的信息如下。

scalable off #scalable off 时，将强制为网格 data_source 保留一整套 RRD 文件。

data_source "my cluster" 192.168.1.102:8649 #data_source 属性是 gmetad 配置的核心。每一行 data_source 描述一个 gmetad 收集信息的 gmond 集群或 gmetad 网格。格式由三段组成：第一段，"my cluster"为唯一标识；第二段，为指定轮询间隔（单位：s）的数字；第三段，主机，IP 表示去哪个节点的哪个端口去收集这个集群的 gmond 汇聚数据，多主机间用空格隔开。在定义多主机的情况下，如果从第一个主机上没有收集到数据就会到第二个主机上收集。

gridname "MyGrid" #gridname 唯一标识网格的字符串，可以理解为 data_source 中定义的一个集群集合。

authority "URL 地址" #网格的授权 URL，被其他 gmetad 用来找到当前 gmetad 数据源的图标位置。其默认值为 http://hostname/ganglia/。

trusted_hosts 127.0.0.1 169.229.50.165 my.gmetad.org #当前 gmetad 允许数据共享的主机列表，以空格作为分隔，localhost 总是被允许的。

all_trusted on #允许数据和任意主机共享，默认是关闭状态。

setuid off #当设置为 off 时，将不能设置 UID，默认是开启（on）状态。

setuid_username "nobody" #gmetad 设置的 UID 的用户名，默认为 nobody。

xml_port 8651 #gmetad 监听端口，默认是 8651。

interactive_port 8652 #gmetad 交互式的监听端口，默认是 8652。

server_threads 10 #允许同时连接到监听端口的连接数，默认为 4。

case_sensitive_hostnames 0 #ganglia3.2 之后默认为 0，之前的版本 RRD 文件区分主机名大小写，设置为 1，现在已有所改变。

#RRAs "RRA:AVERAGE:0.5:1:5856" "RRA:AVERAGE:0.5:4:20160" "RRA:AVERAGE:0.5:40:52704" #默认为 15s 步进。

umask 022 #指定已创建 RRD 文件及目录的 umask，默认为 022。

rrd_rootdir "/some/other/place" #指定 RRD 文件在本地文件系统存储的基本目录，默认是/var/lib/ganglia/rrds。

为了支持 Graphite，通过设置以下属性，可以将 gmetad 收集到的数据传输到 Graphite。

carbon_server "my.graphite.box" #远程 carbon 守护进程的主机名或 IP。

carbon_port 2003 #carbon 端口号，默认为 2003。

graphite_prefix "datacenter1.gmetad" #Graphite 使用点分隔的路径来管理和查阅指标数据，在数据指标前加上描述信息。

carbon_timeout 500 #gmetad 等待 Graphite 服务器响应的毫秒数。因为 gmetad 的 carbon 发送器不是线程的，需要收到来自下游 carbon 守护进程的响应才能进行后续发送，默认为 500。

8.4.3 gweb 配置文件

gweb 主要配置文件是在 web 站点根目录下的 conf_default.php，也可以将 conf_default.php 复制为 conf.php，conf.php 里面的设置就会覆盖默认设置。属性名区分大小写。

cat/var/www/html/ganglia/conf_default.php #配置文件在 ganglia 站点根目录下。

$conf['gmetad_root'] = "/var/lib/ganglia";

$conf['rrds'] = "${conf['gmetad_root']}/rrds";#rrds 属性由 gmetad_root 衍生。这里是 rrds 存放的位置，如果 gmetad 更改 rrds 存放位置，这里也要修改。

$conf['rrdtool'] = "/usr/bin/rrdtool"; #rrdtool 程序的目录告知 gweb。

$conf['graphdir']= $conf['gweb_root'] . '/graph.d'; #代表用户放置 JSON 格式的定制图表的路径。用户可能以 JSON 格式定制报告图表，并保存在该目录下，而这些报告显示在 UI 上。

$conf['max_graphs'] = 0; #一次显示的图表数目，0 为不限制。如果设置为 8，那只显示 8 个主机，剩下的主机需要单击图形下方的按钮 show more hosts（剩余的主机数量）来设定。

$conf['rrdcached_socket'] = ""; #指定 rrdcached_socket 连接路径。rrdcached 是一种高性能缓存守护进程，通过缓存和合并写入来减轻与 RRD 数据写入相关的负载。例如，$conf['rrdcached_socket'] = "unix:/var/run/rrdcached/rrdcached.sock"。

$conf['graph_engine'] = "rrdtool"; #gweb 使用 rrdtool 工具作为在 UI 上生成图表的工具。$conf['graph_engine'] = "graphite";是使用 Graphite，这种方式需要安装 whisper 和 Ganglia webapp 补丁版本。

8.5 基于 Ganglia 的状态监控方案实现

8.5.1 实现步骤

步骤 1：安装 Ganglia。

（1）在 ubuntu 系统上安装 LAMP 服务。

（2）运行 apt-get 命令安装 Ganglia。

（3）配置 Ganglia 和 Hadoop，使之可以监控 Hadoop 伪分布式集群。

（4）运行例程，查看监控效果。

步骤 2：配置实现分布式集群监控。

（1）在 master 和 slave1 上安装 LAMP 服务。

（2）在 master 上安装 ganglia-monitor、rrdtool、gmetad、ganglia-webfrontend，在 slave1 上安装 ganglia-monitor。

（3）在两个节点上分别配置 Ganglia 和 Hadoop，使之可以监控分布式集群。

（4）运行例程，查看监控效果。

8.5.2 功能测试

（1）当前建立的 Hadoop 集群如图 8.4 所示。

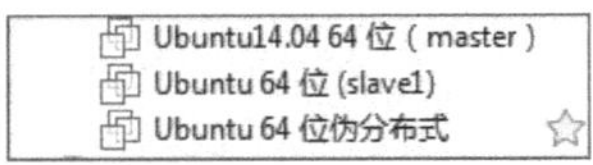

图 8.4　当前建立的 Hadoop 集群

在 master 上运行 start-dfs.sh 和 start-yarn.sh 命令，节点状态如图 8.5 所示。

```
hadoop@Master:~$ hdfs dfsadmin -report
Configured Capacity: 18889830400 (17.59 GB)
Present Capacity: 11459358720 (10.67 GB)
DFS Remaining: 11459334144 (10.67 GB)
DFS Used: 24576 (24 KB)
DFS Used%: 0.00%
Under replicated blocks: 0
Blocks with corrupt replicas: 0
Missing blocks: 0

-------------------------------------------------
Live datanodes (1):

Name: 192.168.213.128:50010 (Slave1)
Hostname: Slave1
Decommission Status : Normal
Configured Capacity: 18889830400 (17.59 GB)
DFS Used: 24576 (24 KB)
Non DFS Used: 7430471680 (6.92 GB)
DFS Remaining: 11459334144 (10.67 GB)
DFS Used%: 0.00%
DFS Remaining%: 60.66%
Configured Cache Capacity: 0 (0 B)
Cache Used: 0 (0 B)
Cache Remaining: 0 (0 B)
Cache Used%: 100.00%
Cache Remaining%: 0.00%
Xceivers: 1
Last contact: Sun May 21 01:26:01 PDT 2017
```

图 8.5　节点状态

（2）运行例程，Ganglia 监控 Hadoop 伪分布式集群，界面如图 8.6 所示。

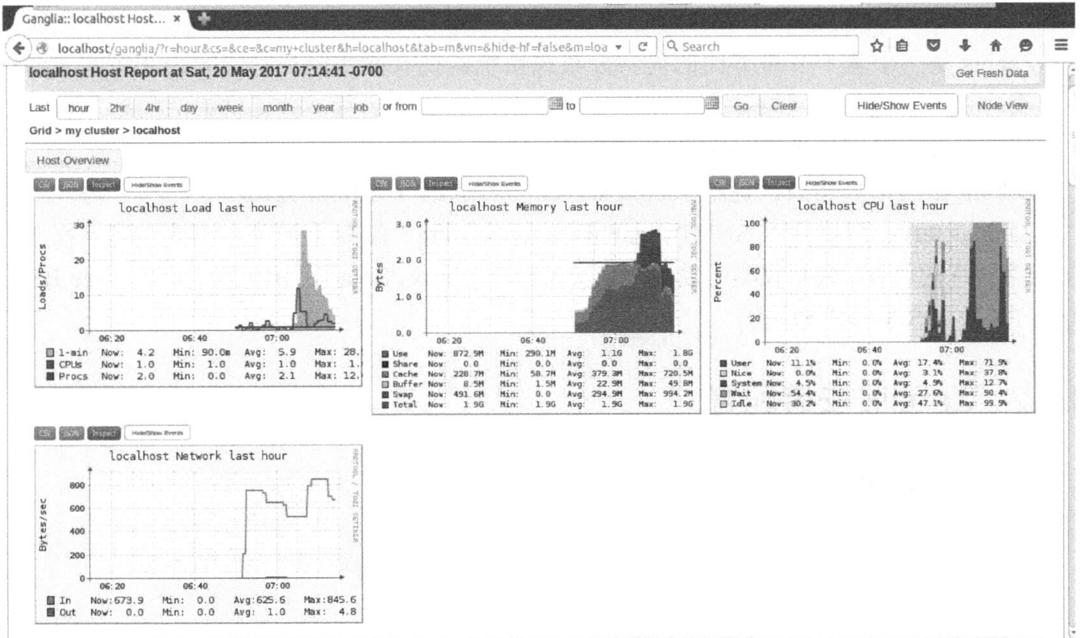

图 8.6　Ganglia 监控界面

（3）运行例程，Ganglia 监控 Hadoop 分布式集群。运行例程结果如图 8.7 所示。

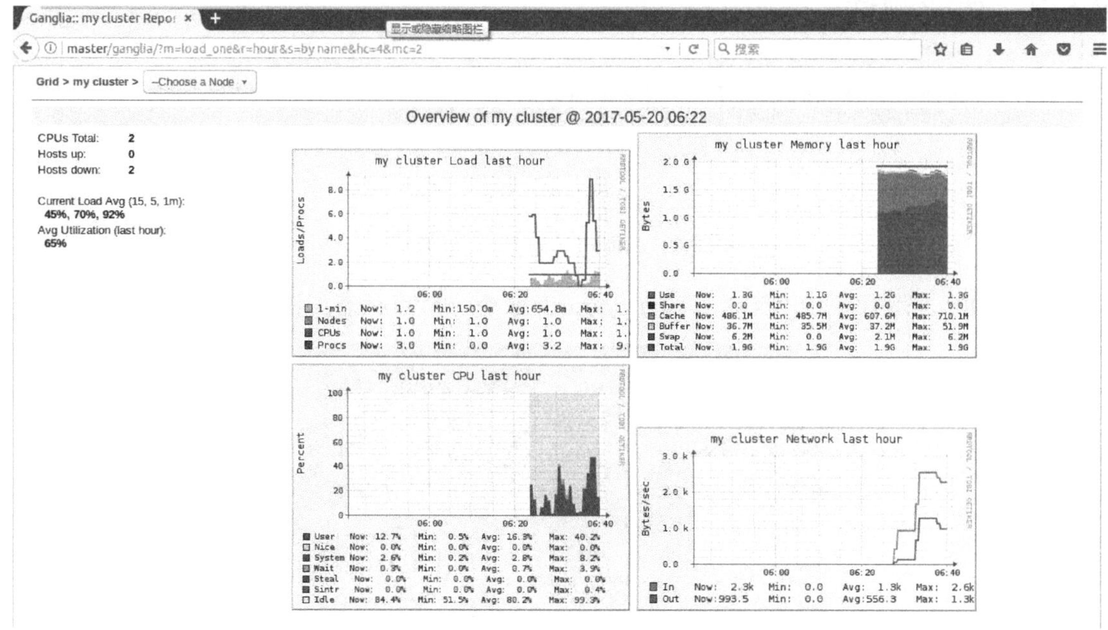

图 8.7　运行例程结果

8.6　基于 Zabbix 的监控报警方案实现

8.6.1　Zabbix 简介

Zabbix是一个基于Web界面的提供分布式系统监视及网络监视功能的企业级的开源解决方案。它能监视各种网络参数，保证服务器系统的安全运营；并提供灵活的通知机制以让系统管理员快速定位/解决存在的各种问题。

Zabbix 由两部分构成，包括 zabbix server 与可选组件 zabbix agent。

Zabbix server 可以通过 SNMP、zabbix agent、ping、端口监视等方法提供对远程服务器/网络状态的监视、数据收集等功能，可以运行在 Linux、Solaris、HP-UX、AIX、Free BSD、Open BSD、OS X 等平台上。

8.6.2　Zabbix 安装配置

步骤 1：环境检查。

```
[root@m01 ~]# cat /etc/redhat-release
CentOS Linux release 7.4.1708 (Core)

[root@m01 ~]# uname -r
```

```
    3.10.0-693.el7.x86_64

    [root@m01 ~]# getenforce
    Disabled
    setenforce 0 #设置 SELinux 成为 permissive 模式

    [root@m01 ~]# systemctl status firewalld.service
    firewalld.service - firewalld - dynamic firewall daemon
     Loaded:  loaded  (/usr/lib/systemd/system/firewalld.service;  disabled;
vendor preset: enabled)
     Active: inactive (dead)
     Docs: man:firewalld(1)
```

步骤 2：安装 Zabbix。

1）安装方式选择

- 编译安装（服务较多，环境复杂）；
- yum 安装（环境干净）；
- 使用 yum 需要镜像 yum 源。

2）服务端快速安装脚本

```
    #!/bin/bash
    #clsn

    #设置解析。注意：网络条件较好时，可以不用自建 yum 源
    echo '10.0.0.1 mirrors.aliyuncs.com mirrors.aliyun.com repo.zabbix.com' >>
/etc/hosts

    #安装 zabbix 源、aliyun yum 源
    curl -o /etc/yum.repos.d/CentOS-Base.repo http://mirrors.aliyun.com/repo/
Centos-6.repo
    curl -o /etc/yum.repos.d/epel.repo http://mirrors.aliyun.com/ repo/epel-
6.repo
    rpm -ivh http://repo.zabbix.com/zabbix/3.0/rhel/7/x86_64/zabbix-release-
3.0- 1.el7.noarch.rpm

    #安装 zabbix
    yum install -y zabbix-server-mysql zabbix-web-mysql

    #安装启动 mariadb 数据库
    yum install -y mariadb*
    systemctl start mariadb.service

    #创建数据库
    mysql -e 'create database zabbix character set utf8 collate utf8_bin;'
    mysql -e 'grant all privileges on zabbix.* to zabbix@localhost identified
by "zabbix";'
```

```
#导入数据
zcat /usr/share/doc/zabbix-server-mysql-3.0.15/create.sql.gz|mysql -uzabbix
-pzabbix zabbix

#配置 zabbixserver 连接 mysql
sed -i.ori '115a DBPassword=zabbix' /etc/zabbix/zabbix_server.conf

#添加时区
sed -i.ori '18a php_value date.timezoneAsia/Shanghai' /etc/httpd/conf.d/
zabbix.conf

#解决中文乱码
yum -y install wqy-microhei-fonts
\cp /usr/share/fonts/wqy-microhei/wqy-microhei.ttc /usr/share/fonts/dejavu/
DejaVuSans.ttf

#启动服务
systemctl start zabbix-server
systemctl start httpd

#写入开机自启动
chmod +x /etc/rc.d/rc.local
cat >>/etc/rc.d/rc.local<<EOF
systemctl start mariadb.service
systemctl start httpd
systemctl start zabbix-server
EOF

ln -s /usr/share/zabbix /var/www/html

#输出信息
echo "浏览器访问 http://`hostname -I|awk '{print $1}'`/zabbix"

#修改/etc/php.ini 文件
max_execution_time = 300
memory_limit = 128M
post_max_size = 16M
upload_max_filesize = 2M
max_input_time = 300
date.timezone PRC
```

3）客户端快速部署脚本

```
#!/bin/bash
#clsn

#设置解析
echo '10.0.0.1 mirrors.aliyuncs.com mirrors.aliyun.com repo.zabbix.com' >>
```

```
/etc/hosts

    #安装 zabbix 源、aliyun yum 源
    curl -o /etc/yum.repos.d/CentOS-Base.repo http://mirrors.aliyun.com/repo/
Centos- 6.repo
    curl -o /etc/yum.repos.d/epel.repo http://mirrors.aliyun.com/repo/epel-
6.repo
    rpm -ivh http://repo.zabbix.com/zabbix/3.0/rhel/7/x86_64/zabbix-release-
3.0-1.el7.noarch.rpm

    #安装 zabbix 客户端
    yum install zabbix-agent -y
    sed -i.ori 's#Server=127.0.0.1#Server=172.16.1.61#' /etc/zabbix/zabbix_
agentd.conf
    systemctl startzabbix-agent.service

    #写入开机自启动
    chmod +x /etc/rc.d/rc.local
    cat >>/etc/rc.d/rc.local<<EOF
    systemctl startzabbix-agent.service
    EOF
```

步骤 3：检测连通性。

1）在服务器端安装 zabbix-get 检测工具

```
    yum install zabbix-get
```

2）在服务器端进行测试

注意：只能在服务器端进行测试。

```
    zabbix_get -s 172.16.1.61 -p 10050 -k "system.cpu.load[all,avg1]"
    zabbix_get -s 172.16.1.21 -p 10050 -k "system.cpu.load[all,avg1]"
```

测试结果：

```
    [root@m01 ~]# zabbix_get -s 172.16.1.61 -p 10050 -k "system.cpu.load
[all,avg1]"
    0.000000
    [root@m01 ~]# zabbix_get -s 172.16.1.21 -p 10050 -k "system.cpu.load
[all,avg1]"
    0.000000
```

8.6.3 Web 界面操作

步骤 1：Zabbix 的 Web 安装。

使用浏览器访问 http://10.0.0.61/zabbix/setup.php，访问界面如图 8.8 所示。

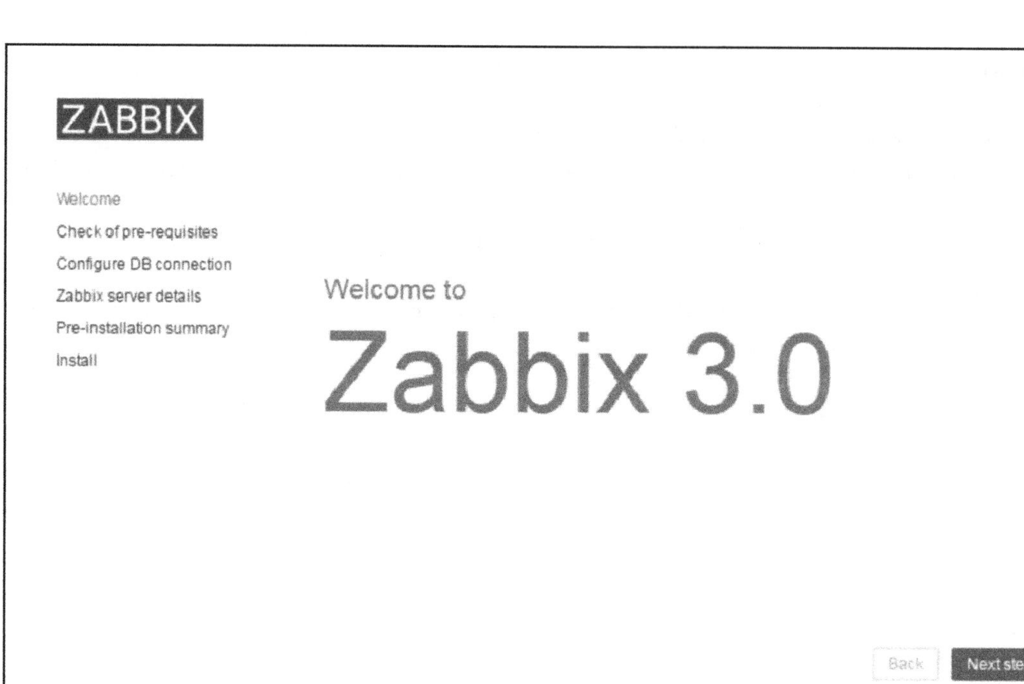

图 8.8　访问界面

在检测信息时，可查看具体的报错信息进行不同的处理。检测信息界面如图 8.9 所示。

ZABBIX

Welcome
Check of pre-requisites
Configure DB connection
Zabbix server details
Pre-installation summary
Install

Check of pre-requisites

	Current value	Required	
PHP version	5.4.16	5.4.0	OK
PHP option "memory_limit"	128M	128M	OK
PHP option "post_max_size"	16M	16M	OK
PHP option "upload_max_filesize"	2M	2M	OK
PHP option "max_execution_time"	300	300	OK
PHP option "max_input_time"	300	300	OK
PHP option "date.timezone"	Asia/Shanghai		OK
PHP databases support	MySQL		OK
PHP bcmath	on		OK
PHP mbstring	on		OK
PHP option "mbstring.func_overload"	off	off	OK

Back　Next step

图 8.9　检测信息界面

选择 MySQL 数据库，输入密码即可。配置数据库连接界面如图 8.10 所示。

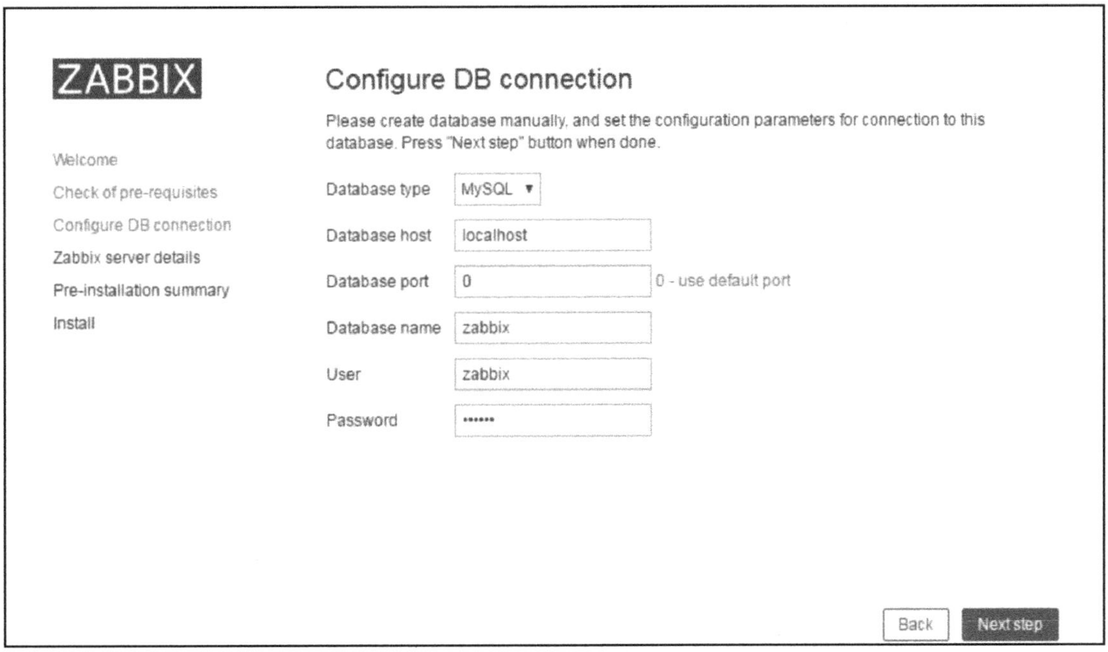

图 8.10　配置数据库连接界面

Host 与 Port 不需要修改，Name 自定义。服务器细节界面如图 8.11 所示。

图 8.11　服务器细节界面

确认信息正确，单击“Next step”（下一步）按钮，如图 8.12 所示。

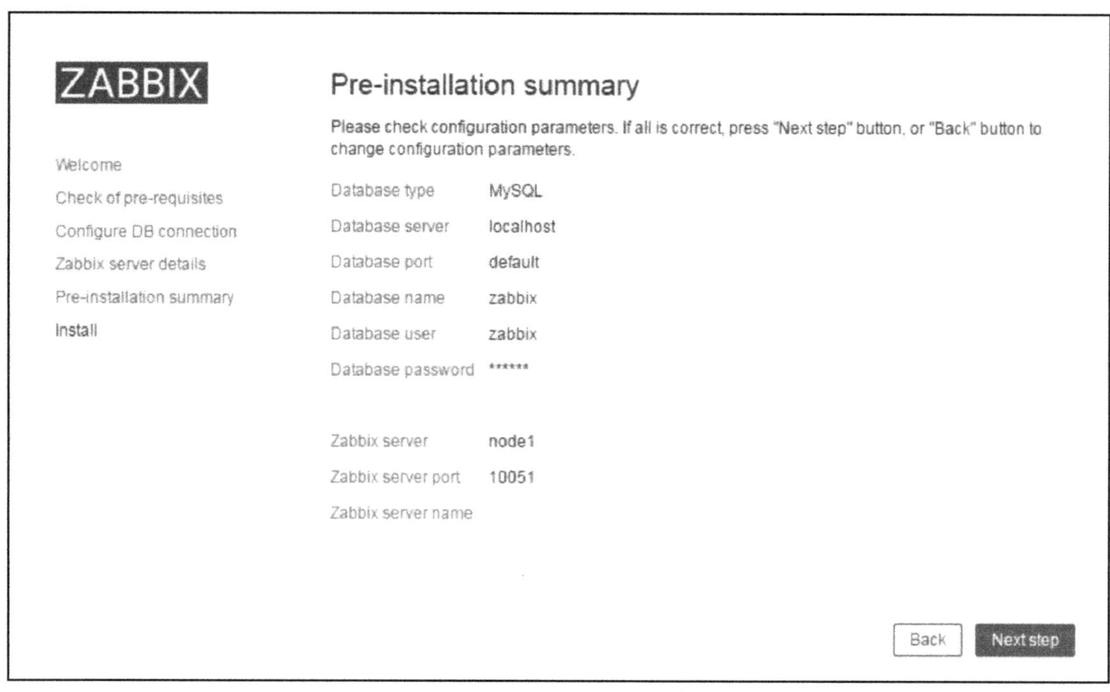

图 8.12　信息确认界面

安装完成，单击“Finish”按钮，如图 8.13 所示。

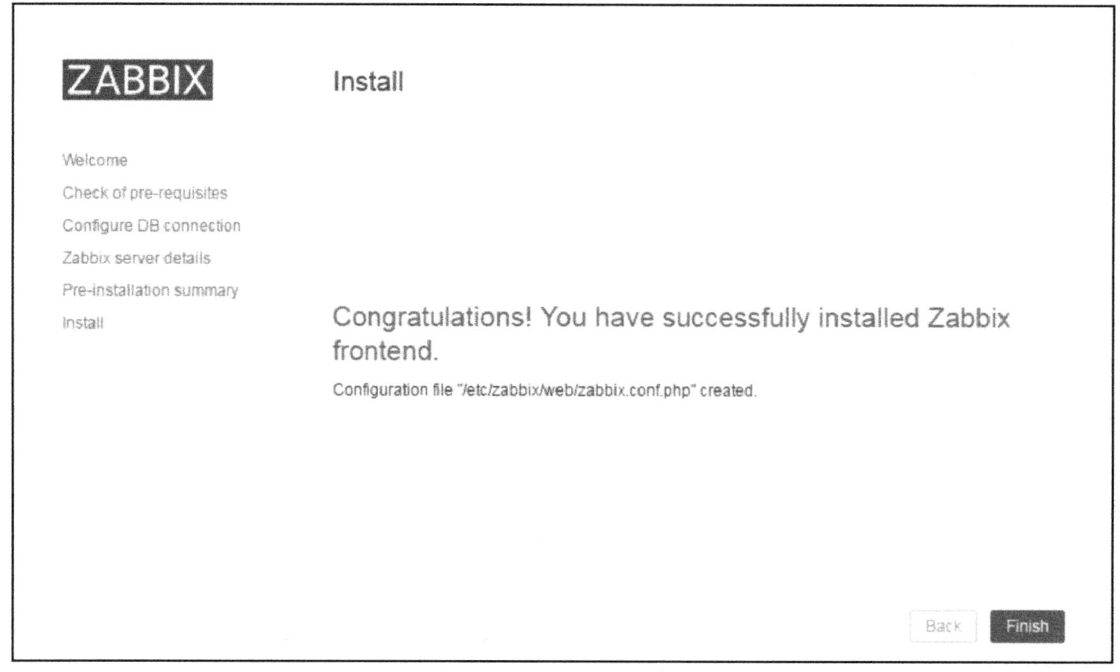

图 8.13　完成界面

进入登录界面，如图 8.14 所示，输入账号 Admin，密码 zabbix，注意 A 大写。

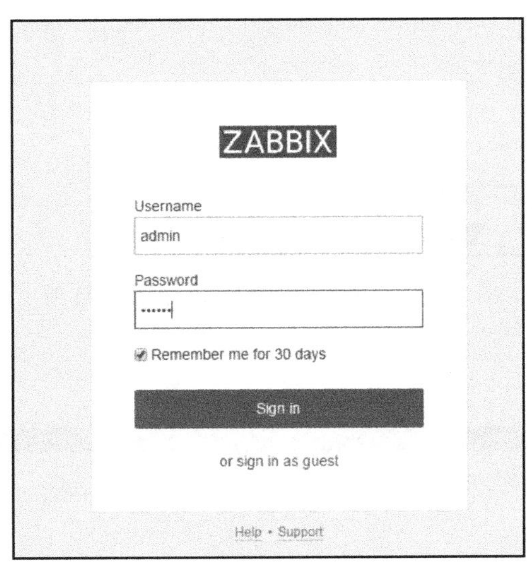

图 8.14　登录界面

步骤 2：添加监控信息。

1）修改监控管理机 zabbix server

单击“Configuration”（配置）→“Hosts”（主机），打开如图 8.15 所示界面。

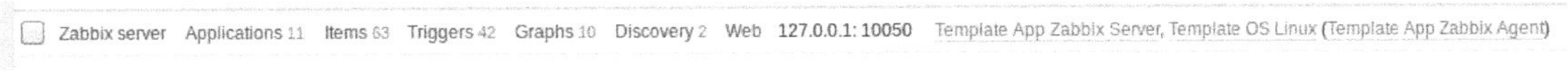

Zabbix server　Applications 11　Items 63　Triggers 42　Graphs 10　Discovery 2　Web　127.0.0.1: 10050　Template App Zabbix Server, Template OS Linux (Template App Zabbix Agent)

图 8.15　配置主机界面

主机名称（Host name）：要与主机名相同，zabbix server 程序使用。配置主机如图 8.16 所示。

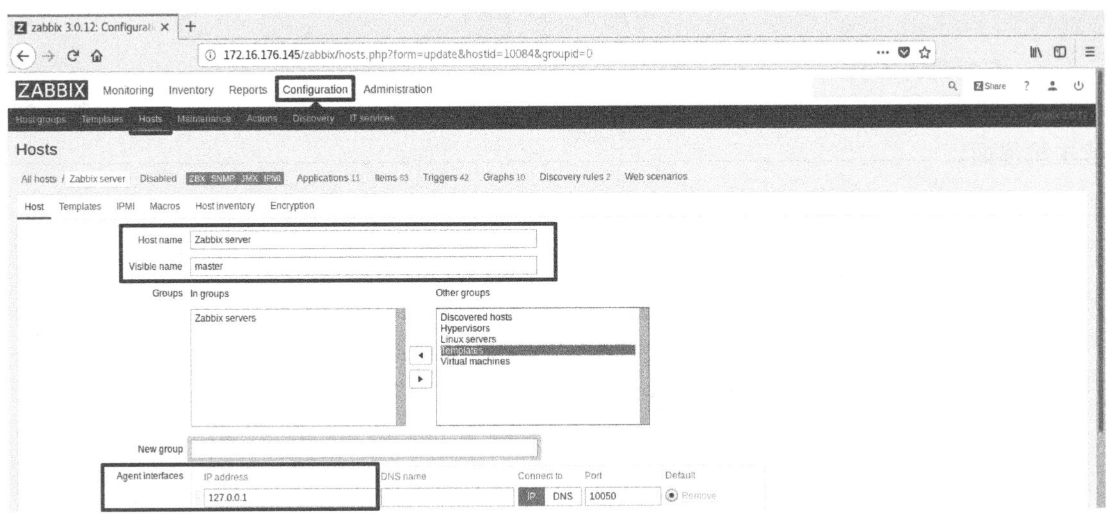

图 8.16　配置主机

Visible name（可见的名称）：显示在 zabbix 网页上，用户可见。

修改后，勾选下面的“Enabled”（已启用）选项，如图 8.17 所示。

添加完成就有了管理机的监控主机，如图 8.18 所示。

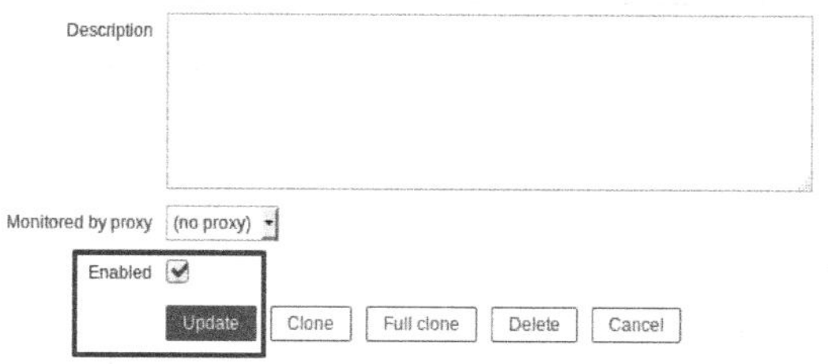

图 8.17　勾选“Enabled”（已启用）选项

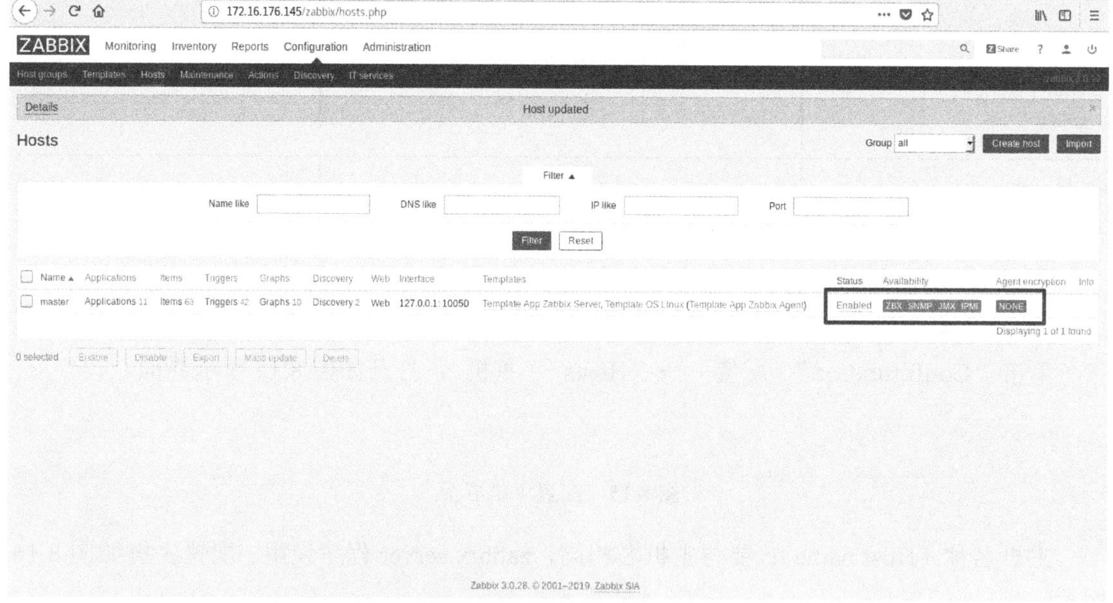

图 8.18　监控主机

2）添加新的主机

单击“Configuration”（配置）→“Hosts”（主机）→“Host”，打开如图 8.19 所示创建主机界面。

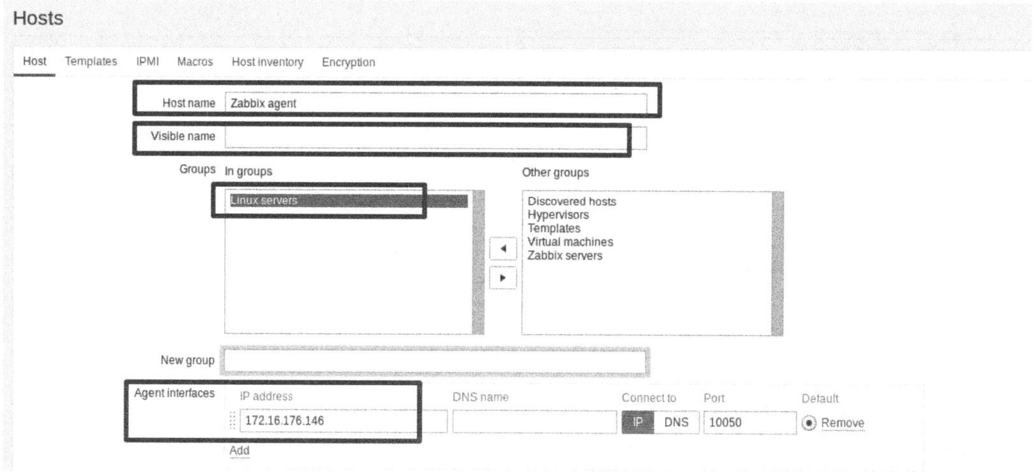

图 8.19　创建主机界面

注意勾选“Enabled”（已启用）选项，如图 8.20 所示。

Description

Monitored by proxy (no proxy)

Enabled

图 8.20　勾选“Enabled”（已启用）选项

然后添加模板，选择 Template OS Linux，依次单击上下两个“Add”（添加）按钮，如图 8.21 所示。

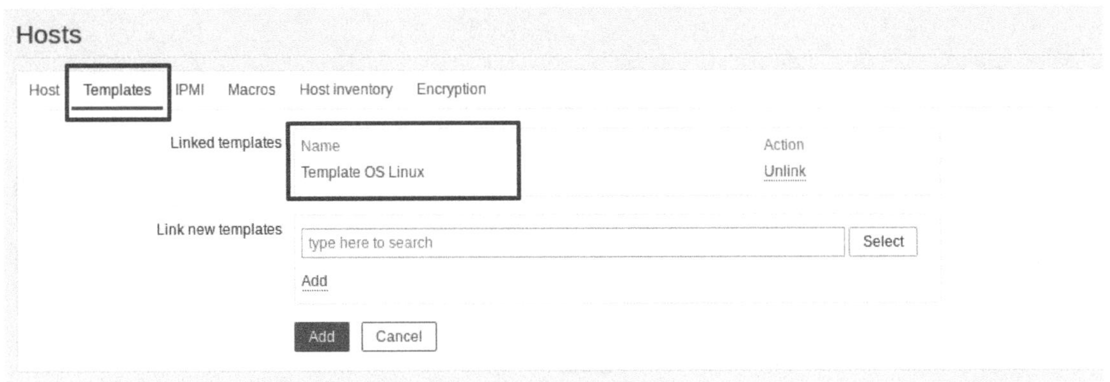

图 8.21　添加模板

添加完成，出现两条监控主机信息，如图 8.22 所示。

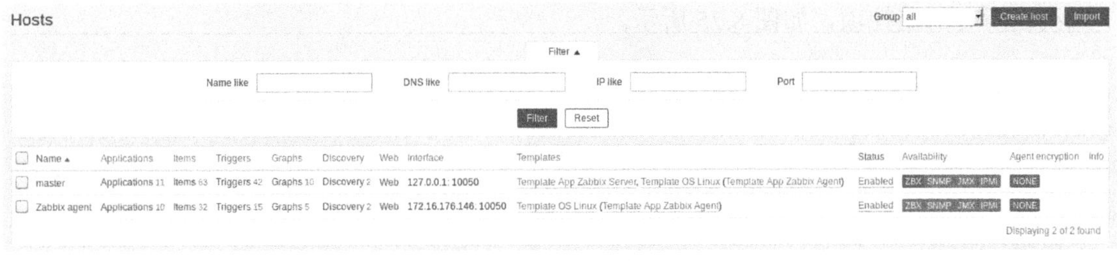

图 8.22　监控主机信息

3）查看监控内容

单击“Monitoring”（监测中）→“Latest data”（最新数据），打开如图 8.23 所示界面。

在“Latest data”（最新数据）中需要筛选。

输入 IP 或名字进行搜索，如图 8.24 所示。

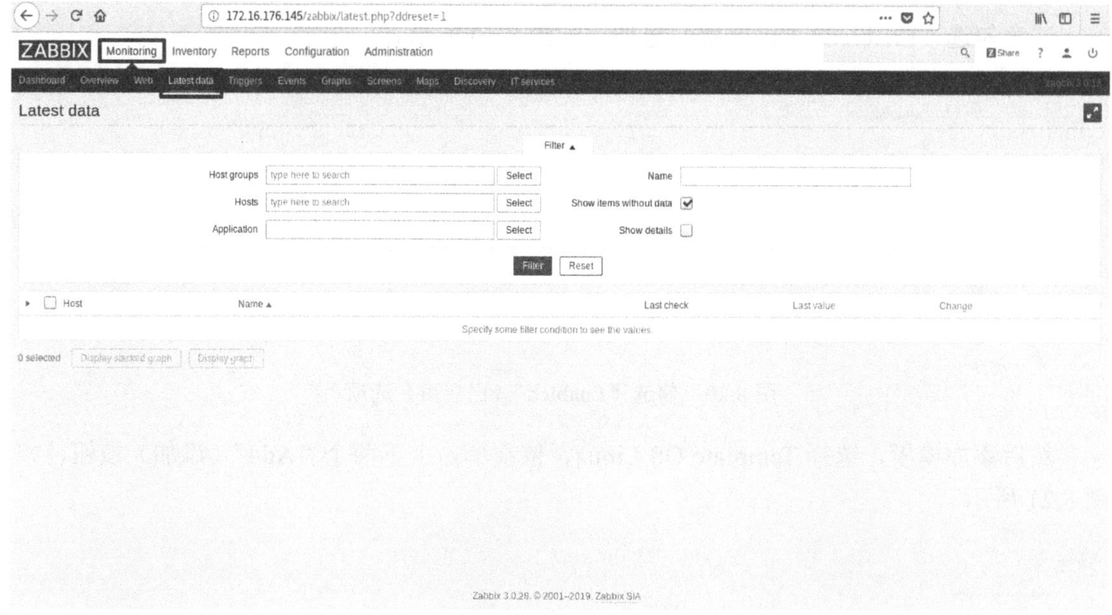

图 8.23　最新数据界面

图 8.24　搜索

列出所有的监控项，如图 8.25 所示。

Name ▲	Last check	Last value	Change	
CPU (13 Items)				
Context switches per second	2019-10-21 17:48:20	125 sps	+7 sps	Graph
CPU idle time	2019-10-21 17:48:21	99.08 %	-0.21 %	Graph
CPU interrupt time	2019-10-21 17:48:22	0 %		Graph
CPU iowait time	2019-10-21 17:47:23	0 %	-0.01 %	Graph
CPU nice time	2019-10-21 17:47:24	0 %		Graph
CPU softirq time	2019-10-21 17:47:25	0.03 %		Graph
CPU steal time	2019-10-21 17:47:26	0 %		Graph
CPU system time	2019-10-21 17:47:27	0.42 %	+0.05 %	Graph
CPU user time	2019-10-21 17:47:28	0.28 %	-0.08 %	Graph
Interrupts per second	2019-10-21 17:48:16	70 ips	+2 ips	Graph
Processor load (1 min average per core)	2019-10-21 17:48:18	0		Graph
Processor load (5 min average per core)	2019-10-21 17:48:19	0.04		Graph
Processor load (15 min average per core)	2019-10-21 17:48:17	0.05		Graph

图 8.25　列出所有的监控项

4）查看图形

单击“Monitoring”（监测中）→“Graphs”（图形），打开图形界面，选择正确的主机，选择要查看的图形即可显示，如图 8.26 所示。

Graphs
Group all
Host master
Graph Zabbix server performance
Filter
Zoom: 5m 15m 30m 1h All
2019-10-21 17:35 - 2019-10-21 18:36 (now!)
1h dynamic
master: Zabbix server performance (1h 30s)
last min avg max
Values processed by Zabbix server per second [avg] 1.21 0.3992 0.7234 1.21
Zabbix queue [avg] 0 0 0 0

图 8.26　图形显示

第9章 Chapter 9 大数据系统审计技术

9.1 概述

Hadoop 由许多元素构成，其核心是分布式文件系统（HDFS）和 MapReduce 引擎，并涵盖众多提供 Hadoop 应用的子项目，如数据仓库工具（Hive）、非结构化数据库（HBase）、大数据分析平台（Pig，为用户提供多种接口）等及众多的编程接口。为了简化 Hadoop 管理工作，HUE、Phoenix 等 UI 工具也被引入协同工作。

多样化的工具带来的最直接问题便是多样化的程序设计语言、多样性的程序编程接口，增大了大数据安全审计覆盖面，增强了大数据的数据解析难度。因此，在 Hadoop 大数据架构环境下要实现有效审计，必须同时对各种 UI 管理界面、编程接口进行审计，具备 Hadoop 架构各种协议解析、编程语言解析能力。

其审计难点可总结为：

（1）对 Hadoop 大数据非结构化数据，传统方案无法实现综合安全监控。

（2）Hadoop 中数据库连接工具多样化，传统方案只能对典型的 C/S 客户端访问方式进行安全监控，缺乏综合管理手段。

（3）Hadoop 具有开放的接口和平台，信息网络共享导致数据风险点增加，窃密、泄密渠道增加。

（4）安全模型和配置的复杂性导致数据流量复杂化。

如何突破 Hadoop 架构下的审计难点是一个亟需解决的问题，进而实现大数据的安全审计。

9.2 审计方案

系统功能模块图如图 9.1 所示，主要包括日志采集模块、数据管理模块、日志预处理模块、日志查询模块、日志审计模块。

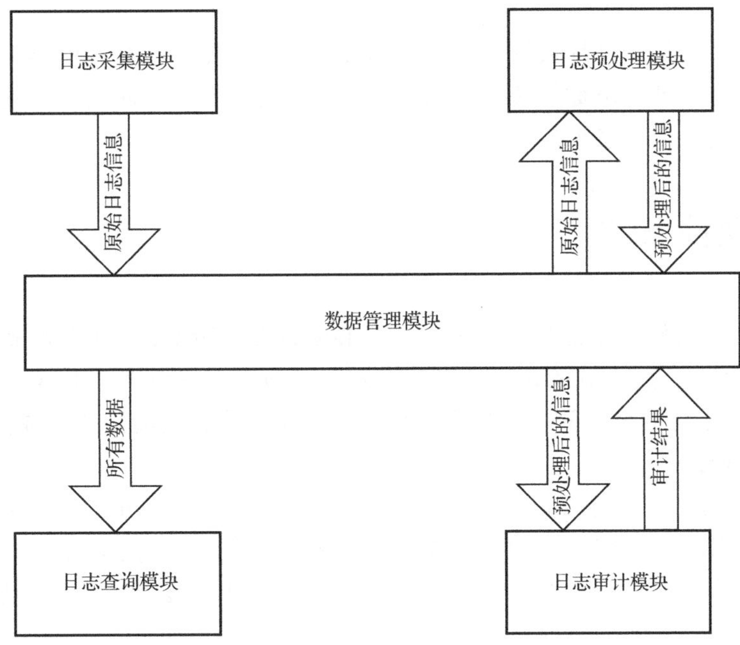

图 9.1　系统功能模块图

日志采集模块：负责日志收集工作，对网络流量日志进行采集，部署在网络出入口处。网络流量日志采集后，先进行简单的规整，然后保存成日志，存入 Hadoop 集群中。

数据管理模块：负责对整个系统中的所有数据进行维护和管理。底层由 Hadoop HDFS 和 HBase 分别提供存储管理功能，对所有数据进行管理。

日志预处理模块：原始日志采集之后，为了使审计结果更加合理，需要对原始数据进行预处理，把相同用户一段时间的日志进行合并聚合，提取关键特征。

日志查询模块：为管理员提供日志查询功能，可以对所有收集到的数据进行查询。

日志审计模块：对待审计数据进行审计，发现隐藏在数据背后的异常情况，将异常流量产生的时间和具体的详情报告给管理员。

网络安全日志审计核心流程图如图 9.2 所示。

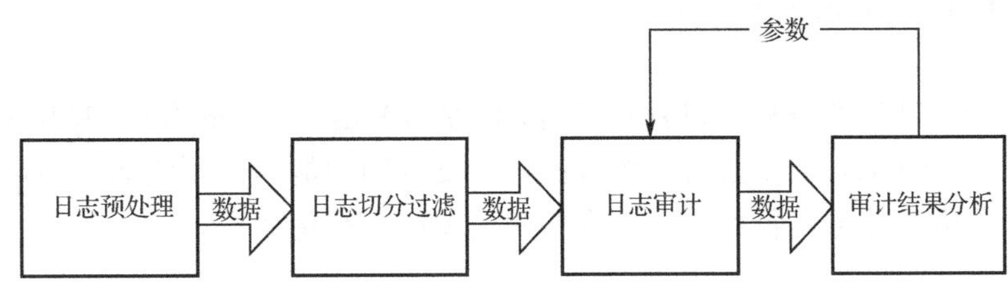

图 9.2　网络安全日志审计核心流程图

日志预处理：对捕获的数据进行过滤，只针对内网用户流量进行存储。

日志切分过滤：日志中有新加入的待审计网络流量日志数据，也有已经经过审计的历史网络流量日志。我们考虑的审计是针对用户通过全部流量检测难以发现的网络行为异常，因此，在审计某个时间段内的某个用户的网络流量日志时，需要提取部分该用户相同时间段的流量信息进行对比。在日志切分时要考虑对不同用户、不同时间的网络日志进行提取分类。

日志审计：对于每一分片数据进行单独的异常流量检测。在众多的异常检测方法中选择适当的方法，待审计日志数据集可以认为是一个个用户在不同时间产生的流量相关的对象的集合，每个对象包含多个属性。

9.3 开源软件 ELK

ELK 不是一款软件，而是由 Elasticsearch、Logstash、Kibana 三种开源软件组合而成的日志收集处理套件。其中 Logstash 负责日志收集，Elasticsearch 负责日志的搜索、统计，而 Kibana 负责日志可视化，简单配置就可以完成搜索、聚合功能，并生成报表。

1）Elasticsearch

Elasticsearch 是一个基于 Lucene 的搜索服务器，提供了一个分布式多用户能力的全文搜索引擎，基于 RESTful Web 接口。它是采用 Java 开发的，并作为 Apache 许可条款下的开放源码发布，是当前流行的企业级搜索引擎。它被设计用于云计算，能够达到实时搜索、稳定、可靠、快速，安装、使用方便。

建立一个网站或应用程序，并添加搜索功能，但是完成搜索工作的创建是非常困难的。希望搜索解决方案运行速度快，能有一个零配置和一个完全免费的搜索模式，能够简单地使用 JSON 通过 HTTP 来索引数据，自己的搜索服务器始终可用，能够从一台开始并扩展到数百台，支持实时搜索、简单的多租户，建立一个云解决方案。利用 Elasticsearch 可以解决所有这些问题及可能出现的更多其他问题。

2）Logstash

Logstash 是一个数据分析软件，主要用于分析 log 日志。整套软件可以当作一个 MVC 模型，其中 Logstash 是 controller 层，Elasticsearch 是一个 model 层，Kibana 是 view 层。

将数据传给 Logstash，它将数据进行过滤和格式化（转换为 JSON 格式），然后传给 Elasticsearch 进行存储、创建搜索的索引，Kibana 提供前端的页面再进行搜索和图表可视化，它调用 Elasticsearch 接口返回的数据进行可视化操作。Logstash 和 Elasticsearch 采用 Java 编写，Kibana 使用 node.js 框架。

3）Kibana

Kibana 是一个开源的分析和可视化平台，旨在与 Elasticsearch 合作。Kibana 提供搜索、查看和与存储在 Elasticsearch 索引中的数据进行交互的功能。开发或运维人员可以轻松地执行高级数据分析，并可在各种图表、表格和地图中可视化数据。

9.4 ELK 安装配置

9.4.1 Elasticsearch 安装

1）下载 Elasticsearch-5.3.1 并解压

```
wget  https://artifacts.elastic.co/downloads/elasticsearch/elasticsearch-5.3.1.tar.gz
tar -zxvf /usr/local/src/elasticsearch-5.3.1.tar.gz  -C /home/elasticsearch/
```

2）修改 elasticsearch/config/elasticsearch.yml 中的相关参数

```
#指定的集群名称，需要修改为对应的名称，开启自发现功能后，Elasticsearch 按照此集群名称进行发现
# 注意：设置参数时，冒号后要有空格
cluster.name:thh_dev1
#数据目录
path.data: /home/data/elk/data
# log 目录
path.logs: /home/data/elk/logs
# 节点名称
node.name: node-1
#修改 Elasticsearch 的监听地址，这样其他机器可以访问
network.host:0.0.0.0
```

注意：此处需要修改或开放，否则在虚拟机的宿主机上无法通过 IP:9200 访问 API。

```
#默认的端口号
http.port: 9200
discovery.zen.ping.unicast.hosts: ["172.18.5.111", "172.18.5.112"]
 # 注意：此处写的是集群节点 IP
 # discovery.zen.minimum_master_nodes: 3
 # enable cors，保证_site 类的插件可以访问 es
http.cors.enabled: true
http.cors.allow-origin: "*"
```

3）修改系统参数

设置内核参数：

```
vi /etc/sysctl.conf
# 增加以下参数
vm.max_map_count=655360
```

执行命令 sysctl -p，确保配置生效。

设置资源参数：

```
vi /etc/security/limits.conf
# 修改
```

```
* soft nofile 65536
* hard nofile 131072
* soft nproc 65536
* hard nproc 131072
```

设置用户资源参数：

```
vi /etc/security/limits.d/20-nproc.conf
# 设置elk用户参数
elk    soft    nproc    65536
```

4）添加启动用户并设置权限

由于 Elasticsearch 可以接收用户输入的脚本并且执行，为了系统安全考虑，建议创建一个单独的用户用来运行 Elasticsearch。

创建 elsearch 用户组及 elsearch 用户：

```
groupadd elsearch
useradd elsearch -g elsearch -p elasticsearch
```

更改 Elasticsearch 文件夹及内部文件的所属用户及组为 elsearch:elsearch：

```
cd /opt
chown -R elsearch:elsearch  elasticsearch
```

5）启动 Elasticsearch

切换到 elsearch 用户，进入 Elasticsearch 的 bin 目录，使用./elasticsearch -d 命令启动 Elasticsearch。

查看进程：

```
ps -ef | grep elasticsearch
```

查看信息：

```
curl -X GEThttp://localhost:9200
```

注意：Elasticsearch 比较消耗内存和硬盘，虚拟机启动 Elasticsearch 时，宿主机上监控磁盘使用率都是 100%。另外，Elasticsearch 启动慢。

6）浏览器访问 http://localhost:9200 查看 Elasticsearch 的信息

```
{
name:"bWXgrRX",
cluster_name:"elasticsearch_ywheel",
cluster_uuid:"m99a1gFWQzKECuwnBfnTug",
version:{
number:"6.1.0",
build_hash:"f9d9b74",
build_date:"2017-02-24T17:26:45.835Z",
build_snapshot:false,
lucene_version:"6.4.1"
},
tagline:"You Know, for Search"
}
```

7）客户端网页访问时可能需要关掉防火墙

```
Systemctl stop firewalld.service
```

9.4.2 Logstash 安装

（1）安装 Logstash-5.3.1，并将 Logstash 解压到/home/logstash 中。

```
wget https://artifacts.elastic.co/downloads/logstash/logstash-5.3.1.tar.gz
tar-zxvf  logstash-5.3.1.tar.gz -C /home/logstash/
```

（2）创建配置文件，建议放在 config 目录下，文件名自定义。

创建 logstash-simple.conf 文件并且保存到/home/logstash/config 下，完整路径应该是/home/logstash/config/xxxx.conf。

Logstash 的配置文件包含三个模块：

① input{}：负责收集日志，可以从文件、redis 读取，或者开启端口让产生日志的业务系统直接写入 Logstash。

② filter{}：负责过滤收集到的日志，并在过滤后对日志定义显示字段。

③ output{}：负责将过滤后的日志输出到 Elasticsearch 或文件、redis 等。

将 output 直接输出到 Elasticsearch。配置界面如图 9.3 所示，本环境需处理两套业务系统的日志。

```
input {
    file {
        type => "api-app"
        path => "/log/api-app*"
        codec => multiline {
                pattern => "^\["
                negate => true
                what => "previous"
        }
        start_position => "beginning"
    }
    file {
        type => "api-cxb"
        path => "/log/api-cxb*"
        codec => multiline {
                pattern => "^\["
                negate => true
                what => "previous"
        }
        start_position => "beginning"
    }
}
```

图 9.3　配置界面

type：代表类型，其实就是将这个类型推送到 Elasticsearch，方便后面的 Kibana 进行分类搜索，一般直接命名业务系统的项目名。

path：读取文件的路径。

图 9.4 所示代表日志报错时，将报错的换行归属于上一条 message 内容。

```
codec => multiline {
        pattern => "^\["
        negate => true
        what => "previous"
}
```

图 9.4　日志报错时的处理

start_position => "beginning"代表从文件头部开始读取。

如图 9.5 所示，filter{}中的 grok 采用正则表达式来过滤日志，其中%{TIMESTAMP_ISO8601}代表一个内置获取 2016-11-05 00:00:03,731 时间的正则表达式的函数，%{TIMESTAMP_ISO8601:date1}代表将获取的值赋给 date1，在 Kibana 中可以体现出来。

```
filter {
        grok {
                match => { "message" => "\[%{TIMESTAMP_ISO8601}\s*%{USER}\] \[%{USERNAME}\] \[%{USERNAME}\] - %{NOTSPACE}, IP: %{IP:ip}" }

        }
        grok {
                match => { "message" => "\[%{TIMESTAMP_ISO8601:date1}\s*%{USER:leve}\] \[%{USERNAME}\] \[%{USERNAME}\] - %{NOTSPACE:request}" }

        }
}
```

图 9.5　filter{}

本环境有两条 grok，表示如果第一条不符合，则执行第二条。

其中 index 定义将过滤后的日志推送到 Elasticsearch 后存储的名字，%{type}是调用 input 中的 type 变量（函数），如图 9.6 所示。

```
output {
        elasticsearch {
                hosts => ["192.168.10.169:9200" ]
                action => "index"
                codec => rubydebug
                index => "%{type}-%{+YYYY.MM.dd}"
                template_name => "%{type}"
        }
}
```

图 9.6　过滤后的日志推送

（3）进入 logstash 的 bin 目录，使用 bin/logstash -f config/XXXXXX.conf 命令读取配置信息并启动 logstash。

9.4.3　Kibana 安装

（1）下载 kibana-5.3.1 并解压。

```
wget https://artifacts.elastic.co/downloads/kibana/kibana-5.3.1-linux-x86_64.tar.gz
tar -zxvf /usr/local/src/kibana-5.3.1-linux-x86_64.tar.gz  -C /usr/local/
```

编辑 Kibana 的配置文件：

```
# vim /usr/local/kibana/config/kibana.yml
```

修改配置文件，开启以下的配置：

```
server.port: 5601
server.host: "0.0.0.0"
elasticsearch.url: "http://192.168.1.202:9200"
kibana.index: ".kibana"
```

（2）安装 screen，以便 Kibana 在后台运行（也可以不用安装，用其他方式进行后台启动）。

```
# yum -y install screen # screen
# /usr/local/kibana/bin/kibana
```

```
netstat -antp |grep 5601
tcp 0 0 0.0.0.0:5601 0.0.0.0:* LISTEN 17007/node
```

打开浏览器并设置对应的 index http://IP:5601。

9.5 基于 ELK 的审计方案实现

9.5.1 实现步骤

（1）安装 Java 8。

（2）安装 Elasticsearch，通过配置，限制对外部端口（9200）的访问，使得外部人员无法读取数据或通过 HTTP API 关闭 Elasticsearch 集群。

（3）安装 Kibana，使得 Kibana 只能访问 localhost，为下一步 nginx 建立反向代理做准备。

（4）安装 nginx 并建立反向代理，使得可以通过 Web 页面访问 Kibana。

（5）安装 Logstash，并在 ELK 服务器端生成 SSL 证书。

（6）在客户端服务器上，将 ELK 服务器传过来的 SSL 证书放在指定的位置。

（7）安装 filebeat，实现客户端服务器与 ELK 服务器之间的通信。

（8）测试 filebeat 安装，并连接到 Kibana。

9.5.2 功能测试

（1）输入 http://localhost:5601，输入账号密码，即可进入 Kibana 的 Web 界面，如图 9.7 所示。

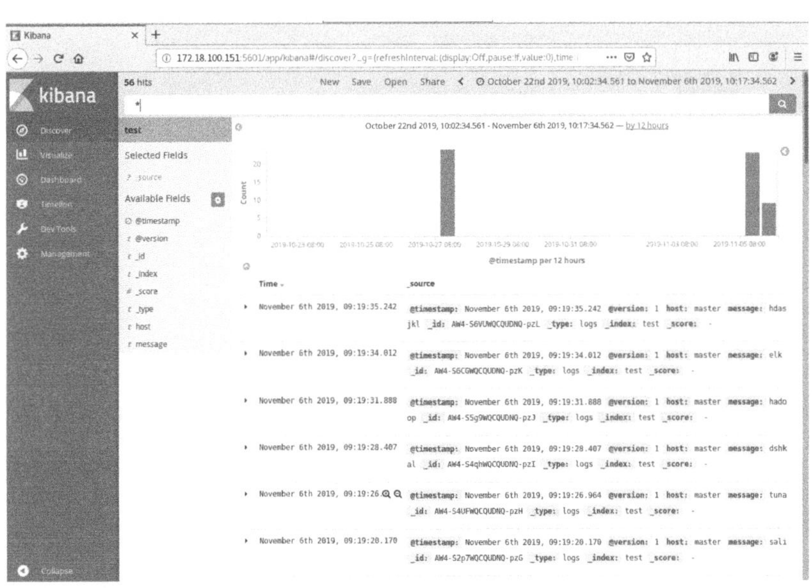

图 9.7　Kibana 的 Web 界面

（2）可以将日志文件以折线图方式进行统计，如图 9.8 所示。

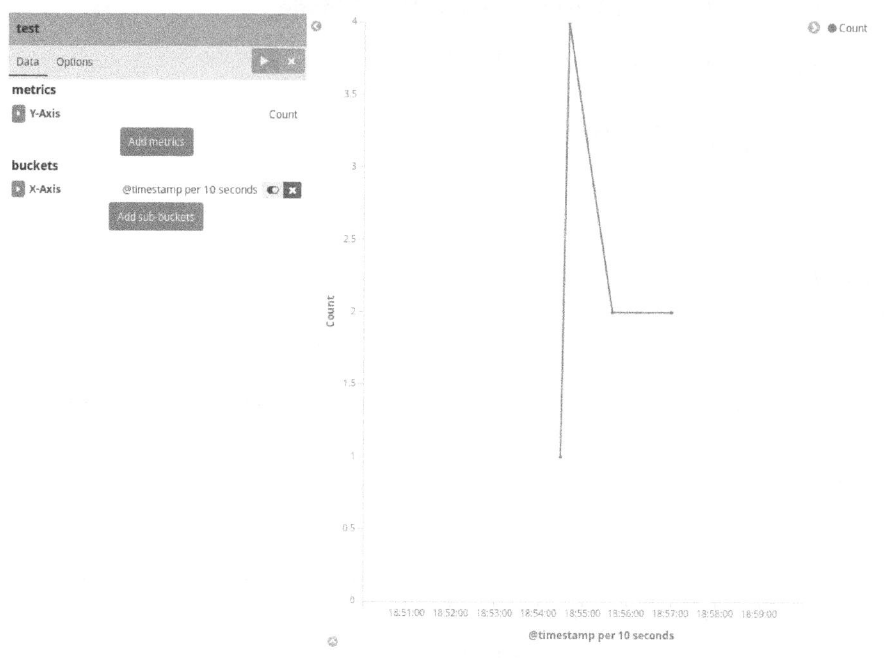

图 9.8　将日志转化为图示

（3）可以将日志文件以图表的形式列出，如图 9.9 所示。

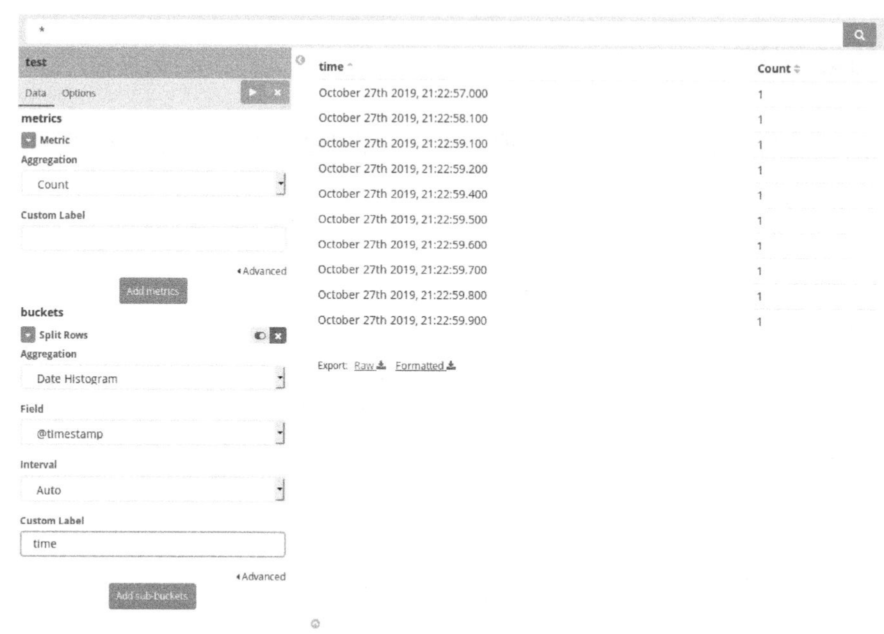

图 9.9　将日志转化为图表

（4）可以用来监控集群，集群信息监控如图 9.10 所示。

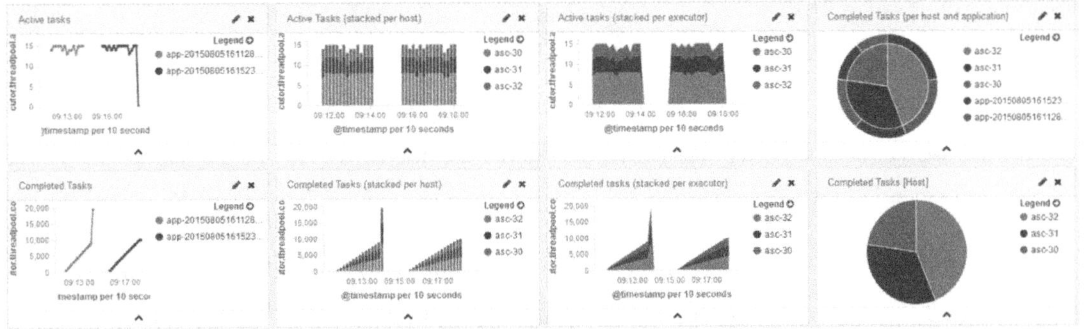
Active tasks
Active Tasks (stacked per host)
Active tasks (stacked per executor)
Completed Tasks (per host and application)
Completed Tasks
Completed Tasks (stacked per host)
Completed tasks (stacked per executor)
Completed Tasks [Host]
Legend
asc-30
asc-31
asc-32
@timestamp per 10 seconds

图 9.10　集群信息监控

第10章 Chapter 10 大数据系统一体化安全管理技术

10.1 概述

大数据平台存在的安全风险使得我们必须对其增加保证其安全性的服务和机制。由于不同的安全服务具有不同的实现体系架构，难以进行统一的调配管理，而且需要配置开发的安全服务种类多、操作复杂，进而对大数据平台的安全管理造成了极大的困难。因此，需要设计开发一个安全管理软件对这些安全服务进行统一管理。

参照大数据系统安全体系框架，大数据系统安全管理软件的需求如下。

（1）结合大数据安全技术体系，开发相应的大数据安全模块。

（2）集成各个安全模块，实现对各个模块的统一控制和调度。

（3）设计一个安全的网络拓扑结构以保证大数据平台的网络安全。

（4）提供人性化的 UI 页面，使得用户对平台安全相关的操作完全能够通过 UI 界面完成。

（5）对大数据平台各个组件框架的接口进行统一管理，提高用户和管理员的工作效率。

10.2 网络结构设计

为了降低对于终端设备的要求，保证方案的通用性，我们采用了 B/S（浏览器和服务器）架构模式来设计大数据系统安全管理软件。系统的安全管理软件架构如图 10.1 所示。

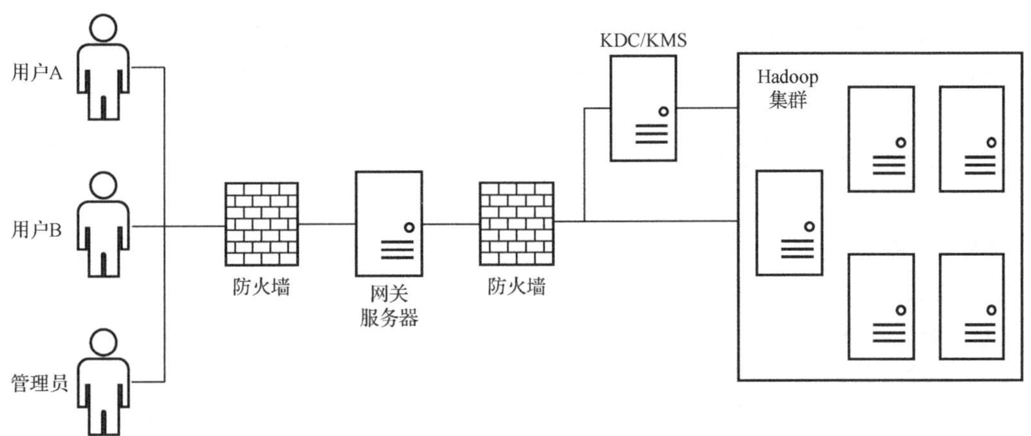

图 10.1　大数据系统安全管理软件架构

大数据系统安全管理软件的整体结构主要由网关服务器、KDC（Key Distribution Center）和 KMS（Key Management Server）服务器、防火墙和大数据集群组成。外部网络与大数据集群之间通过防火墙隔离，只能通过网关服务器进行连通。网关服务器上设有大数据系统安全管理软件，系统管理员可以通过 Web UI 界面对整个大数据集群的安全服务进行管理和控制。KDC 服务器为整个集群提供身份认证服务，其中存储了大数据集群的所有用户身份信息。KMS 服务器为大数据平台数据加/解密等安全服务提供密钥。用户首先需要登录网关服务器，然后通过 KDC 服务器进行身份认证，获得授权令牌。接着，网关服务器中的授权系统会对用户所要访问的资源进行访问控制。只有通过认证系统与授权系统的许可，用户才能访问集群中的资源。

大数据系统安全管理系统主要由 8 个安全模块组成，分别是：认证管理模块、访问控制模块、存储数据加密模块、传输数据加密模块、集群监控模块、日志管理模块、集群管理模块与安全策略模块。安全模块的总体设计如图 10.2 所示。

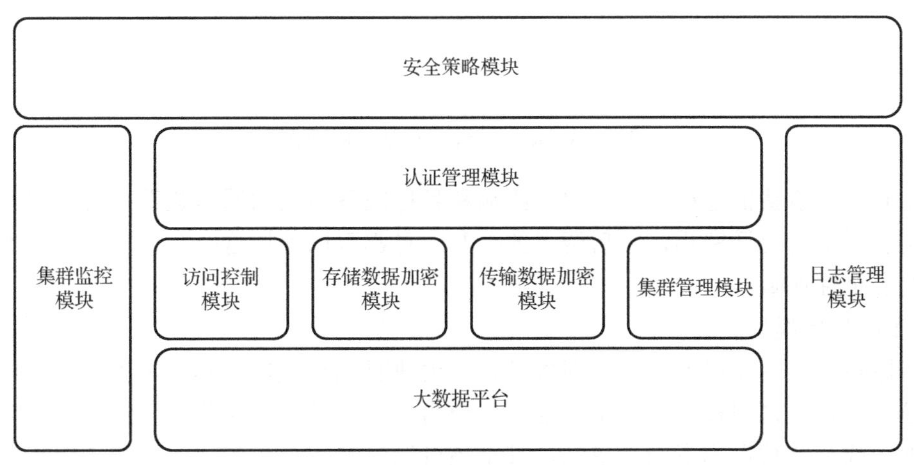

图 10.2　安全模块的总体设计

安全策略模块负责对整个集群的安全模块进行策略管理。认证管理模块对大数据平台组件提供认证服务。集群监控模块负责监控大数据平台与安全模块的状态，并提供报警功能。日志管理模块对整个平台提供日志审计服务。访问控制模块对大数据平台的组件提供访问控制。存储数据加密模块与传输数据加密模块分别对存储的静态数据与传输中的数据提供加密服务。集群管理模块负责为大数据平台组件提供统一的管理。

10.3 安全模块设计

根据大数据系统安全管理软件的具体功能需求，我们对安全管理软件按不同的功能进行了模块划分，主要功能模块如下。

1）认证管理模块

认证管理模块对大数据平台提供身份认证功能。认证方案基于 Kerberos 认证协议，主要分为三个部分，分别是用户认证、获得票据、获取目标服务。其中每个部分都是由双方的交互，即请求和响应组成的。Kerberos 身份认证时序图如图 10.3 所示，Kerberos 认证中所涉及的符号定义和步骤详见第 5 章。

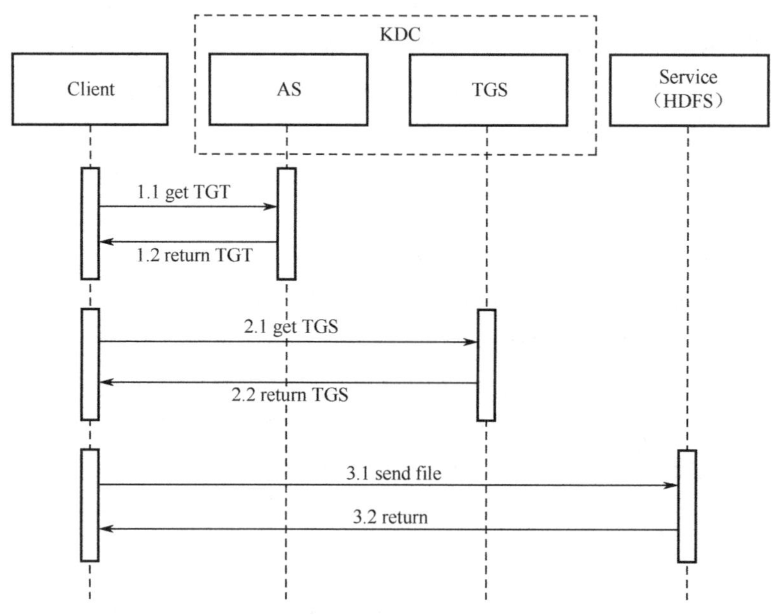

图 10.3 Kerberos 身份认证时序图

经过 6 步身份认证过程之后，用户终端和目标服务器间的通信联系正式建立，拥有了可用于两者通信的会话密钥，之后两者的交互信息都可以使用这个会话密钥进行加密，建立一定的安全性保障。

2）访问控制模块

访问控制模块主要基于 Sentry 对大数据平台进行细粒度的、基于角色的权限控制。这里的细粒度是指，访问控制不仅可以给某一个用户组或某一个角色授予权限，还可以为某一个数据库或一个数据库表授予权限，甚至还可以为某一个角色授予只能执行某一类型的 SQL 查询的权限。Sentry 不仅有用户组的概念，还引入了角色（role）的概念，使得管理员能够轻松、灵活地管理大量用户和数据对象，即使这些用户和数据对象频繁变化。此外，Sentry 还是“统一授权”的。具体来讲，就是访问控制规则一旦定义好，这些规则就统一作用于多个框架（如 Hive、Impala、Pig）。

Sentry 是基于 Hive 的开源安全组件，提供了细粒度的、基于角色的授权及多租户的管理模式。Sentry 的运行原理如图 10.4 所示。

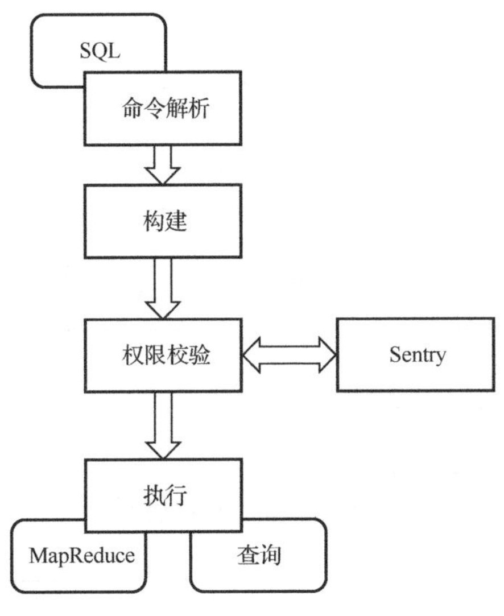

图 10.4　Sentry 的运行原理

Sentry 提供了定义和持久化访问资源的策略的方法。目前，这些策略可以存储在文件或者是能使用 RPC 服务访问的数据库后端存储器中。数据访问工具以一定的模式辨认用户访问数据的请求，例如，Hive 从一个表中读一行数据或者删除一个表。这个工具请求 Sentry 验证访问是否合理。Sentry 构建请求用户被允许的权限的映射并判断给定的请求是否允许访问。请求工具此时根据 Sentry 的判断结果来处理用户的访问请求。Sentry 策略存储和服务将角色和权限及组合角色的映射持久化到一个关系数据库，并提供编程的 API 接口方便创建、查询、更新和删除。这样允许 Sentry 的客户端并行、安全地获取和修改权限。

3）存储数据加密模块

存储数据加密模块主要对大数据平台上存储数据加密的相关安全服务进行管理。存储数据加密主要采用了透明加密技术。对于透明加密，我们将向 HDFS 引入一个新的概念：加密区。加密区是一个特殊的目录，其内容将在写入时被透明地加密，在读取时被透明地解密。每个加密区都与一个单独的、在创建时指定的加密区密钥相关联。加密区中的每个文件都有自己独特的数据加密密钥（DEK）。DEK 从未与 HDFS 直接接触。相反，HDFS 只会处理一个加密的数据加密密钥（EDEK）。客户端对 EDEK 进行解密，然后使用解密后的 DEK 来读取或写入数据。HDFS 的数据节点只能看到一些加密后的比特流。

存储数据加密如图 10.5 所示。

4）传输数据加密模块

传输数据加密模块主要对大数据平台数据传输加密的相关安全服务进行管理。Hadoop 平台提供 Hadoop 服务与客户端之间的 RPC 通信及 HDFS 不同节点间的数据块传输加密功能。

传输数据加密如图 10.6 所示。

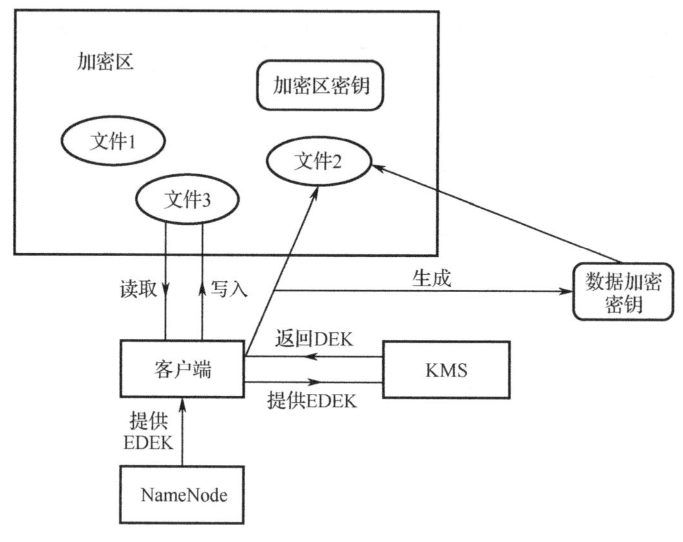

图 10.5　存储数据加密

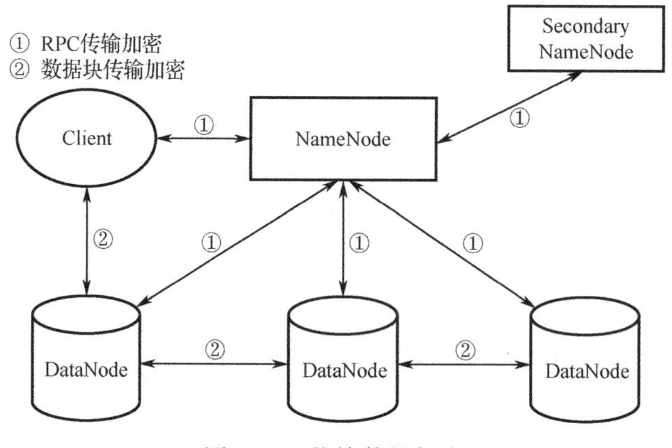

图 10.6　传输数据加密

5）集群监控模块

集群监控模块提供对大数据平台状态的监控与事件监控报警功能。通过 Ganglia 对各个节点的系统性能（如 CPU 状态、磁盘利用率、I/O 负载、网络状态等）进行监控并以图表的形式展示。对超过设定阈值的状态可以通过 Zabbix 以邮件或短信的形式进行报警。

6）日志管理模块

日志管理模块提供对大数据平台的日志信息进行审计的功能。通过 ELK（Elasticsearch，Logstash，Kibana）日志系统可以对大数据平台的系统日志、应用程序日志和安全日志进行收集、过滤，并将其存储起来供以后进行汇总、分析和搜索，以达到安全审计的目的。

7）集群管理模块

集群管理模块提供对大数据平台常用功能与组件的管理功能，方便管理员对集群进行统一配置管理。许多大数据平台组件都有自己的 UI 界面，如 HDFS 文件系统页面（调用 HDFS API，进行增删改查的操作）、HIVE UI 界面（使用 HiveServer2、JDBC 方式连接，可以在页面上编写 HQL 语句，进行数据分析查询）、Yarn 监控及 Oozie 工作流任务调度页面等。通过将这些技术整合在一起，采用统一的 Web UI 来访问和管理，可以极大地提高大数据用户和管理员的工作效率。

8）安全策略模块

按照具体应用的需求不同，安全策略模块将大数据安全模块的安全服务分为三个安全级别：

- 高：所有安全服务均启用，加密算法级别最高，密钥比特长度最大，为大数据集群提供最大的安全防护能力，但相应的集群效率会有所降低;
- 中：部分安全服务开启，提供大数据平台运行的基本安全防护能力，不影响集群效率;
- 低：安全服务全部关闭，提供原生大数据系统，便于进行开发调试。

事实上，可以结合实际需求，进一步细化安全级别和安全服务。安全策略对应的安全服务如表 10.1 所示。

表 10.1　安全策略对应的安全服务

安全服务	安全级别		
	低	中	高
Kerberos 认证服务	关闭	启用	启用
集群监控报警功能	关闭	启用	启用
数据块传输加密服务	关闭	关闭	启用
RPC 传输加密服务	关闭	启用	启用
传输加密算法选择	—	3DES	AES
AES 密钥比特	—	—	256
静态数据透明加密服务	关闭	关闭	启用
Sentry 访问控制服务	关闭	启用	启用

10.4　软件开发架构

由于大数据平台集群节点众多且时常变化，我们采用 B/S 架构开发安全管理软件，以保证大数据平台可以安全地进行动态更新。在 B/S 架构下，用户只需通过浏览器就可以请求服务器，获取 Web 界面，用来控制管理大数据平台的相关安全服务。经过调研分析，我们采用如图 10.7 所示的系统开发架构对安全管理软件进行开发[33, 34]。

如图 10.7 所示，将大数据系统安全管理软件的开发分为三部分：前端界面、Web 服务器与后端服务。前端界面部分通过 HTML 和 CSS 来构建 HTML 页面，通过 JavaScript 来构建一些特殊的 Web 组件结构。由于 Python 开发 Web 应用具有开发效率高、运行速度快等优点，所以 Web 服务器部分选用 Python 下的 Web 框架 Django 来进行开发。其中，Python 模板选用 Metronic。多节点模式下，选用 HTTP 框架下的 REST 客户端来开发分布式的客户端。后端服务部分的主体是运行在集群中已经配置完成的各种现有安全服务。

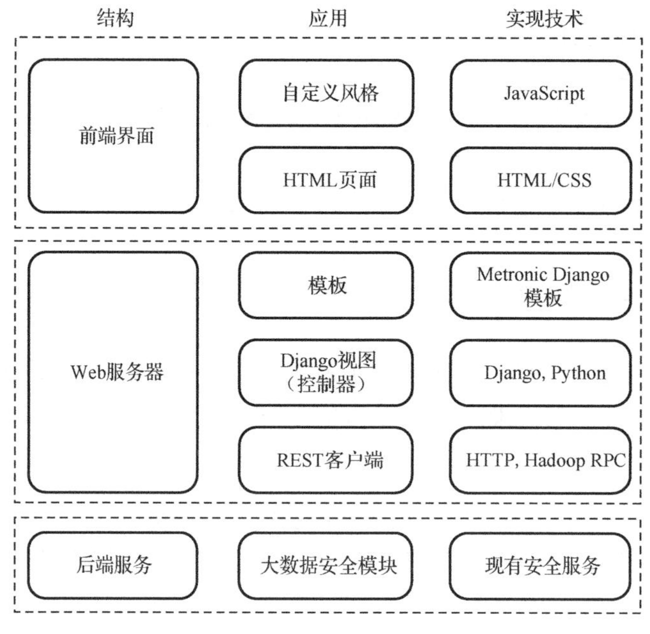

图 10.7　系统开发架构

10.5　软件运行流程

整体而言，整个系统的运行流程如图 10.8 所示。首先，用户通过在浏览器中输入正确的访问地址来访问大数据系统安全管理软件。接着，浏览器会跳转到系统的认证界面，用户需要填写相应的认证信息来进行认证。认证通过后，用户便可以根据具体需求去访问系统的各个安全模块。在收到用户的相关操作信息后，服务器会调用后台相应的安全服务，执行用户的操作命令，并将执行的结果返回用户。其中，在软件开发过程中，将存储数据加密模块和传输数据加密模块整合为数据加密模块，安全策略模块隐藏在系统的启动过程中。

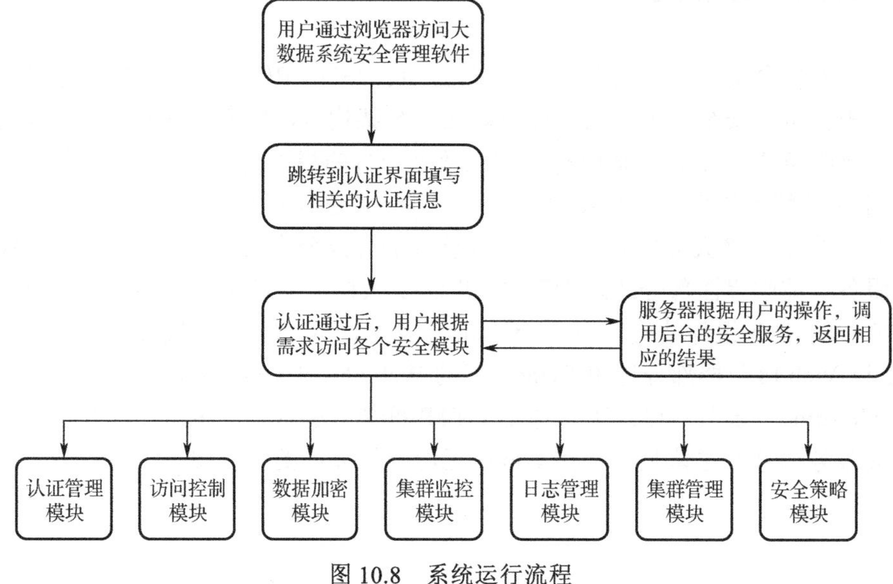

图 10.8　系统运行流程

10.6 软件界面

1）认证登录界面

用户在使用大数据系统安全管理软件提供的安全管理服务之前，需要进行身份认证，以确定是合法用户进行访问。如图 10.9 所示，用户需要输入管理员的用户名与密码并单击“登录”按钮来进行身份认证，认证通过后方可访问软件的具体功能模块。

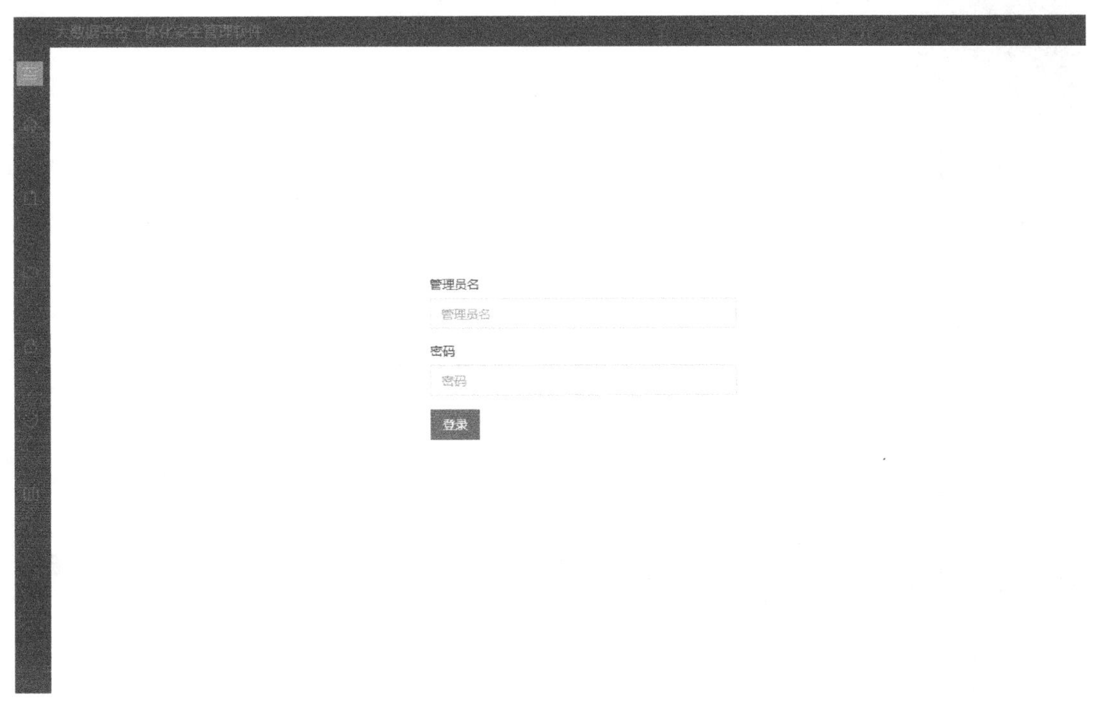

图 10.9　认证登录界面

2）认证管理模块界面

如图 10.10、图 10.11 所示，认证管理模块主要基于 Kerberos 认证提供对大数据平台安全的认证服务。主要分为两个子模块：Kerberos 管理与用户管理。Kerberos 管理是对配置在大数据平台中的 Kerberos 认证服务进行统一管理，涉及的功能有 Kerberos 服务的启动和关闭、Kerberos 服务参数配置、Kerberos 认证密钥管理与 Kerberos 票据管理等。用户管理主要是对大数据平台中用户的认证相关信息进行管理，涉及的主要功能有创建用户、查看用户信息、删除用户与修改用户认证属性等。

3）集群监控模块界面

如图 10.12、图 10.13 所示，集群监控模块的主要功能有监控服务的启动与停止、监控参数设置、报警机制的设置等。

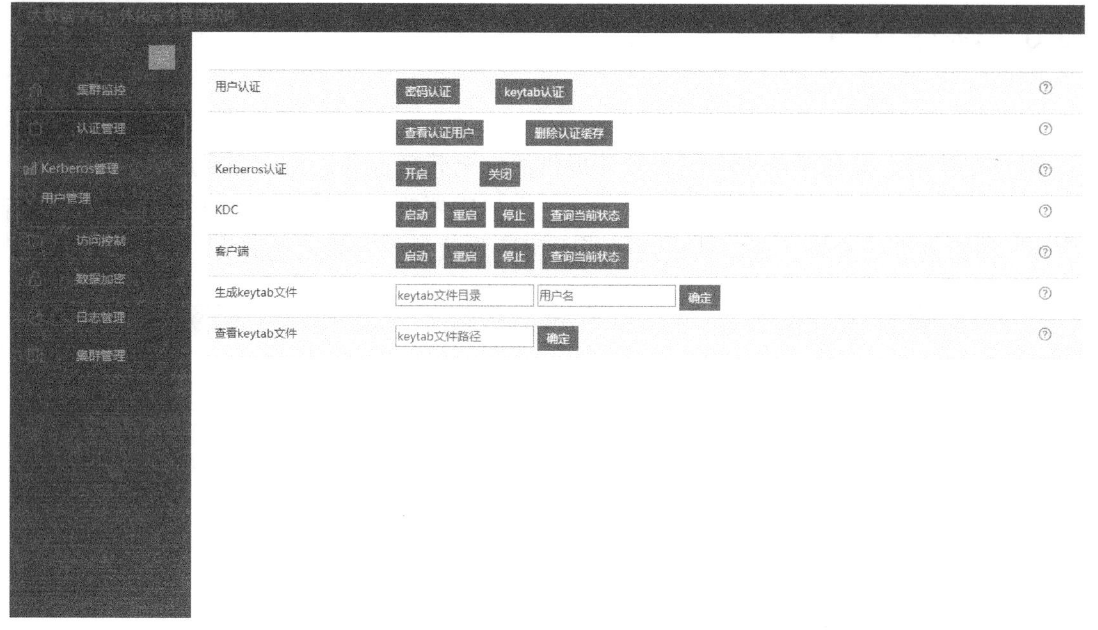

图 10.10　Kerberos 管理模块界面

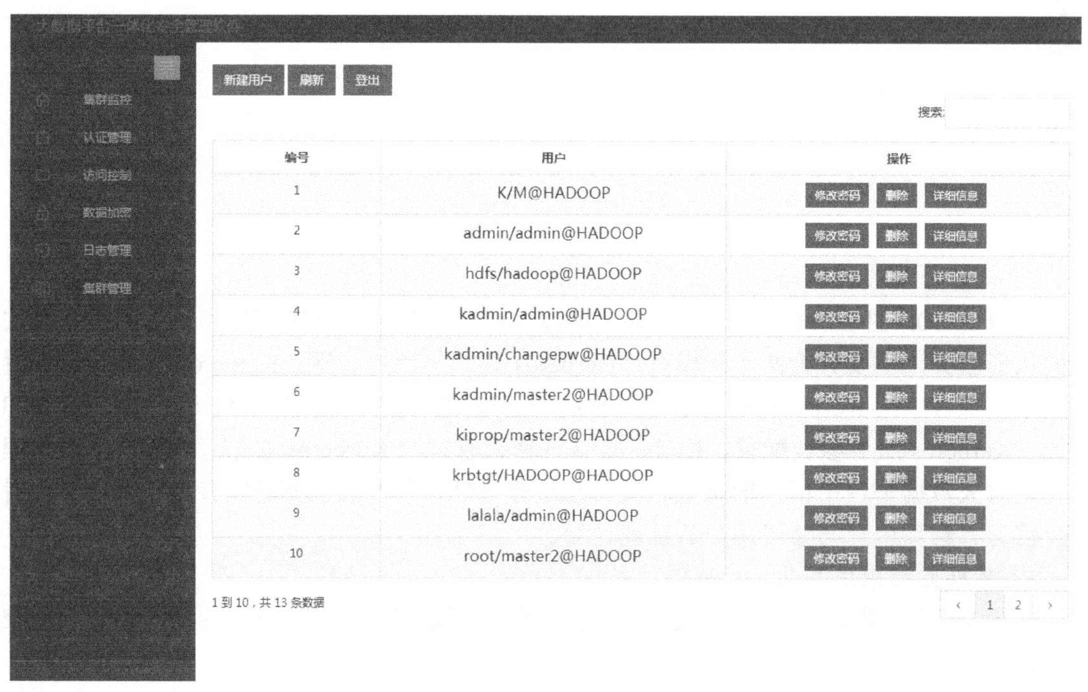

图 10.11　用户管理模块界面

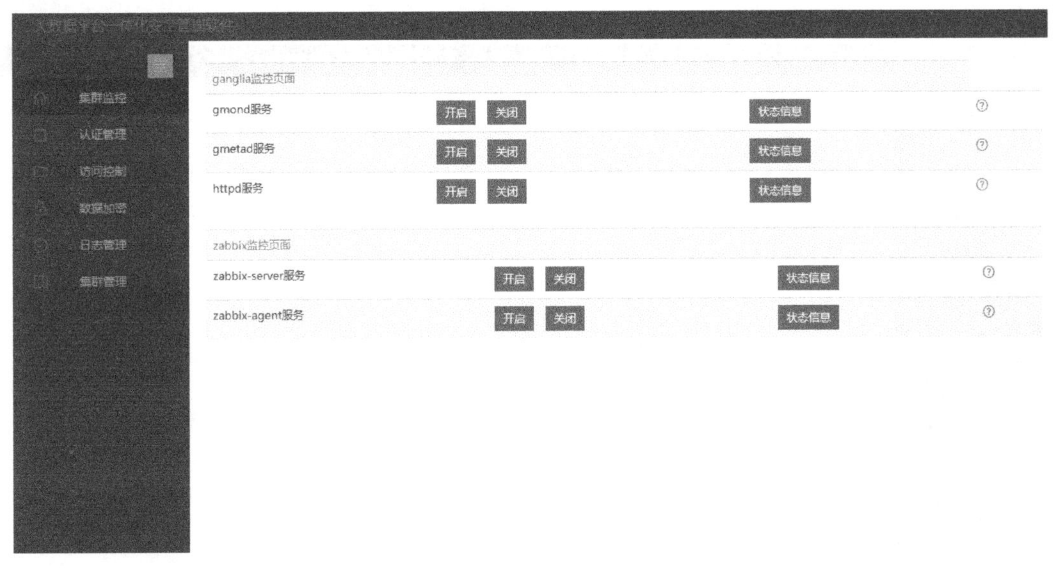

图 10.12　集群管理模块界面

图 10.13　Ganglia 监控界面

4）访问控制模块界面

如图 10.14、图 10.15 所示，访问控制模块的主要功能有用户权限管理、Sentry 配置管理、用户角色属性分配与系统组件权限管理等。

集群监控
认证管理
访问控制
数据加密
日志管理
集群管理
启动sentry组件
启动
sentry页面
启动HUE组件
启动
HUE页面

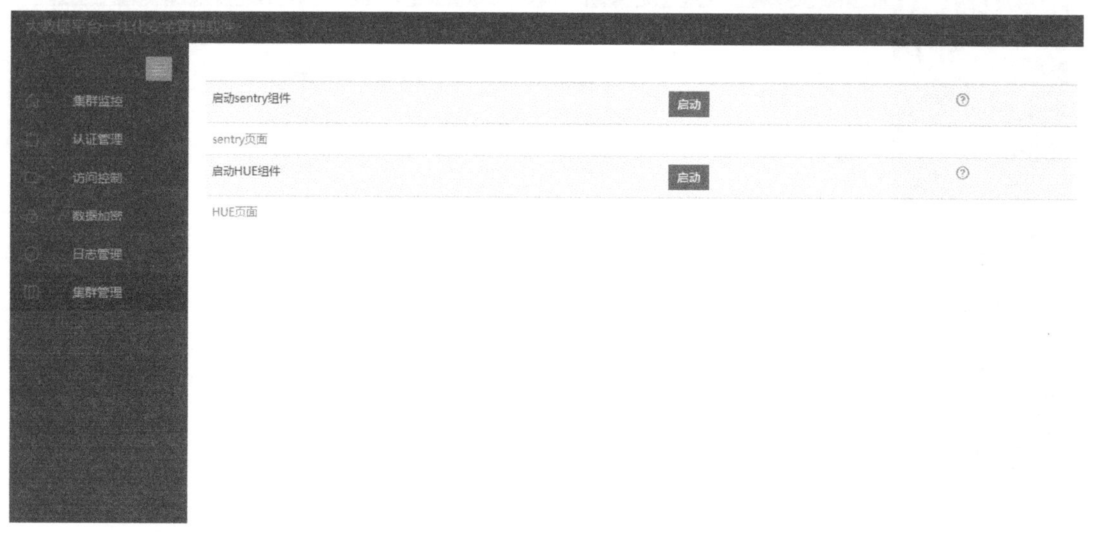

图 10.14　访问控制模块界面

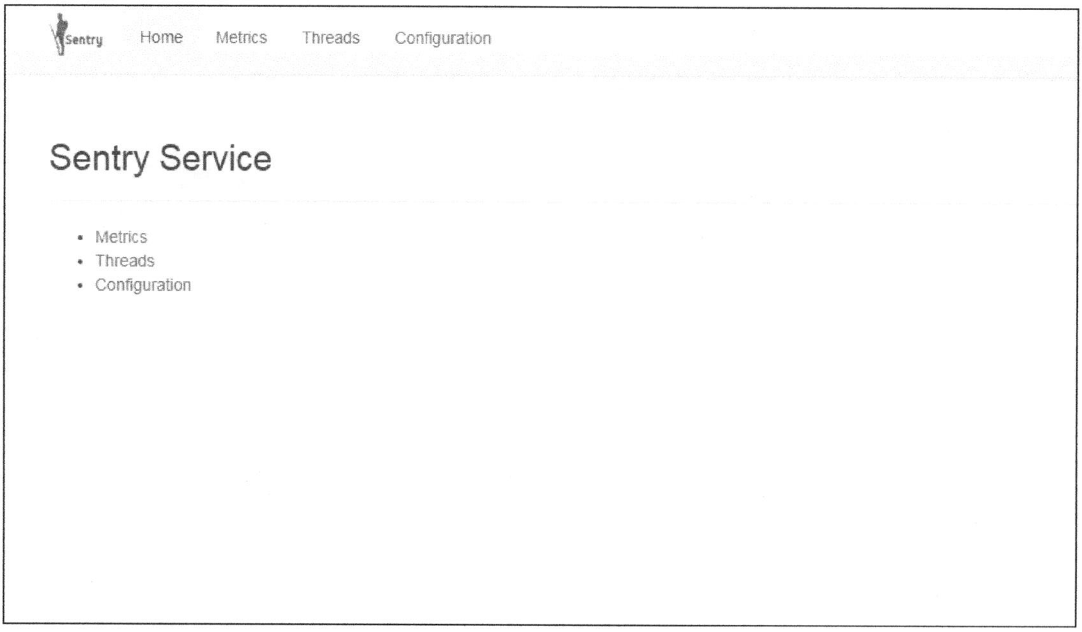

Sentry
Home
Metrics
Threads
Configuration
Sentry Service
Metrics
Threads
Configuration

图 10.15　Sentry 配置管理界面

5）数据加密模块界面

如图 10.16 所示，数据加密模块分为存储数据加密与传输数据加密两个子模块。存储数据加密模块的主要功能有透明加密服务启动与关闭、加密密钥的生成、加密算法选择、KMS 密钥管理服务器的配置与创建透明加密区等。传输数据加密模块的主要功能有数据块传输加密开关、RPC 传输加密开关、加密算法选择、加密密钥比特长度选择等。

图 10.16　数据加密模块界面

6）日志管理模块界面

如图 10.17、图 10.18 所示，日志管理模块的主要功能有日志查看、关键词筛选与错误状态日志信息的提取等。

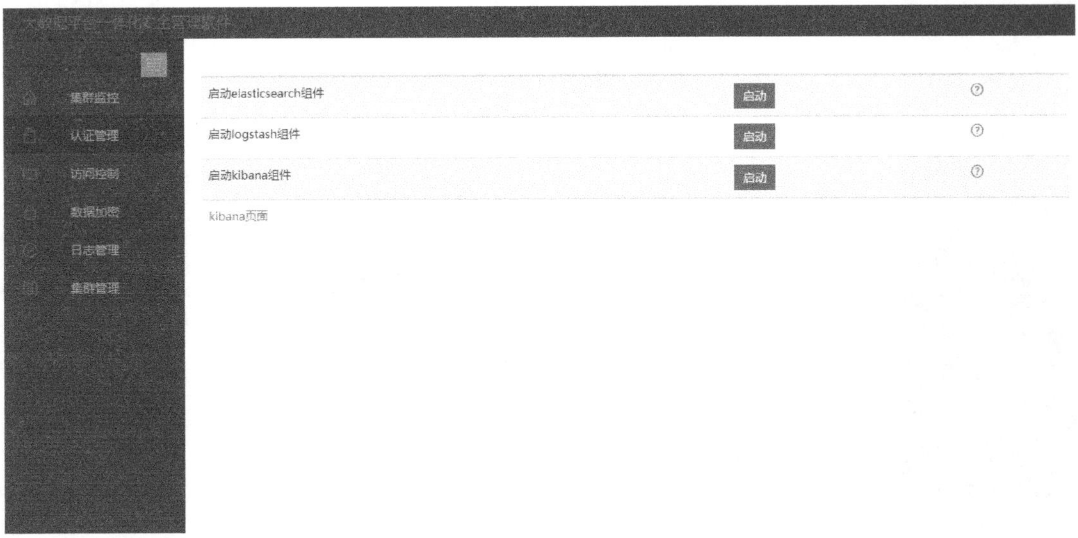

图 10.17　日志管理模块界面

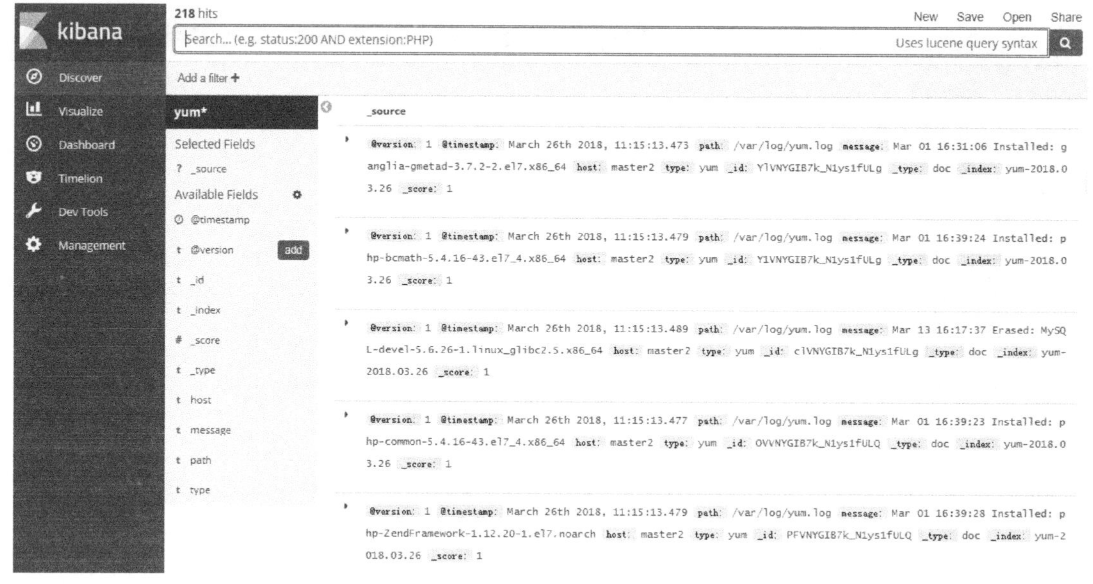

图 10.18　Kibana 日志分析界面

7）集群管理模块界面

如图 10.19 所示，集群管理模块的主要功能有 HDFS 与 Yarn 的启动与停止、查看 HDFS 目录、查看 HDFS 文件、下载 HDFS 文件、上传 HDFS 文件、提交 MapReduce 任务与停止运行中的任务等。

图 10.19　集群管理模块界面

10.7 软件测试

通过搭建具体的大数据平台环境来对大数据系统安全管理软件进行系统测试。系统测试在一个 6 节点的大数据集群上进行，测试集群网络结构如图 10.20 所示。

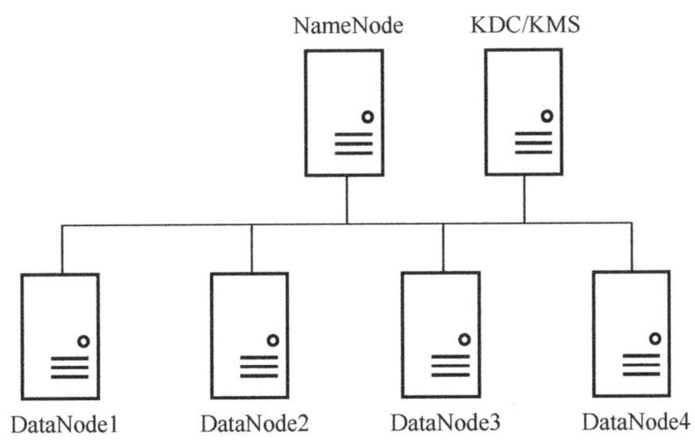

图 10.20 测试集群网络结构

测试节点环境如表 10.2 所示。

表 10.2 测试节点环境

操作系统	Centos 7.2
Hadoop 版本	Hadoop 2.7.5
JDK 版本	jdk 1.8.0

1）访问控制模块

首先创建两个权限不同的角色 admin_role 和 test_role，并为其赋予权限。

如图 10.21 所示，admin_role 能够读/写数据库中所有的表。

```
create role admin_role;
GRANT ALL ON SERVER server1 TO ROLE admin_role;
```

图 10.21 创建测试角色 admin_role

如图 10.22 所示，test_role 只能读取数据库中的某一列。

```
Create role test_role;
GRANT ALL ON DATABASE filtered TO ROLE test_role;
use sensitive;
GRANT SELECT(ip) on TABLE sensitive.events TO ROLE test_role;
```

图 10.22 创建测试角色 test_role

这两个角色既能够实现功能与数据权限的分离，同时还能够体现访问控制的细粒度，因为 admin_role 角色能够访问整个数据表，但是 test_role 角色只能访问数据表中的特定某一列。

将 admin_role 角色授权给 admin 用户。如图 10.23 所示，admin 用户具有管理员权限，可以查看所有角色，可以读/写所有的数据库表。

```
+-----------+--------+------------+---------+-----------------+-----------------+--------
----+---------------+-------------------+----------+--+
| database  | table  | partition  | column  | principal_name  | principal_type  | privilege |
 grant_option |   grant_time    | grantor |
+-----------+--------+------------+---------+-----------------+-----------------+--------
----+---------------+-------------------+----------+--+
| *         |        |            |         | admin_role      | ROLE            | *         | false         | 146150
7543582000 | --      |
+-----------+--------+------------+---------+-----------------+-----------------+--------
----+---------------+-------------------+----------+--+
1 row selected (0.111 seconds)
0: jdbc:hive2://master:10000/> show grant role test_role;
+------------+---------+------------+---------+-----------------+-----------------+------
------+---------------+-------------------+----------+--+
|  database  |  table  | partition  | column  | principal_name  | principal_type  | privilege
| grant_option |   grant_time    | grantor |
+------------+---------+------------+---------+-----------------+-----------------+------
------+---------------+-------------------+----------+--+
| sensitive  | events  |            | ip      | test_role       | ROLE            | select     | false         |
 1461558337008000 | --      |
| filtered   |         |            |         | test_role       | ROLE            | *          | false         | 14615
57354579000 | --      |
+------------+---------+------------+---------+-----------------+-----------------+------
------+---------------+-------------------+----------+--+
```

图 10.23　admin 用户测试结果

将 test_role 角色授权给 user 用户。如图 10.24、图 10.25 所示，user 用户只能访问数据库中给定的某一列。

```
0: jdbc:hive2://master:10000/> select * from sensitive.events;
+---------------+-----------------+----------------+----------------+--+
|   events.ip   | events.country  | events.client  | events.action  |
+---------------+-----------------+----------------+----------------+--+
| 10.1.2.3      | US              | android        | createNote     |
| 10.200.88.99  | FR              | windows        | updateNote     |
| 10.1.2.3      | US              | android        | updateNote     |
| 10.200.88.77  | FR              | ios            | createNote     |
| 10.1.4.5      | US              | windows        | updateTag      |
+---------------+-----------------+----------------+----------------+--+
```

图 10.24　user 用户测试结果 1

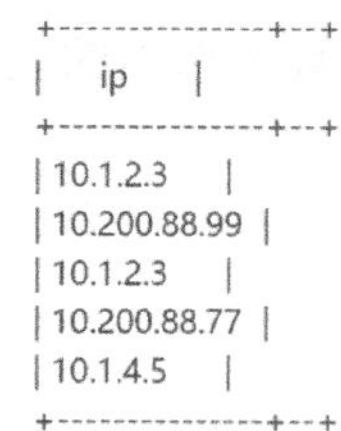

```
+---------------+--+
|      ip       |
+---------------+--+
| 10.1.2.3      |
| 10.200.88.99  |
| 10.1.2.3      |
| 10.200.88.77  |
| 10.1.4.5      |
+---------------+--+
```

图 10.25　user 用户测试结果 2

测试结果显示，大数据系统安全管理软件的访问控制模块可以在 Hive 上实现基于 Sentry 的细粒度访问控制。

2）存储数据加密模块

如图 10.26 所示，首先通过加密密钥在 HDFS 创建出数据加密区。

```
[root@Master ~]# hdfs crypto -createZone -keyName aes128 -path /AES128
17/06/01 22:16:27 WARN util.NativeCodeLoader: Unable to load native-hadoop library for your platform... using builtin-java classes where applicable
Added encryption zone /AES128
[root@Master ~]# hdfs crypto -createZone -keyName aes192 -path /AES192
17/06/01 22:16:49 WARN util.NativeCodeLoader: Unable to load native-hadoop library for your platform... using builtin-java classes where applicable
Added encryption zone /AES192
[root@Master ~]# hdfs crypto -createZone -keyName aes256 -path /AES256
17/06/01 22:17:26 WARN util.NativeCodeLoader: Unable to load native-hadoop library for your platform... using builtin-java classes where applicable
Added encryption zone /AES256
```

图 10.26　创建数据加密区

如图 10.27 所示，上传测试文件到数据加密区，并分别查看未加密的文件与已经加密的文件。

```
[root@Node1 ~]# /home/hadoop/hadoop/bin/hadoop fs -cat /hello
17/06/01 22:28:36 WARN util.NativeCodeLoader: Unable to load native-hadoop library for your platform... using builtin-java classes where applicable
hahahaha it's a test
[root@Node1 ~]# /home/hadoop/hadoop/bin/hadoop fs -cat /zone/test
17/06/01 22:28:51 WARN util.NativeCodeLoader: Unable to load native-hadoop library for your platform... using builtin-java classes where applicable
cat: `/zone/test': No such file or directory
[root@Node1 ~]# /home/hadoop/hadoop/bin/hadoop fs -cat /zone/hello
17/06/01 22:29:03 WARN util.NativeCodeLoader: Unable to load native-hadoop library for your platform... using builtin-java classes where applicable
#·┤—·K<NHK▒GO├E、N%┌▯$cO┤▯QF—PO>K、;—4Z G(24U、'$'6><Q<ava/lang/String;LsealAlgq~xpur[BTxp0ct>6=p[
                                        ≤607
                                          > ≥*](\、( 9┼#
                                                ▯T@'"#├PBEW、├MD5A┼T—、—┌DES├PBEW、├MD5A┼T—、—┌DES┐、┼┐、≤[8—r3、—└.—┤┼.、—≤—├.——┴、、、K
▯Zouq~ I▯ NC▯┌:¤$&▯O.;%├、C—┼├┼├—·L┴▒|.—▒▒└A┌±├L┘▒┴▒/┌▒┼±/S├—、┼±;L—、▒┌A┌±—·|—┤—[B▯T▯|—0
              ▯
                  U%|IT≤=T[8—D>^<π^▯!8▯C). ┤5Q41┌U5+87)+H'±
                                              9D└┌ :▯4┼M,8]S8^—]:0A·*—▯W7Q≤'*▯V1—┐3\1┐4┴52;ZK*A┼Y=N—P|[▯◆═ —┐7»I; ▯I▯、▒0 M、=tPBEW、├MD\
{4}6A.#6▯ +"LZB+[、┼、—≤—├、C—┼├┼├—·L、≤1[—▒▒└A┌±├L┘▒┴▒/┌▒┼±/S├—┼±;L—、▒┌A┌±—·|—┤—[B▯T▯|—0├、、├——WYOS|—┘▒┴▒|.、—≤—├.S、▒┌、O、┘、、├>6=T—[
     4▯ ▯t|▯OEB_RC*1\f/|ST@tPBEWithMD5AndTripleDEStPBEWithMD5AndTripleDES  kenskey@0[sr3com.sun.crypto.provider.SealedObjectForKeyProtector▯xrjavax.cr▯
uq~═@W0j_▯▯?p▯(@ encryptedContentq~L     paramsAlgtLjava/lang/String;LsealAlgq~xpur[BTxp0
              ▯me+▯5l[B 2#svBd▯PBEWithMD5AndTripleDEStPBEWithMD5AndTripleDESmykey[sr3com.sun.crypto.provider.SealedObjectForKeyProtector▯xrjavax.crypto.8
}Muq~▯ySaH< fL,=+l^▯e\▯▯edContentq~L     paramsAlgtLjava/lang/String;LsealAlgq~xpur[BTxp0
H~k/
    SVi4\-P4phe_ikooo-bX}/é▯ Cy▯▯.j=?StQPY'—▯—≥├PBEW、├MD5A┼T—、—┌DES├PBEW、├MD5A┼T—、—┌DES┐、≤1@0[—▯—3、—└.—┤┼.、—≤—├.——┴、、、—.S、▒┌、O、┘、、├F—K、≤P—├、├▯
uq~FV!rQYoXc?^▯ ;   -،H,+;b<{qv±9~:s _%#K ▒▒└A┌±├L┘▒┴▒/┌▒┼±/S├—┼±;L—、▒┌A┌±—·|—┤—[B▯T▯|—0
                          hEPBEWithMD5AndTripleDEStPBEWithMD5AndTripleDES2ACSroot@Node1 ~]# █
```

图 10.27　未加密文件和已加密文件对比

从持有加密密钥的客户端和未持有加密密钥的客户端分别对加密区内的文件发出访问请求。结果如图 10.28、图 10.29 所示，持有加密密钥的客户端可以正常访问加密区内的文件，而未持有加密密钥的客户端的访问请求被拒绝。

```
[root@Master ~]# /home/hadoop/hadoop/bin/hadoop fs -cat /encryptzone/test
17/06/01 22:24:14 WARN util.NativeCodeLoader: Unable to load native-hadoop library for your platform... using builtin-java classes where applicable
ken is a good man
ken have to study hard
[root@Master ~]# █
```

图 10.28　持有加密密钥的客户端访问文件

```
[root@Node1 ~]# /home/hadoop/hadoop/bin/hadoop fs -cat /encryptzone/test
17/06/01 22:25:16 WARN util.NativeCodeLoader: Unable to load native-hadoop library for your platform... using builtin-java classes where applicable
cat: No KeyProvider is configured, cannot access an encrypted file
[root@Node1 ~]# █
```

图 10.29　未持有加密密钥的客户端访问文件

测试结果显示，大数据静态数据加密模块实现了加密存储数据的功能，可以保证大数据平台存储数据的机密性。

3）集群监控模块

如图 10.30 所示，大数据系统安全管理软件的集群监控模块可以实时监控大数据集群 CPU、磁盘使用状况、网络流量等性能与状态信息，可以满足大数据平台对集群监控的需求，保证大数据平台运行的稳定性。

4）日志审计模块

如图 10.31 所示，大数据平台日志审计模块可以对大数据平台中的日志文件进行收集、过滤、分析与展示，可以满足大数据平台对日志审计的需求。

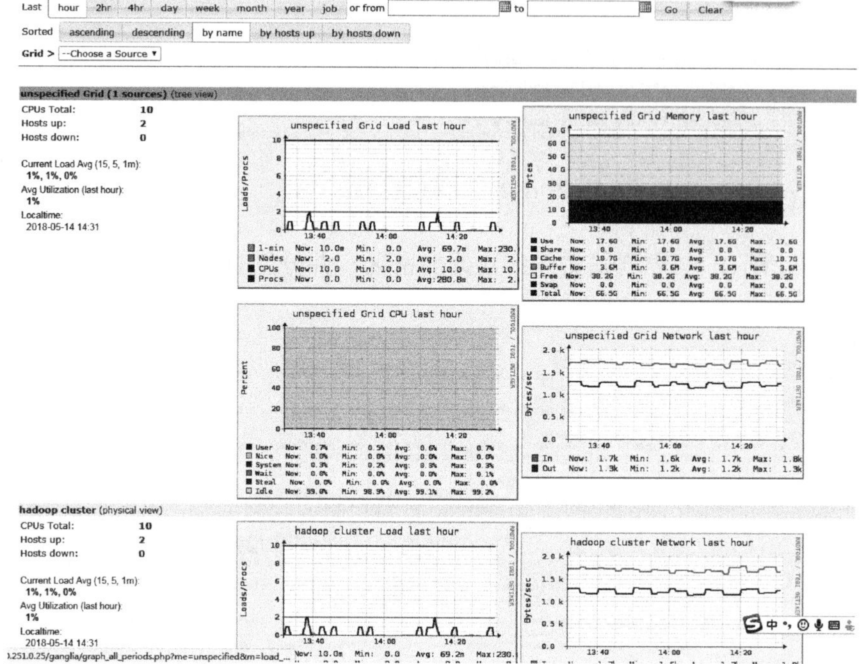

图 10.30　集群监控功能测试

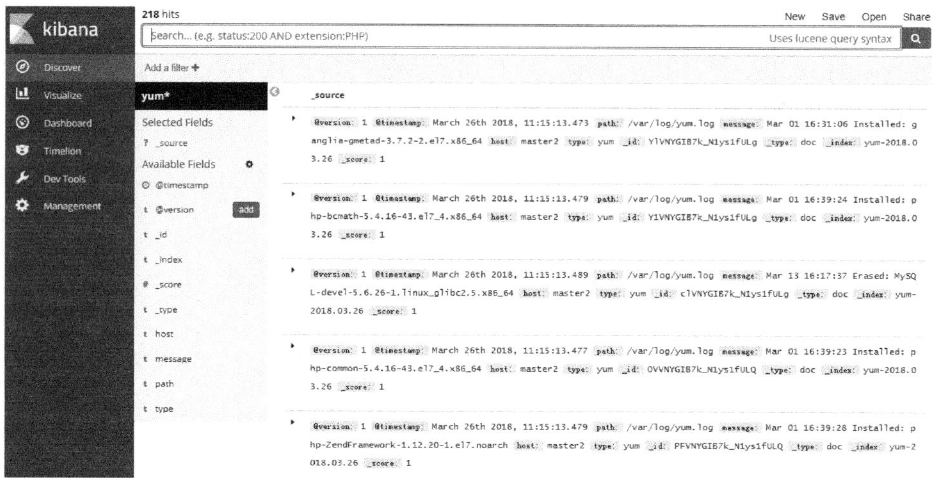

图 10.31　日志审计功能测试

第11章 Chapter 11 大数据系统属性基加密关键技术

11.1 概述

由于大数据在计算强度和存储方式等方面有较高的要求，已成熟的数据加密技术和数据处理方式大多不适用于大数据平台，因此，面向大数据的加密方法研究十分迫切。

最初的设计方案思路源于透明加密的概念。所谓透明加密，是指对于用户群体来说无法感知到加密过程存在的一种加密思想，它与传统加密最大的不同在于整个加密过程是全自动的。当用户写入数据时，算法自动对数据进行加密，并将加密后的数据存储在硬件或云平台中；当用户读取数据时，如果满足访问要求，算法在读取存储密文时自动执行解密操作，因此整个加密过程在客户端是体会不到的，即“透明层”。由于加/解密是实时操作的，所以一旦离开客户端环境，存储在硬件上的数据就是绝对安全的。基于 HDFS 的工作原理，首先考虑上述加密思想，即在客户端和名字节点之间依旧保持原有的通信规则，在用户和诸多数据节点之间构造透明加密层。

属性基加密（Attribute-Based Encryption，ABE）机制是基于身份基加密（Identity-Based Encryption，IBE）的改良机制，IBE 通过直接使用用户的身份作为公钥，使得资源提供方无须在线查询用户的公钥证书。属性基加密面向的对象是一个群体，而不是单个用户，从而引入了属性的概念，通过对群体的属性划分来描述用户。最初提出的基本 ABE 机制仅能支持门限访问控制策略，为了表示更灵活的访问控制策略，学者们进一步提出密钥-策略 ABE（KP-ABE）和密文-策略 ABE（CP-ABE）两类 ABE 机制。目前，已经提出了一系列属性基访问控制方案[35-40]。结合大数据平台静态数据加密的安全需求，需要设计大数据平台属性基加密方案，开发相应的大数据平台安全模块。

由于名字节点反馈给用户的是需要读或者写数据在各个数据节点的地址，所以可以在这一过程中插入基于属性的透明加密层，当属性满足访问结构时，在写操作之前执行加密算法，将加密后的数据存入对应数据节点；在执行读操作前对访问节点的数据执行解密算法，使得输出结果为明文。在属性不满足访问结构时，系统直接报告无访问权限。通过可行性分析，加密方案在执行上将有如下问题有待解决：

（1）由于用户和名字节点及数据节点之间的通信涉及 Hadoop 源码，如需修改需要大量的文献背景学习，实现时间成本极大。

（2）数据在数据节点中的存储并非完整，而是通过 MapReduce 程序按照执行规则进行分块处理分别存储在诸多数据节点中，因此实现数据分段加密并整合需要结合 MapReduce 重新设计加密思路。

（3）透明加密层需要管理和存储密钥及访问结构，同时读入 Client 的属性集合。如果实现透明加密，那么首先需要处理密钥管理和存储的问题，如果存储在数据节点中，必须通过名字节点进行管理，导致加密层的接口设置也是一个处理难题。

11.2 预备知识

11.2.1 群知识

1）群的定义

设 G 是一个集合，且不是空集，“·”是 G 上的一个抽象的运算符，而且这一运算过程满足 $g_1,g_2 \in G$， $g_1 \cdot g_2 \in G$。如果该非空集合满足以下四个性质，则将 $<G, \cdot>$ 定义为群（group）。

结合律：对群内任意元素 $g_1,g_2,g_3 \in G$，有 $(g_1 \cdot g_2) \cdot g_3 = g_1 \cdot (g_2 \cdot g_3)$。

封闭性：从集合中任取两个元素 $g_1,g_2 \in G$，必有 $g_1 \cdot g_2 \in G$。

存在单位元（unit element）：在集合 G 内必定存在一元素 e，任取一元素 $g \in G$，满足运算 $g \cdot e = e \cdot g = g$。

存在逆（inverse）：对于有元素的集合内任意元素 a，必然存在一对应元素 b，使得 $a \cdot b = b \cdot a = e$，$a$ 和 b 互为逆，记作 $a^{-1} = b$， $b^{-1} = a$。

2）群的概念

交换群：对于一个群 G，其单位元是唯一的，且任意元素的逆元同样是唯一的。

特别地，当群额外满足 $a \cdot b = b \cdot a$ 时，把该群称为交换群，又称作阿贝尔群。

有限群、无限群：在群 G 中集合的大小称为阶（order），记为 $|G|$。有限群表示 $|G|$ 有限的情况。若 $|G| \to \infty$，则 G 为无限群（infinite group）。

循环群：在一个有限群中，有一元素 a，当群内所有元素都可以通过 a 的乘方来生成，即 $G = \{a^m \mid m \in Z\}$ 时，a 被称为该群的生成元，记作 $G=(a)$。特别地，当群的阶数为质数时，则该群中任意元素都可以充当 a 这个角色。

11.2.2 双线性配对

在密码学中，双线性配对具有极其广泛的应用价值。它使得决策 Diffie-Hellman 问题（Decision Diffie-Hellman Problem，DDH）在特定情况下变得不再是困难问题。虽然双线性群是为了破解加密方案而提出的，但是随着研究的深入，从基于身份的加密（IBE）概念提出开始，双线性群开始被广泛应用于加密方案的实现。在所涉及的属性基加密方案中，双线性配对是主要的数学工具之一。

双线性配对的定义为：在三个阶为大质数 p 的群 G_1,G_2,G_T 中，g_1,g_2 分别为 G_1,G_2 的元素，在这三个群之间定义一种运算关系 e，使得当满足如下条件时，称该运算为双线性配对运算。

双线性：$\forall g_1 \in G_1, g_2 \in G_2$，$a,b \in Z_p$，有 $e(g_1^a, g_2^b) = e(g_1, g_2)^{ab}$ 恒成立。

非退化性：$\forall g_1 \in G_1, g_2 \in G_2$ 满足 $e(g_1, g_2) \neq 1$ 恒成立。

可计算性：对于 G_1,G_2 中的随意元素 g_1,g_2，必定存在一个算法计算出 $e(g_1,g_2)$。

在以上所有性质满足的基础上，如果 $G_1 = G_2$，则将这样的运算命名为对称双线性配对，否则称为不对称双线性配对。

11.2.3 拉格朗日插值定理

拉格朗日插值定理在基于属性的加密中的访问控制部分起到了核心作用，利用其通过有限数量的点可以恢复多项解析式的性质，可以应用于树形访问结构从子节点到父节点信息的恢复当中。其数学公式表达如下。

现给一个任意多项式 $f(x)$ 和一个质数 q，$f(x)$ 的次数为 n，在确定多项式 $f(x)$ 上 $n+1$ 个不同的点的坐标 $(x_i, f(x_i))$ 的情况下，可以利用下述公式恢复 $f(x)$，多项式被确定为

$$f(x) = \sum_{i-1}^{n} \left(f(x_i) \prod_{\substack{1 \leqslant m \leqslant n \\ m \neq i}} \frac{x - x_m}{x_i - x_m} \right)$$

其中定义拉格朗日系数为

$$\Delta_{i,S}(x) = \prod_{j \in S, j \neq i} \frac{x - j}{i - j}, i \in Z_p, S \subset Z_p$$

11.2.4 访问结构

访问结构在加密方案中也十分重要，将用于验证用户的属性集合是否满足规定的解密需求，特别地，访问结构也可被用于还原得到明文。其数学定义如下。

$\{P_1, P_2, \cdots, P_n\}$ 是一个集合，任取 B,C，当满足 $B \in A$ 且 $B \subseteq C$ 时，如果满足 $C \in A$，那么称 A 是单调的，$A \subseteq 2^{\{P_1, P_2, \cdots, P_n\}}$。考虑这样一种情况，$P$ 为 $\{P_1, P_2, \cdots, P_n\}$ 的一个子集（$P \neq \phi$）。

当 P 满足上述性质时，称它是单调的，记作 $A \subseteq 2^{\{P_1, P_2, \cdots, P_n\}} \setminus \{\phi\}$。$A$ 中的元素构成的集合叫授权集合。

在访问结构定义的基础上，我们进一步论述门限访问结构和树形访问结构的概念。

1）门限访问结构

门限访问结构规定了一个逻辑运算规则，其中定义了一个门限值 d 和一个计数参数 num（num 的最大值为输入参数的数量）。规定每个输入参数都是二进制数 0 或 1，num 为输入为 1 参数的数量。门限值用来控制输出的结果，当 num 的值大于等于门限值时，门限值的输出为 1，否则输出为零。特别地，当门限值 $d=1$ 时，该门限对外表现为或门；当门限值 $d=\text{num}$ 时，门限对外表现为与门。

门限访问结构是最基本的访问结构，在最初提出 ABE 概念时就使用这个访问结构进行加密。

2）树形访问结构

树形访问结构的形状如其名字一样，是一个由门限访问结构扩展而成的访问树，如图 11.1 所示，其定义如下。

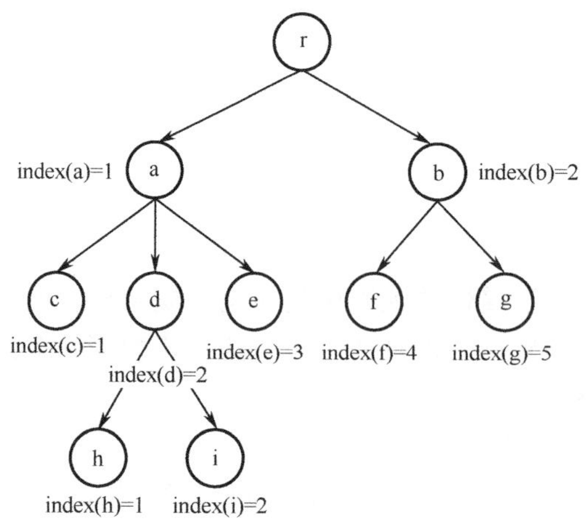

图 11.1　树形访问结构

定义 Γ 为一个树形访问结构，树的最下面一层节点称为叶子节点，最高层的节点称为根节点，与每个节点关联的上层节点称为该节点的父亲节点。令 d_x 为分支节点 x 的阈值，其下属节点的个数是 num_x。

对于所有的叶子节点，额外定义三个函数 $\text{att}(x)$、$\text{parent}(x)$ 和 $\text{index}(x)$，分别表示叶子节点的属性、分支节点的从属节点和所有节点的标号。当满足下述情况时，称之为满足访问树。

在一个根节点是 r 的访问树 Γ 中，Γ_x 表示在 Γ 中一个以根节点为 x 的子树。当 x 是叶子节点时，若属性 $\text{att}(x)$ 满足树形结构，则该节点返回值为 1；当 x 是非叶子节点时，若其所有的孩子节点返回值为 1 的数量大于该点的门限值 d_x，则该点返回值为 1，否则返回值为 0。按照如上规则，可以将树形访问结构理解为一个多层构成的门限访问结构。

11.3 属性基加密方案

11.3.1 传统的属性基加密方案

作为针对属性加密概念所提出的第一个加密方案，模糊身份基加密方案首次将授权对象由身份抽象化为属性特征。在所有属性基加密机制中，方案将被分为以下四个子模块，分别执行初始参数生成、密钥生成、利用属性加密和解密的功能。下面将详细讲述每个模块的参数。

1）初始化（Setup）

初始化模块的作用是生成算法中需要的基本参数。在初始化阶段，首先需要声明一个阶为质数 p 的群 G_1，G_1 的产生元为 g，同时构造双线性映射 e：$G_1 \times G_1 \to G_2$。初始化还需用到拉格朗日系数 $\Delta_{i,S}(x)=\prod_{j\in S,j\neq i}\frac{x-j}{i-j}, i\in Z_p, S\subset Z_p$，这里 S 是 Z_p 上的一个子集，该系数将在解密模块中用到，以解决满足门限时恢复明文的问题。属性对应的集合用 U 表示。有了参数之后，初始化模块首先设定了门限值 d，并随机从 Z_p 中选择 $y,t_1,\cdots,t_{|U|}\in Z_p$，通过计算得到系统的公钥和系统的主私钥（该密钥将用于生成私钥）。

PK：$T_1=g^{t_1},\cdots,T_{|U|}=g^{t_{|U|}},Y=e(g,g)^y$；

MSK：y，$t_1,\cdots,t_{|U|}$。

2）密钥生成（KeyGen）

密钥生成模块执行的相当于是权威机构的工作，它利用拉格朗日插值定理的数学原理，采用主私钥 MSK 和针对用户的属性集 $\omega\subset U$ 生成对应的私钥。具体来说，该过程将随机生成一个次数为 d-1 的多项式 $q(x)$，且满足 $q(0)=y$。

SK：$\{D_i=g^{q(i)/t_i}\}_{\forall i\in\omega}$。

3）加密（Encryption）

加密模块的执行者是信息提供者，由信息提供方输入明文信息 $m\in G_2$，以及规定一个新的属性集合 ω'。随机选择一个 s（$s\in Z_p$），利用公钥加密明文。

E：（$\omega', E'=mY^s, \{E_i=T_i^s\}_{i\in\omega'}$）。

4）解密（Decryption）

该模块由信息接收者执行。信息接收者需要将自己的属性集合和用来给消息加密时所规定的特有属性集 ω' 进行比对，获得两者共有特性的数量值，与规定的访问控制门限的阈值 d 进行比较，如果大于 d，则该用户满足解密要求。在这种情况下，我们应用了由 Shamir 提出的一种秘密共享方案，其主要原理是利用拉格朗日差值定理实现，简要概述如下：秘密提供者将首先提供 t-1 个独立的系数 a 和秘密信息 s，利用上述参数构造一个多项式 $f(x)$，规定 $f(0)=s$。然后任意选择多项式上的 n 个点分发给参与者，当凑齐 t 个及以上 $f(x)$ 上的点时，则可以利用插值定理恢复多项式，进而代入 x=0 即可得到信息 s。

利用上述秘密共享方案的思路，可以利用多项式上的有限个点还原出 q，进而将 x=0

代入 $q(x)$ 求得 s。用数学表达为：当 $|\omega \cap \omega'| \geqslant d$ 时，任意选择 d 个属性 i，计算出 $e(D_i, E_i)^{q(i)s}$，并利用公式 $q(x)=\sum_{i-1}^{n}\left(q(x_i)\prod_{\substack{1\leqslant m\leqslant n\\ m\neq i}}\frac{x-x_m}{x_i-x_m}\right)$ 求出 $Y^s=\prod_{i\in s}(e(g,g)^{q(i)s})^{\Delta_{i,s}(0)}$，最终解密之后的明文 $m=E'/Y^s$。

11.3.2 改进的属性基加密方案

基本的 ABE 方案对访问控制的可变性具有局限性，仅仅可以利用门限共享来限制解密操作。

为了提出更加具有应用性的属性加密方案，Goyal 得出了一种新的属性加密方法，这种方法在解密时应用访问控制结构[41]。Bethencourt 等人也提出了与之对应的将访问控制放在加密方的密文策略属性基加密机制[42]。通过文字和公式，我们将直观地描述两种加密方案的区别和特点。

所谓的密钥策略，是指用来加密的密钥与访问结构结合，而解密的密钥则对应于一个属性集合。用户解密密文只有在自身的访问结构符合属性集要求的情况下才能实现。在 KP-ABE 方案中，引入了树形访问控制，这一操作使得访问结构的功能性得到了扩展。KP-ABE 的加密方案同样被划分为四个模块，首先系统初始化，然后利用访问结构产生密钥，接着对明文进行加密，最后进行解密。四个模块的实现过程分别如下。

1）初始化

G_1 是一个阶是质数 p 的双线性群，G_1 产生元为 g，定义双线性映射 e：$G_1\times G_1\rightarrow G_2$。定义拉格朗日系数 $\Delta_{i,S}(x)=\prod_{j\in S, j\neq i}\frac{x-j}{i-j}, i\in Z_p$，$S$ 是 Z_p 的子集，初始化唯一的输入参数为 k，它决定了群的大小。随机选择 $y\in Z_p$，计算出 $g_1=g^y$，再任取 $g_2\in G_1$，$t_1,t_2,\cdots,t_{n+1}\in G_1$。定义一个函数 $T(X)$，$T(X)=g_2^{X^n}\prod_{i=1}^{n+1}t_i^{\Delta_{i,N}(X)}={g_2}^{X^n}g^{h(X)}$，得到系统的公钥 PK：$g_1,g_2,t_1,t_2,\cdots,t_{n+1}$ 和主私钥 MSK：y。

2）加密

KP-ABE 方案利用属性进行加密，利用访问结构进行解密，所以在加密模块的输入需要属性集合和密文。数学表达式如下。

$$E=(\gamma, E'=me(g,g)^s，E'=g^s, \{E_i=T(i)^s\}_{i\in\gamma})$$

这里与 ABE 相似，$s\in Z_p$，γ 为属性集合。

3）密钥生成

该模块是 KP-ABE 算法主要进行改进的部分，因为私钥生成中心需要构造一个访问树来产生私钥，构造方式如下。首先，选取每个访问树节点中的非叶子节点 x，为每个节点随机赋予一个多项式 q_x，每个 q_x 的次数为对应门限值-1，该操作的目的是便于在接下来利用拉格朗日插值定理进行访问树的构造。对于根节点 r，本文需赋值 $q_r(0)=y$，其他点的值可以随机赋予；同理，其他的每个非叶子节点利用同样的赋值规则，只不过我们令

$q_x(0)=q_{\text{parent}(x)}(\text{index}(x))$，这样层层传递，每个节点的多项式可以恢复出其父亲节点对应多项式的某一点值，由此将信息赋予到访问树之中。

最后的输出为根据输入用户访问结构产生的私钥，形式为：$D=(T,\{D_x,R_x\}_{x\in T})$，其中 $R_x=g^{\gamma_x}$，$D_x=g_2{}^{q_x(0)}T(i)^{\gamma_x}$，$i=\text{att}(x)$。

4）解密

解密的主要操作是验证访问结构是否符合属性集合，将密文 E 和密钥 D 作为输入，经过下述算法的计算，得到明文 M。为了测试属性集合和访问树的关系，我们首先需要定义一个解密函数 Decrypt(E, D, x)，x 为中间参数，表示正在参与计算的节点，由于叶子节点和非叶子节点的算法不同，这里需要进行分类讨论。当 x 是叶子节点时，Decrypt(E, D, x)= $\dfrac{e(D_x,E'')}{E(R_x,E_i)}=e(g,g)^{sq_x(0)}$。当属性基中的属性 i 是叶子节点对应的属性时，上述计算结果是群元素，反之则格式不正确，可以通过报错来反馈无法解密。当 x 为非叶子节点时，本文关注的是其孩子节点 S_x，同理如上，当孩子节点满足条件点的数量超过门限值时，可以利用公式返回该节点的多项式，公式如下：

$$F_z=\prod_{z\in S_z}F_z^{\Delta_{i,S'_x(0)}}=\prod_{z\in S_x}\left(e(g,g_2)^{sq_z(0)}\right)^{\Delta_{i,S'_x(0)}}=e(g,g_2)^{sq_x(0)}$$

其中，$i=\text{index}(z)$，$S'_x=\{\text{index}(z):z\in S_x\}$。至此，已对解密算法的 Decrypt 函数进行了完整描述，当且仅当定义的访问结构能够与属性集合相匹配时，即可以用该函数计算出 $e(g_1,g_2)^s$，再结合 E'得到明文 M：

$$e(C_i,D_i)=e(g,g)^{r_i\cdot s}\,(W_i\in I)$$

$$e(C_i,F_i)=e(g,g)^{r_i\cdot s}\,(W_i\notin I)$$

$$\text{DEK}=\tilde{C}\,/\left(e(\hat{C},\hat{D})\prod\nolimits_{i=1}^{n}e(g,g)^{r_i\cdot s}\right)$$

在 KP-ABE 的基础上，研究者们提出了基于密文的属性基加密方案。在最初版本的 CP-ABE 加密方案中，加密方决定访问策略，解密方利用包含属性的私钥来解密。对比密文策略可以发现，CP-ABE 的公钥和主私钥长度与属性集不再相关，而密钥生成模块中由于直接输入的是一个用户个体的属性集，所以每个用户直接得到的是密钥。这一点有效地防止了串谋攻击的可能性。在本方案的访问树构造方法中，访问树共享的消息是 s，即 $p_r(0)=s$，其余部分与 KP-ABE 方案中密钥产生部分基本相同。

可以看到，衍生的两种加密方案都在传统 ABE 的基础上引入了属性访问结构来实现更加复杂的访问控制。

11.4 属性基加密方案的实现

11.4.1 属性基加密算法

针对大数据平台加密的需求，综合考量了算法的复杂程度和实现难度，采用了一种可实现的加密方案。该方案基于树形访问结构的 CP-ABE 方案进行了平台适应性移植，结合大数据平台的应用场景，将加密模块移植至 Hadoop 平台。该模块置于 HDFS 系统之外，通过调用 Hadoop 自身提供的 HttpFS 接口将加密的数据传至 HDFS，使得本模块可以利用浏览器进行数据的写入和读取，来满足基于大数据平台的加密和存储需求。与传统的属性基加密方案类似，该模块主要功能的实现依靠前文所有属性加密方案均具有的四个主要的子模块。从宏观视角来看，模块需要一个设计好的访问结构、需要加密的数据和用户的属性集作为输入，经过加密的数据在序列化之后可以调用接口上传至大数据平台，如果用户的属性集满足访问结构，则密钥生成子模块产生的特定私钥则可以解密密文，否则模块自动检测出密钥的格式不正确，系统报错，解密失败。

11.4.2 属性基加密模块

属性基加密模块框架如图 11.2 所示。其中，Ac-cp 表示访问控制策略结构，该结构在发送时同密文一起发送，用户的密钥由密钥管理机构分发，密钥的生成与用户的属性集合 Au 相关，因此只有 Au 满足 Ac-cp 的用户才能解密消息。

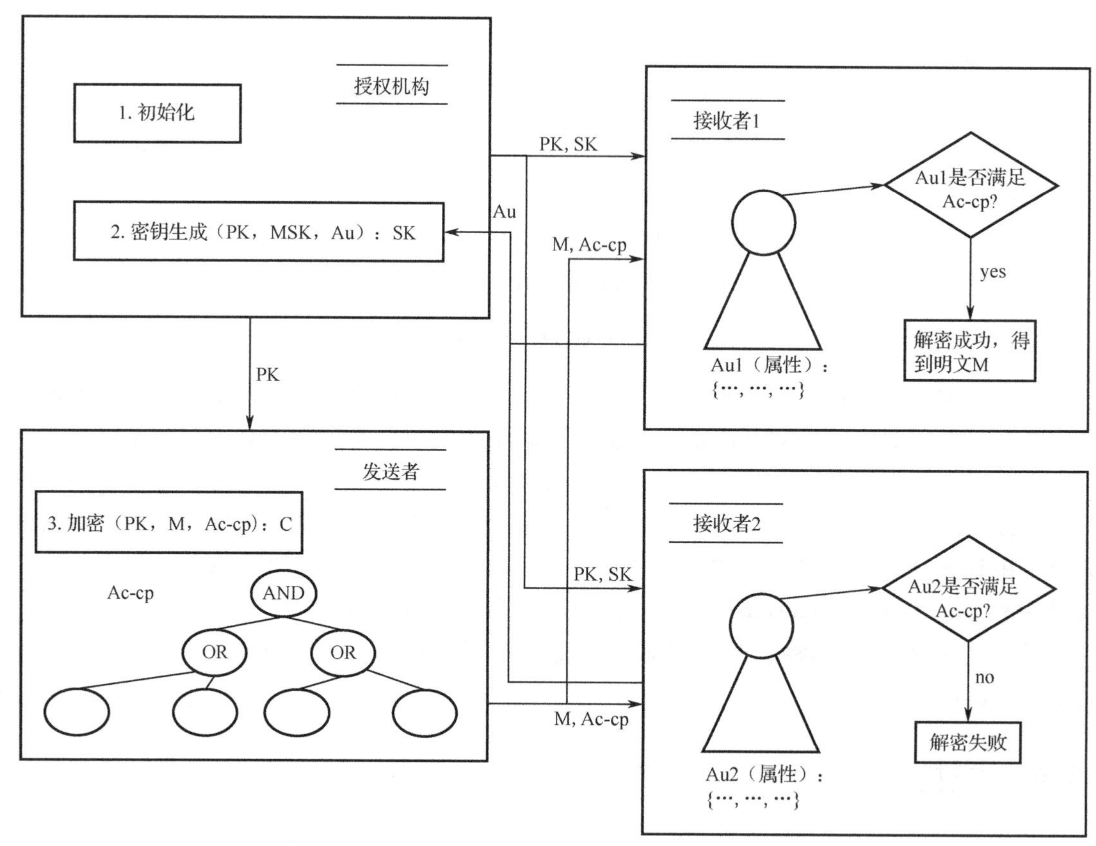

图 11.2　属性基加密模块框架

具体的模块结构如下：

1）*初始化*

初始化部分没有输入参数，它利用 JPBC 库中的方法将生成一个双线性群（群的阶为

大质数 p），构造出一个双线性映射 $e:G_0\times G_0\to G_1$。同样，继续定义一个属性集合 S，定义 $\Delta_{i,S}(x)=\prod_{j\in S,j\neq i}\frac{x-j}{i-j},i\in Z_p$，进而可以自动生成加密方案的公钥 PK，以及和 PK 相关的主密钥 MSK。

PK：G_0，g，h，$e(g,g)^{\alpha}$，其中 $h=g^{\beta}$；

MSK：β,g^{α}。

通过调用序列化的方法，可以将 PK 和 MSK 存储在指定文件夹内，方便调用和管理。

通过理论分析，可见基于双线性群的运算是十分复杂的，直接通过代码实现难度极大。现有的密码学经典库 JPBC[43]函数库提供了解决方案。JPBC 全称是 Java Pairing-Based Cryptography，是 Java 环境下的基于配对的加密库。该库可以完整实现双线性配对的数学运算，是本方案实现的核心封装库，也是属性基加密必备的函数库。

2）密钥生成

密钥生成部分从初始化的输出参数或指定文件夹中读入 PK 和 MSK，同时从外界读取用户的属性集合参数。它的输出值为基于该属性集所产生的特定密钥，由于密钥是与属性集相关联的，因此无法从中解构出单一属性和密钥的关系。对于下述表达式的参数进行如下说明：S 为用户属性集合，$r\in Z_p$，$j\in S$；$H(x)$ 是哈希函数，具体内容不再赘述，其主要用处是构造一个由属性到群的映射，以便进行数学计算。

SK：$(D=g^{(\alpha+r)/\beta},\forall j\in S:D_j=g^{r}\cdot H(j)^{r_j},D_j=g^{r_j})$。

通过方案设计的介绍，可以发现：在每个子模块生成自己的输出部分时，输出的参数往往可以理解为一个对象，以 PK 为例，PK：G_0，g，h，$e(g,g)^{\alpha}$，PK 并非是一个数据的形式，而是一个数据集合。因此如何存储这些参数是一个开发过程遇到的问题。作为可行的解决方案，利用 Serializable 接口，Java 中可以完成序列化的操作。序列化简单来说就是通过某种形式的变换，将对象转化为一个序列，以便于对其进行保存。同样，这一过程必然是可逆的，所以同样需要反序列化的操作，将字节序列转回对象。

作为大数据平台加密方案，如何将加密好的数据上传至平台是本方案的重要部分之一。考虑到透明加密层的实现难度较大，Hadoop 自带的 HttpFS API 的库函数可以很好地解决数据传输问题。HttpFS 是提供支持所有 HDFS 的文件系统的 REST HTTP 网关的服务器，而且该接口还可以和 WebHDFS 接口进行交互操作。通过 HttpFS，我们可以直接利用浏览器来访问 HDFS 上面的数据内容，它独立于名字节点的执行流程，是一个十分便捷的访问方式。换句话说，HttpFS 其实起到代理的作用，它被安装在 HDFS 网络内，用户不需要访问所有的 HDFS 主机即可完成特定的数据读写操作。该接口默认情况下不启用，可以通过脚本来启用本接口。

3）加密

该模块需要用到访问树结构，这也是加密算法中的核心部分，在算法理论中提到了访问结构是用于加密部分的，但是从数学表达式来看，真正参与加密的是访问树的根节点所分享的随机数 s。该算法从指定文件夹或直接从初始化模块读取 PK，直接从外界读入需要加密的数据 M，生成密文，按照指定路径将数据通过 Hadoop 内置的 API 完成数据上传。由于上传的内容是经过加密的，即使被窃取，在没有密钥的情况下也无法获取信息，因此完全满足大数据平台加密的安全需求。根据树形访问结构的理论知识，直接引用前文定义的函数，密文数学表达式如下：

$$\mathrm{CT}=(\Gamma,\tilde{C}=Me(g,g)^{\alpha s},C=h^{s},\forall y\in Y:C_{y}=g^{q_{y}(0)},C'_{y}=H(att(y))^{q_{y}(0)})$$

目前来说，本加密模块支持的数据加密输入数据格式为 Big Integer。在设计初期，拟设计可以支持字符串输入。JPBC 库可以实现基于 Big Integer 格式的数据生成对应群元素，并可以逆向操作返回该值。问题出在群元素对象的形式上，双线性配对基于椭圆曲线构造，所以生成的群元素默认为一个坐标的形式，我们需要横坐标的 x 值。由于 Big Integer 形式的数据存在可逆的转换方法，即 JPBC 库中调用 pairing 的 newElement()方法，可以直接从群元素映射回数据。经过试验发现，尽管 JPBC 库提供了将信息映射到群元素和将群元素映射到消息的方法，但它们不是一一对应的，两个方法不能恢复出结果。因此，该模块目前只能实现长整型数据的加密和解密。

4）解密

解密部分将公钥、私钥及密文作为输入，输出结果依 SK 和 PK 的匹配关系定论，如果相匹配则输出解密数据，否则系统报错。解密部分是实现难度最大的部分，因为解密需要利用属性基来与访问结构进行匹配，而遍历树形结构的每个节点则需要针对叶子节点和非叶子节点分类讨论。具体实现步骤在上述 KP-ABE 方案中有所涉及，值得注意的是，由于访问树层数未知，所以需要实现一个递归算法，逐层恢复得到 s。

当满足访问结构时，输出的结果必然为 $A=e(g,g)^{rs}$，将 A 代入前文的参数 $\tilde{C},C,D$，可以计算出 $M=\dfrac{\tilde{C}}{\dfrac{e(C,D)}{A}}$。

11.5 基于属性的大数据认证加密一体化方案

基于属性的加密方案能够实现灵活的访问控制。对称加密相较于公钥加密具有效率优势。为了实现大数据平台存储的隐私数据的安全防护，我们将基于属性的加密方案与对称加密相结合，集成医疗健康大数据安全管理系统的认证模块，设计基于属性的大数据认证加密一体化方案[44]。使用对称加密方式加密用户数据，提高文件加密、解密效率。用属性基加密方法加密对称密钥，实现基于属性的灵活的访问控制。

11.5.1 方案整体架构

本方案利用对称加密的效率优势与基于属性加密能实现灵活的访问控制的特点，结合安全管理系统中基于 Kerberos 的认证模块，最终实现对 Hadoop 中存储数据的加密保护及访问控制。如图 11.3 所示，该方案主要由以下五部分组成：授权中心、密钥中心、Hadoop 平台、数据拥有者与数据使用者。

授权中心的作用是向用户提供身份认证与基于属性的加密与解密服务。身份认证服务基于 Kerberos 认证协议，通过用户的用户名与口令对用户的身份进行验证。基于属性的加密服务基于属性基加密算法，通过数据拥有者提供的属性与访问结构信息对数据进行加密。

基于属性的解密服务通过数据使用者提供的属性与私钥对加密的数据进行解密。密钥中心提供对称加密密钥的生成与密钥管理服务。Hadoop 平台主要用来存储加密后的数据，提供数据存储及数据上传与下载功能。数据拥有者负责对数据进行对称加密与上传。数据使用者负责对数据进行对称解密与下载。

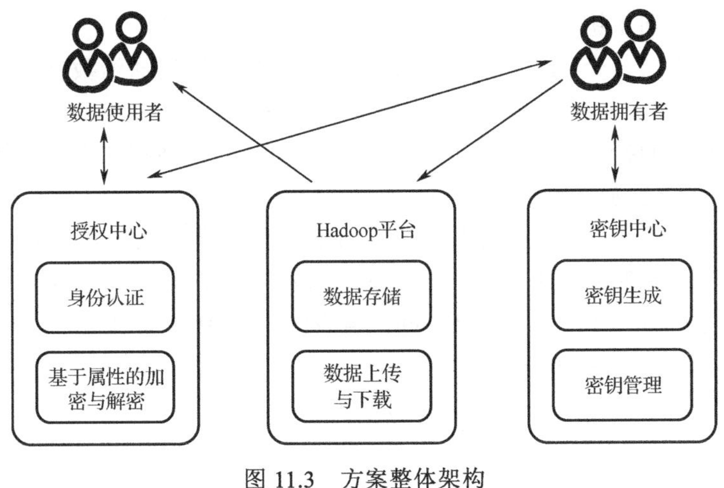

图 11.3　方案整体架构

11.5.2　方案运行流程

如图 11.4 所示，①表示系统初始化，②～⑥表示数据拥有者加密一个文件并上传到 Hadoop 平台的过程，⑦～⑨表示数据使用者从 Hadoop 平台下载一个文件并解密的过程。具体的运行流程如下。

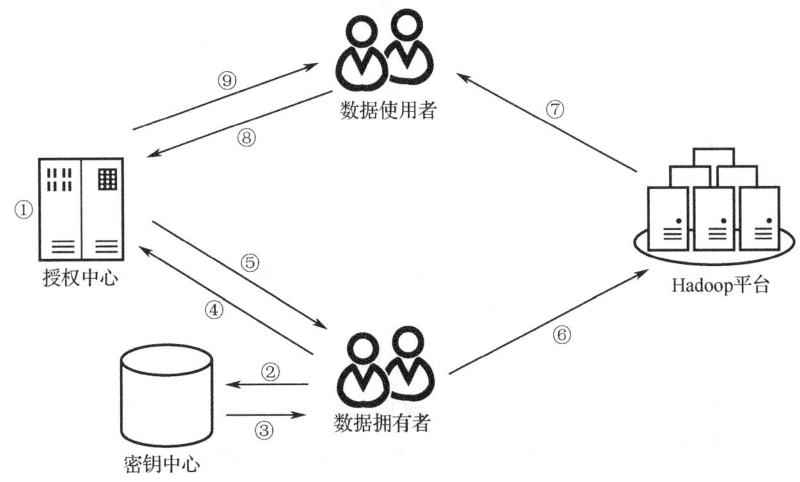

图 11.4　方案运行流程

（1）系统初始化。初始化部分没有输入参数，它利用 JPBC 库中的方法将生成一个双线性群（群的阶为大质数 p），构造出一个双线性映射 $e:G_0\times G_0\rightarrow G_1$。同样，继续定义一个属性集合 S，定义 $\Delta_{i,S}(x)=\prod_{j\in S,j\neq i}\frac{x-j}{i-j},i\in Z_p$，进而可以自动生成加密方案的公钥 PK，以及和 PK 相关的主密钥 MSK。

PK：G_0，g，h，$e(g,g)^{\alpha}$，其中 $h=g^{\beta}$；

MSK：β, g^{α}。

通过调用序列化的方法，可以将 PK 和 MSK 存储在指定文件夹内，方便调用和管理。

（2）数据拥有者向密钥中心申请一个 AES 的对称加密密钥。

（3）密钥中心生成一个 AES 加密密钥 DEK，并将密钥发送给数据拥有者。数据拥有者使用 DEK 加密需要上传到 Hadoop 平台的文件，得到密文 CT。

（4）数据拥有者向授权中心发出基于属性加密的请求，并将加密所需的属性访问结构 S 与待加密的 DEK 一起发送给授权中心。

（5）授权中心收到请求后，执行基于 CP-ABE 的加密算法加密对称密钥 DEK，得到密文 CD。其中，基于属性的加密算法定义如下：输入对称密钥 DEK、系统公钥 PK 和访问控制结构 S，对于每个 $S_i \in S$，计算哈希值 $h=H(s_1 \| \cdots \| s_n)$；然后随机选择 $r \in Z_q$，计算 $\tilde{C}=\mathrm{DEK} \cdot Y^S$，$\hat{C}=g^s$，并计算 C_i：

$$C_i=\begin{cases} T_i^s(\bar{W}_i=W_i) \\ T_{n+i}^s(\bar{W}_i \in \neg W_i) \\ T_{2n+i}^s(\bar{W}_i=W_i \setminus I) \end{cases}$$

输出密文：$\mathrm{CD}=\{S,\tilde{C},\hat{C},\{C_i\}_{i\in[1,n]}\}$。然后将密文 CD 发送给数据拥有者。

（6）数据拥有者向 Hadoop 平台请求上传文件，并将密文 CT 与 CD 上传到 Hadoop 平台中存储。

（7）数据使用者向 Hadoop 平台请求下载所需的文件，得到密文 CT 与 CD。

（8）数据使用者向授权中心申请解密对称密钥 DEK，授权中心首先会通过安全管理系统的认证模块验证用户的身份。用户输入用户名与口令，验证通过后，用户需要将自己的用户属性列表 A 发送给授权中心，授权中心通过私钥生成算法生成用户私钥。私钥生成算法的定义如下：每个属性 $W_i \notin A$ 就是一个负属性。输入 MK 和一组属性值，随机选择 $r_i \in Z_q (i \in [1,n])$，令 $r=\sum_{i=1}^{n} r_i$，计算 $\hat{D}=g^{y-r}$，计算 D_i 和 F_i 如下：

$$D_i=\begin{cases} g^{\frac{r_i}{t_i}}(W_i \in U) \\ g^{\frac{r_i}{t_{n+i}}}(W_i \notin U) \end{cases}, \quad F_i=g^{\frac{r_i}{t_{2n+i}}}(W_i \in U)$$

最后输出用户的私钥：$\mathrm{SK}=\left(\hat{D},\{D_i,F_i\}_{i\in[1,n]}\right)$。

（9）授权中心将生成的私钥 SK 发送给数据使用者。数据使用者执行 CP-ABE 解密算法解密 CD 得到对称密钥 DEK。基于属性的解密算法定义如下：输入 PK 与密文 CD，双线性映射计算 $e(C_i,D_i)(W_i \in I)$ 和 $e(C_i,D_i)(W_i \in I)$：

$$e(C_i,D_i)=e(g,g)^{r_i \cdot s}(W_i \in I)$$
$$e(C_i,F_i)=e(g,g)^{r_i \cdot s}(W_i \notin I)$$

然后计算 $\mathrm{DEK}=\tilde{C}/\left(e(\hat{C},\hat{D})\prod_{i=1}^{n} e(g,g)^{r_i \cdot s}\right)$ 得到对称密钥 DEK。最后使用 DEK 解密对应的加密文件。

11.5.3 安全性分析

1）数据机密性

本方案保证了 Hadoop 中存储的需要保护的医疗健康隐私数据的机密性。数据拥有者加密数据，并将加密密钥加密一同上传到 Hadoop 平台。无论是非法用户还是集群节点都无法通过任何途径解密数据，只有满足访问控制策略的用户才能解密加密后的密钥，进而得到原始数据。

2）认证与访问控制

本方案实现了对大数据平台中存储数据的多重访问控制：针对用户的文件访问权限，只有通过 Hadoop 平台认证的用户才能获得存储在平台中的加密数据；方案基于 CP-ABE，只有用户属性满足访问控制策略才可解密加密后的密钥，进而解密数据，由此控制了用户对文件的解密权限。

11.5.4 功能测试

如图 11.5 所示，在使用该模块之前，需要进行身份认证，只有输入正确的用户名与密码才可以执行该模块的其他功能。

图 11.5　身份认证测试

在本次测试过程中，规定的访问结构是如图 11.6 所示的逻辑结构。

图 11.6　设计的访问结构

在运行客户端程序时，按照要求输入指定格式的数据，数据将被加密成对应的群元素，并将群元素序列化。程序输入数据为 123123 时，如图 11.7 所示。

图 11.7　输入的数据

经过序列化的结果自动保存到指定路径下，数据加密后序列化的结果如图 11.8 所示。

显然，序列化结果是不可阅读的，即使反序列化之后的结果也是对应于群元素的，所以密文是安全的。

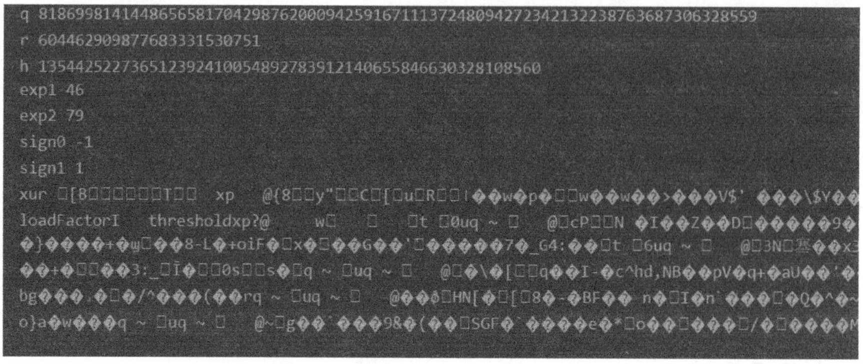

```
q 81869981414486565817042987620009425916711137248094272342132238763687306328559
r 604462909877683331530751
h 135442522736512392410054892783912140655846630328108560
exp1 46
exp2 79
sign0 -1
sign1 1
```


图 11.8　数据加密后序列化的结果

按照规定的访问策略输入正确的属性集，以 0 1 3 6 7 10 为例，如图 11.9 所示。

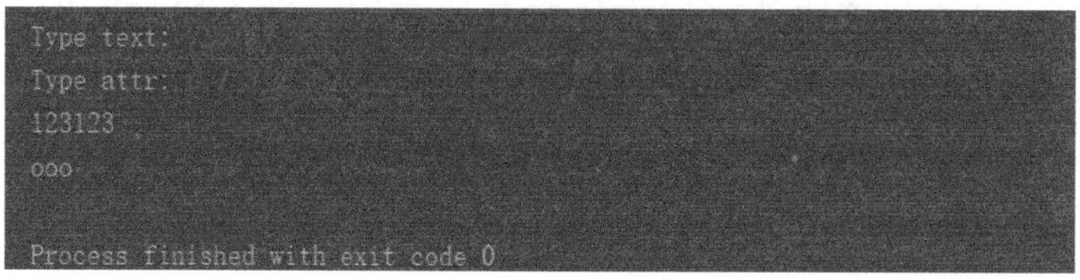

```
Type text:
Type attr:
123123
ooo

Process finished with exit code 0
```

图 11.9　输入正确属性集的情况

可以看到，输出结果与输入数据完全一致，加密、解密过程顺利完成。

当输入的属性集不满足访问结构时，以 0 3 6 7 8 9 为例，输出结果如图 11.10 所示。

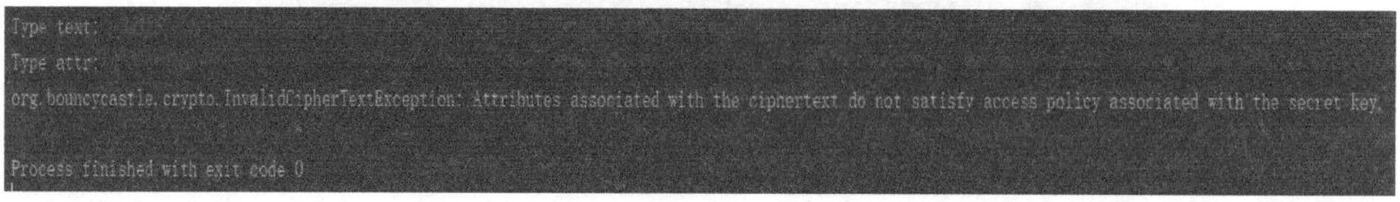

```
Type text:
Type attr:
org.bouncycastle.crypto.InvalidCipherTextException: Attributes associated with the ciphertext do not satisfy access policy associated with the secret key.

Process finished with exit code 0
```

图 11.10　属性不满足访问结构的情况

系统显示：Attributes associated with the ciphertext do not satisfy access policy associated with the secret key，即属性不符合访问策略，该次解密失败，该用户的属性不能满足解密该数据的访问策略，不能成功解密此数据段。

通过上述示例，可知该模块成功实现了基于属性的大数据认证加密一体化模块的要求。

11.5.5　性能测试

相对于单纯地采用属性基加密方案，混合加密的优势是提高加/解密的效率。对不同大小的文件，我们对直接使用属性基加/解密数据与采用混合加密方案加/解密数据所消耗的时间进行了测试，测试结果如表 11.1、表 11.2 所示。

表 11.1　加密数据

文件大小（MB）	20	40	60	80	100
直接使用属性基加密所用时间（ms）	350	605	824	988	1134
采用混合加密方案所用时间（ms）	182	276	369	461	542

表 11.2 解密数据

文件大小（MB）	20	40	60	80	100
直接使用属性基解密所用时间（ms）	262	480	682	855	1029
采用混合加密方案所用时间（ms）	125	189	277	374	468

由测试数据可知，无论文件大小如何变化，混合加密方案所消耗的时间都远少于直接进行基于属性的加/解密所消耗的时间。而且文件越大，消耗时间差距越大。所以，混合加密方案更适用于大数据平台进行大规模的数据加密。

11.5.6 方案总结

我们介绍了基于属性的加密方案的基本模型，利用数学推导详细说明了如何利用属性进行加密。介绍了两种不同的方案：KP-ABE 与 CP-ABE。在 CP-ABE 方案的基础上，我们提出了一种基于属性的大数据认证加密一体化方案，并详细介绍了方案的整体架构、方案运行流程与详细的方案设计，最后对方案的安全性进行了分析。基于属性的大数据认证加密一体化方案可以同时实现大数据平台上的认证、访问控制与加密。

第12章 Chapter 12 大数据系统远程数据审计关键技术

12.1 概述

通过建立统一的医疗健康大数据平台，各医疗机构将医疗健康数据存储在大数据平台上，并不需要留存本地副本，不需要花费人力、物力搭设服务器存储数据。由于医疗机构本地不留存文件副本，大数据平台上的数据变得非常重要。大数据平台硬件出现问题可能导致文件丢失或损坏，恶意的攻击者也可能篡改数据。各医疗机构需要大数据平台提供一项服务，以确保医疗健康数据被正确地存储在大数据平台中。在使用存储于大数据平台中的数据之前，数据使用者需要验证数据的完整性[45]是否遭到破坏，即确认该数据是否是正确的。

传统的完整性验证方法不仅需要本地留存数据备份，还需要将数据下载到本地才能进行完整性验证。这种方法有两个严重的缺点：第一，在文件传输过程中消耗大量的网络带宽资源；第二，造成用户巨大的计算资源和存储空间的浪费。在大数据平台中，用户数目多，并且每个用户在大数据平台上存储的数据量都很巨大，传统的完整性验证方法消耗资源过多，不再适用于大数据平台中的数据审计。因此，需要一种方法，在验证服务器中数据完整性的同时，保证消耗的网络带宽和计算资源较少。作为一种适用于大数据平台的数据审计方法，远程数据审计方案不需要用户下载大数据平台中的数据，就可以对大数据平台中数据的完整性进行验证，并且支持用户授权第三方进行审计，进一步满足用户动态更新数据的需求。

12.2 远程数据审计方案

12.2.1 基于两方模型的远程数据审计方案

2003年，Deswarte 等人[46]首次提出了基于哈希函数的远程数据完整性验证机制。随后，Oprea 等人[47]和 Filho 等人[48]也提出远程数据完整性验证方案，但是，这两个方案计算开销和通信开销都很大。Seb 等人[49]的方案要求数据拥有者必须将数据线性存储。Schwarz 等人[50]的方案存在安全性问题，不能正确提供服务器中数据完整的证明。

2007年，Ateniese 等人[51]在前人的基础上提出第一个远程数据审计方案，并在远程数据审计方案的定义中考虑到公共审计的问题。文献[51]中提出了两种方案，都使用了同态数据块标签来验证静态数据的完整性，同态数据块标签的聚合特性使得方案通信开销小。

2007年，Juels 等人[52]提出了可恢复的远程数据审计方案。该方案不仅能够验证远程数据的完整性，当存储在服务器中的数据损坏时还能够以一定的概率恢复数据。该方案基于哨兵机制与纠错码。哨兵机制用于检测服务器上存储的数据是否完整，但哨兵的个数限制了远程数据审计的次数。如果文件中部分数据被修改或者丢失，纠错码可用于恢复数据。然后 Shacha 等人[53]在文献[52]的基础上提出了一个改进方案——紧凑型可恢复的远程数据审计方案，但该方案仍然基于静态数据，不支持动态操作。

2008年，Curtmola 等人[54]首先提出了一种多副本远程数据审计方案，该方案是对 Ateniese 等人[51]提出的方案的一个扩展方案。首先，数据拥有者对文件进行加密；然后，将加密后的文件与不同的随机掩码求和，从而得到文件的多个副本；最后，数据拥有者计算加密文件的数据块标签，这些数据块标签将用于对所有副本进行远程数据审计。此方案的效率非常高，因为数据拥有者只需对文件进行一次加密，然后计算一次数据块标签，就可以对文件的所有副本进行远程数据审计。

以上远程数据审计方案都只能审计静态数据，不支持审计动态数据。考虑到动态数据审计[55]，Ateniese 等人[56]提出了一个支持动态操作的远程数据审计方案。数据拥有者在存储数据之前，对数据进行预处理，生成数据块标签。数据拥有者可以将数据块标签保存在本地，或者加密后存储到服务器，然后数据拥有者将实际文件上传到服务器。该方案有两个缺点：第一，数据拥有者只能执行有限次数的完整性验证；第二，只能在原数据末尾执行数据块的追加操作，不支持数据块在任意位置的插入操作。在每次更新之后，数据拥有者需要再次计算远程服务器中数据的数据块标签，计算开销非常大。

2009年，Erway 等人[57]在 Ateniese 等人[56]的远程数据审计方案的基础上，扩展了远程完整性审计模型，支持存储数据的动态更新。文献[57]提出了两个支持动态操作的远程数据审计方案。第一个方案根据一个认证哈希字典建立跳表[58]，该认证哈希字典基于等级信息，检测出错误数据的概率与采用 Ateniese 等人[56]的方案检测出错误数据的概率相同。第二个方案则根据认证哈希字典构建 RSA 树[59]，服务器计算开销比前一个方案大，但是检测出错误数据的概率相比前一个方案有所提高。

12.2.2 基于三方模型的远程数据审计方案

随着云计算[60,61]的兴起，越来越多的用户使用云存储[62]服务，用户不再使用本地文件系统存储数据，而是将文件托管在云中。这种新的数据托管服务模式给用户带来了便捷，然而，也带来了新的安全挑战[63-65]。用户可能会担心托管在云上的数据丢失。通常，云服务提供商会采取一系列措施保证存储数据的安全[66-70]。如果云服务提供商不诚实，为了节省存储空间，丢弃未访问或很少访问的数据，并声称数据仍然完好无缺地存储在云中，而数据拥有者却无法判断云服务提供商的声明是否可信。因此，数据拥有者需要一种服务可以验证云上存储的数据是否完整[71]。为了保证审计结果公平、公正、可信，可以引入可信第三方[72]，进行公开审计。

2009 年，Wang 等人[73]提出了第一个有可信第三方的远程数据审计方案。该方案设计了一个由三方组成的云存储安全模型，第三方审计者为云服务器和数据拥有者提供审计服务，保证结果客观公正。如果数据拥有者计算资源有限，可以选择授权给审计者审计云服务器中的数据。2010 年，Wang 等人[74]提出了改进方案，该方案在审计过程中实现了隐私保护，利用随机掩码技术保证审计者不能从审计过程中获得任何有用信息。2011 年，Wang 等人[75]又提出新的改进方案，通过对数据块标签进行 Merkle 哈希树型结构的操作，实现高效的数据完整性动态数据审计。为了更加高效地进行批量审计，该方案使用双线性聚合签名技术，使得审计者能够执行多用户、多任务的审计。然而，由于同时为很多用户提供审计服务，服务器需要存储非常多的数据块标签，存储开销太大。另外，在审计过程中，由于云存储服务器需要将数据块的双线性组合发送给审计者，可能会将数据内容泄露给审计者。

2012 年，Zhu 等人[76]提出了一个远程数据审计方案，该方案为分布式云存储平台构建了高效的远程数据审计机制，并支持数据迁移。该方案支持用户在不同的云服务提供商处存储数据，审计者可以统一对不同云服务提供商处存储的数据进行审计。此外，该方案提供了一个有效的方法选择最佳参数值，以减小用户与存储服务提供商的计算开销。针对数据存储在多个云服务器的情况，Zhu 等人[77]提出了一种远程数据审计方案验证分布式云存储中数据的完整性。该方案基于随机抽样，并支持更新异常检测。此外，还提出了一种基于概率查询和周期验证的方法改善审计服务的性能。实验结果表明，该方案验证完整性时计算开销和存储开销较小。

Jiang 等人[78]利用向量承诺技术提出了一种可公开验证的远程数据审计方案，该方案支持安全的用户撤销。Fan 等人[79]构建了一个新的数据隐私模型，在该模型下，许多现有的远程数据审计方案是不安全的。针对这个新的模型，可以采取一定措施实现隐私保护，方案中提供了对此的证明。Yu 等人[80]引入了“零知识隐私”，以确保第三方验证者不能从证明过程中获取用户数据。该方案设计了一个原型评估方案性能，并用实验证明了其实用性。Zhang 等人[81]设计了一个无证书的可公开验证的远程数据审计方案，该方案具有很高的安全性，并可抵御恶意的第三方审计者。该方案通信开销小，与存储的数据量大小无关。Bowers 等人[82]引入了一个高可用的完整性检验层，允许一组服务器向数据拥有者证明存储的文件是完整的和可检索的，还可以通过服务器高度压缩数据并进行高效计算，不管文件多大，验证数据始终是几十或几百字节。另外，在多副本远程数据审计领域中，也有很多研究成果[83-87]。

如果有多个用户在大数据平台上存储数据，则需要有效的机制验证用户的身份，保证数据的安全性。目前，大多数现有的远程数据审计方案结构都依赖公钥基础设施 PKI（Public Key Infrastructure）。PKI 体制使用数字证书保证用户公钥的真实性，确认用户身份。PKI 体制密钥管理过程复杂且耗时，包括一系列步骤，如证书生成、证书存储、证书更新和证书撤销等。与复杂的 PKI 相比，基于身份的密码技术是一种更简单的身份认证的方法，其中用户的公钥只是他的身份（如姓名、电子邮件或 IP 地址）。可信密钥分发中心根据用户的公钥为每个用户生成对应于其身份的密钥。

Zhao 等人[88]提出了第一个基于身份的远程数据审计方案，该方案是从基于身份的聚合签名[89]转化而来的。Wang[80]提出了另一种基于身份的多云存储远程数据审计方案。然而，在该方案中，一个不诚实的服务器可以删除所有数据块，只存储数据块的哈希值。服务器可以使用数据块的哈希值而不是数据块的值生成对挑战的有效响应。Yu 等人[91]解决了文献[90]中的问题，提出了一种健全的方案。Zhang 等人[92]提出了一种基于身份的远程数据审计方案，该方案在随机预言模型中证明是安全的，并且具有严格的安全性。该方案还扩展用于支持多用户设置中的批量审计，在多用户设置中降低了审计者的计算开销，更适合于大型云存储系统。

12.2.3 远程数据审计方案需求

基于 Hadoop 开源框架搭建的医疗健康大数据平台，与普通的云存储系统相比，不需要基础设施中各种硬件资源的虚拟化。但这个区别并不影响远程数据审计方案，方案具有平台的通用性。参考面向云存储系统的远程数据审计方案，设计适用于医疗健康大数据平台的远程数据审计方案，方案应该满足如下特性。

（1）支持多用户审计。不同的医疗机构在医疗健康大数据平台共享医疗数据，审计方案应对不同机构的身份进行认证。

（2）支持动态数据审计。各医疗机构不断更新医疗健康大数据平台的数据，支持动态数据审计是必要的。

（3）支持公开审计。不同的医疗机构授权可信的第三方机构审计存储在医疗健康大数据平台上的数据，做到公平、公正、公开的审计。

（4）资源消耗少。作为审计服务，应该尽量提高审计效率，减小审计服务的存储开销与计算开销。

12.3 预备知识

下面介绍涉及的密码学基础、数据结构、分布式计算框架、系统审计模型，为后续大数据平台中远程数据审计方案的设计奠定理论基础。

12.3.1 密码学基础

1）同态标签

设 $N = pq$，p,q 都为质数，Z_N^* 表示乘法循环群，$\{a : a \in Z_N, \gcd(a, N) = 1\}$。假设 g 是 Z_N^* 的一个元素，那么，对于一个数据块 m_i，同态标签为 $T(m_i) = g^{m_i} \bmod N$。

两个数据块分别为 m_i 与 m_j，设 m_i 的标签为 $T(m_i)$，m_j 的标签为 $T(m_j)$，则 $m_i + m_j$ 的标签可以通过 $T(m_i)$ 与 $T(m_j)$ 计算，$T(m_i + m_j) = T(m_i) \cdot T(m_j) \ = g^{m_i + m_j} \bmod N$。

2）双线性映射

双线性映射最早由 Menezes 等人[93]在 1993 年提出，是密码学中一个有用的工具，用于在有限域上的椭圆曲线上处理离散对数问题。2001 年，Boneh 等人[94]利用双线性映射构建了第一个实用的基于身份的加密方案，引起了信息安全领域研究人员的大量关注。此后，很多传统密码原语难以构建的系统采用双线性映射实现[95]。在基于身份的远程数据审计方案中，双线性映射起着重要作用。

双线性映射建立了两个群之间的映射关系。假设 G_1 与 G_2 为两个 q 阶的乘法循环群，q 为质数。如果满足以下三个条件，映射 $e : G_1 \times G_1 \to G_2$ 就是一个双线性映射。

- 双线性：对于 $u, v \in G_1$ 与 $x, y \in Z_p$，满足条件 $e(u^x, v^y) = e(u, v)^{xy}$；
- 非退化性：存在 $g \in G_1$，使得 $e(g, g) \neq 1_{G_2}$，其中 1_{G_2} 是 G_2 的单位元;
- 可计算性：对于所有的 $u, v \in G_1$，$e(u, v)$ 可以在多项式时间里计算出来。

12.3.2 数据结构

1）平衡更新树

Zhang 等人[96]设计了一个数据结构——平衡更新树，用于远程数据审计。平衡更新树的大小与动态操作的数量有关，与存储文件的大小无关。平衡更新树的每个节点表示了一个动态操作。如表 12.1 所示，每个节点有一些属性。

表 12.1 节点属性

属　性	描　述
Op	操作类型，值的范围为-1、0、1，分别表示删除、修改、插入
L、U	存储数据块的范围，L 表示数据块起始索引，U 表示数据块结束索引
V	版本信息，表示数据块进行动态操作的次数
GID	一个关于插入操作的标识符，每进行一次插入操作，加 1
CID	一个关于修改操作的标识符，每进行一次修改操作，加 1
ID	当节点表示插入操作时，ID 为 GID；当节点表示修改操作时，ID 为 CID。GID 与 CID 范围不重叠
R	偏移量，表示被动态操作影响的数据块索引的偏移

为了支持动态操作，一个平衡更新树初始化为空。当修改一串连续的数据块时，平衡更新树插入一个或多个节点，新节点的 Op 等于 0。当插入一串连续的数据块时，平衡更新树插入一个或两个节点，新节点的 Op 等于 1。为了避免修改所有被影响的数据块的索引值，R 用于表示索引的偏移值，可以存在一个节点里。当修改一串连续的数据块时，平衡更新树生成新的节点，新节点的 Op 等于-1，修改偏移值 R。在图 12.1～图 12.3 中展示了平衡更新树的插入、修改、删除操作。

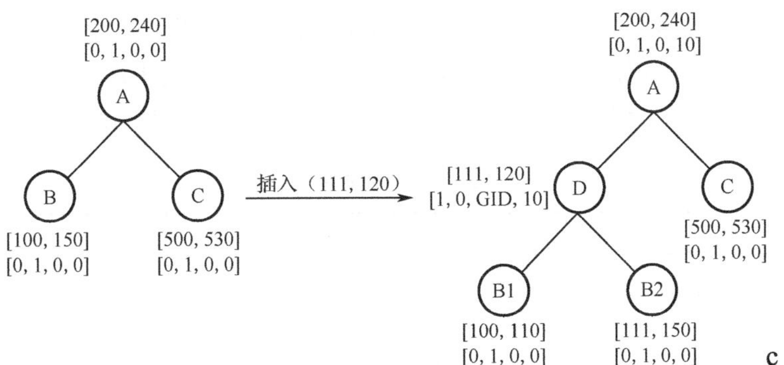

图 12.1　平衡更新树——插入操作

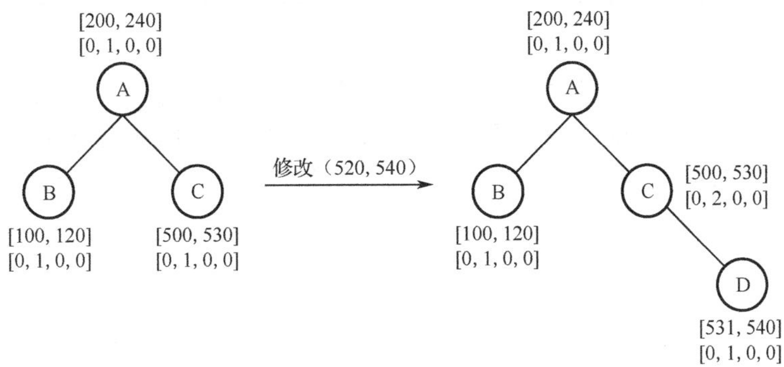

图 12.2　平衡更新树——修改操作

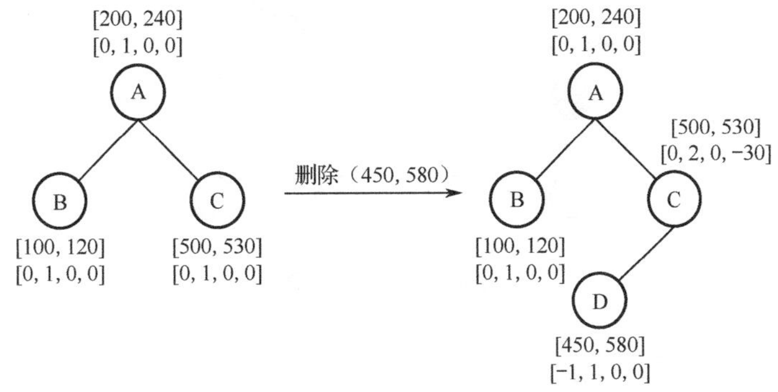

图 12.3　平衡更新树——删除操作

在初始化时，用户计算每个数据块的数据块标签，此时平衡更新树为空。如果数据没有更新，用户就用原始的数据块标签验证数据的完整性。用户进行更新操作后，先修改平衡更新树，然后计算更新后的数据块标签，并将改动的数据块和数据块标签值发送给远程服务器。一旦收到请求，服务器即存储相应的数据和数据块标签。如果服务器是诚实的，则服务器和用户存储的平衡更新树一定完全相同。

2）ITable

2013 年，Yang 等人[65]提出了一种数据结构——ITable 支持动态操作，如表 12.2所示。ITable 用于记录数据块的更新与每个数据块的哈希值。ITable 的结构与文件系统中的文件分配表类似，由索引值、数据块编号、数据块版本号与数据块标签组成。每次数据更新后，ITable 根据不同的操作类型进行更新。虽然 ITable 能用于云存储，但是不适用于 Hadoop 平台。参考 ITable 的结构，可设计合理的数据结构用于 Hadoop 平台的远程动态数据审计方案。

表 12.2　ITable

索　引　值	B_i	V_i	T_i
1	1	1	T_1
2	2	1	T_2
3	3	1	T_3
…	…	…	…
n	n	1	T_n

3）Merkle 哈希树

Merkle 哈希树是一种认证结构，用于检查一系列数据是否完整。Merkle 哈希树是一种二叉树，叶子节点为数据的哈希值。图 12.4 展示了一个基于 Merkle 哈希树的数据验证的实例。如果验证者想验证 $H(x_1)$ 是否完整，一个辅助验证的信息 $\Omega_1 = \{H(x_2), H_B\}$ 应该发送给验证者。验证者计算 $H'_A = H(H(x_1) \| H(x_2))$ 与 $H(R') = H(H'_A \| H_B)$。如果 $H(R')$ 等于 $H(R)$，则验证者判断数据完整；否则，验证者判断数据不完整。

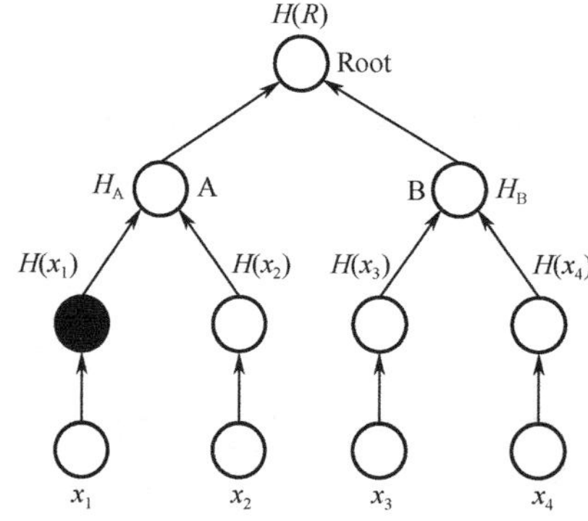

图 12.4　Merkle 哈希树

12.3.3　分布式计算框架

Hadoop 平台拥有很强的存储和处理能力，允许使用成千上万的计算机处理 PB 数量级的数据。MapReduce 是一个使用大量计算机、在庞大数据集合上执行高度并行化和分布式算法的框架，为用户提供分布式计算服务。MapReduce 框架基于分而治之的原则，将输入数据集分成独立的块，然后并行处理这些块。如图 12.5 所示，MapReduce 中有两个函数，包括 Map()函数与 Reduce()函数，Map()函数将输入数据分片，对每一片生成一个 Map 任务。Map 任务的输出是 key-value 的键值对，作为 Reduce()函数的输入。Reduce()函数整合 Map 任务的输出，给出结果。

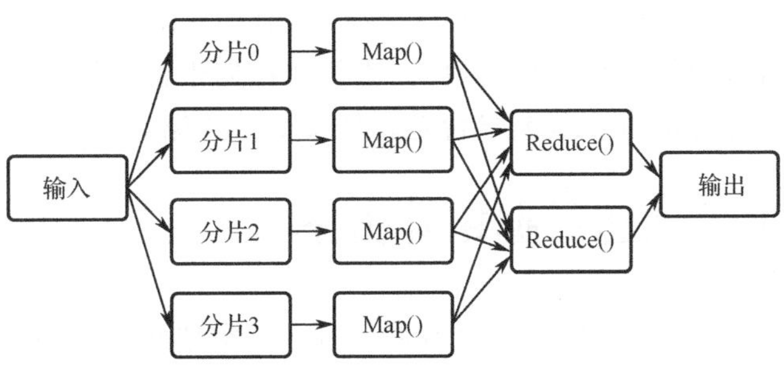

图 12.5　MapReduce 分布式计算框架

12.3.4　系统审计模型

如图 12.6 所示，系统审计模型由四部分组成：数据拥有者、数据使用者、第三方审计者、大数据平台。大数据平台向数据拥有者与数据使用者提供存储与计算服务。数据拥有者将数据存入大数据平台，数据使用者在数据拥有者的授权下使用数据。数据使用者可使用授权数据，并使用大数据平台上的计算资源对数据进行处理。第三方审计者定期对数据进行审计，验证数据是否完整地存储在大数据平台上。数据拥有者与数据使用者向第三方审计者问询审计结果，第三方审计者向两者返回审计报告。

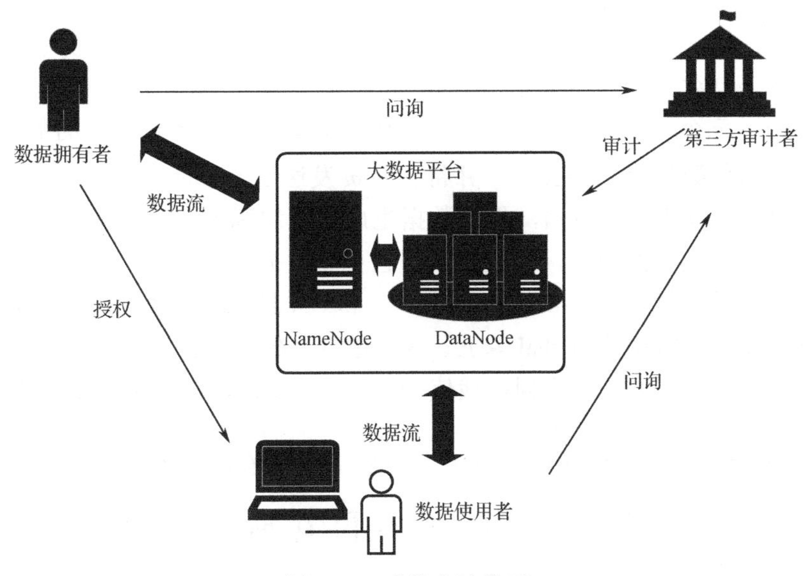

图 12.6　系统审计模型

数据审计方案可以用如下算法进行描述。

SetUp：数据拥有者将文件分块，并生成密钥。

TagGen：数据拥有者为每个数据块生成标签，并将标签公开；然后，数据拥有者将文件与数据块标签发送给大数据平台，并删除本地文件。

Challenge：审计者发送一个挑战值给大数据平台。

GenProof：大数据平台根据审计者发送的挑战值生成证明，将证明值发送给审计者。

CheckProof：审计者检查大数据平台发送的证明值，输出“成功”或“失败”。

ExecUpdate：数据拥有者执行更新操作，更新大数据平台中的数据。

VerifyUpdate：审计者检查大数据平台是否如实更新数据。

12.4 单用户远程动态数据审计方案

各医疗机构将数据存储在医疗健康大数据平台中，需要经常更新数据。为了提高远程数据审计方案中动态更新的细粒度，我们将对现有的远程数据审计方案中的块级别（block level）更新进行改造，因为块级别更新限制了在文件中修改数据的位置。利用平衡更新树，提出一个远程数据审计方案[98]，实现了行级别（row level）的更新操作。该方案通过设计行级别更新与块级别更新之间的映射关系，实现了在文件中任意位置的行级别插入、修改、删除等基本操作。

12.4.1 方案描述

1）审计方案

SetUp：数据拥有者选择两个安全质数 p,q，然后计算 $N=pq$，QR_N 是由模 N 的二次剩余组成的乘法循环群。g 是 QR_N 的一个生成元。公钥为 $\mathrm{PK}=(N,g)$，私钥为 $\mathrm{SK}=(p,q)$。

TagGen：首先，数据拥有者将文件 m 划分成 n 个相同大小的数据块，文件 $m=[m_1,m_2,\cdots,m_n]$。对每个数据块，数据拥有者计算数据块标签 $D_i=(g^{t_i}) \bmod N$，$t_i=(m_i \| 0 \| 0 \| 0)$。三个0分别表示操作类型、ID、版本信息。计算所有的数据块标签后，数据拥有者将所有的数据块标签公布，并将文件 m 发送给大数据平台。

Update：数据拥有者更新数据，根据数据生成数据块标签，并修改平衡更新树。数据拥有者将更新上传至大数据平台，大数据平台也更新数据。

Challenge：审计者选择随机密钥 $r\in[1,2^k-1]$ 和一个随机群元素 $s\in \mathrm{Z}_N\setminus\{0\}$。然后审计者计算 $g_s=g^s \bmod N$，将挑战值 $\mathrm{chal}=<r,g_s>$ 发送给大数据平台。

GenProof：当大数据平台接收到挑战值 $\mathrm{chal}=<r,g_s>$ 后，调用函数 $f_r(i)$ 生成一串随机数 $a_1,a_2,\cdots,a_n$，然后计算 $R=(g_s)^{\sum_{i=1}^{n}a_it_i} \bmod N$，并将 R 发送给审计者。

CheckProof：当审计者接收到 R 时，计算 $P=\prod_{i=1}^{n}(D_i^{a_i} \bmod N) \bmod N$ 与 $R'=P^s \bmod N$。然后审计者检查是否有 $R'=R$。如果 $R'=R$，则审计者输出“成功”；反之，输出“失败”。

2）行级别的动态更新

在初始化时，数据拥有者计算每个数据块标签。如果数据不更新，审计者可以通过原始标签检查数据完整性。如果数据拥有者执行更新操作，则数据块和平衡更新树将相应更新。定义行级别插入、行级别插入修改和行级别插入删除的三个操作，分别用 Line_Insert 、Line_Modify 和 Line_Delete 表示。

更新算法具体步骤如下。

步骤 1：数据拥有者对数据进行动态操作，并相应修改平衡更新树。如果数据拥有者在文件中插入一些行，则数据拥有者通过执行 Line_Insert 修改平衡更新树；如果数据拥有者修改文件中的一些行，则数据拥有者通过执行 Line_Modify 修改平衡更新树；如果数据拥有者删除文件中的一些行，则数据拥有者将通过执行 Line_Delete 修改平衡更新树。修改平衡更新树后，数据拥有者重新计算数据块标签。

步骤 2：数据拥有者向大数据平台发送请求。如果是插入操作，则请求由操作类型、插入位置和插入数据组成；如果是修改操作，则请求包括操作类型、修改范围和新数据；如果是删除操作，则请求由操作类型和删除范围组成。

步骤 3：收到更新请求后，大数据平台根据更新请求修改对应的平衡更新树并存储数据。如果大数据平台和数据拥有者都是诚实的，则两者的平衡更新树完全相同。

3）行级别与块级别的映射关系

在以前的方案中，动态操作是基于数据块的。一个单独的块被视为一个不可分割的整体。由于数据块的大小是固定的，所以只能在文件中固定几个位置插入数据。在实际应用中，用户可能在文件中的任何位置更新数据。为了实现细粒度更高的更新操作，我们设计了一个可实现行级别更新的远程数据审计方案。平衡更新树的特性支持该方案批量更新数据。因为平衡更新树的生成与数据块的批处理更新对应，如果块级别更新和行级别更新之间存在映射关系，就可以将行级别操作映射到块级别操作，从行级别更新生成平衡更新树。因此，我们设计了块级别更新和行级别更新之间的映射关系，以实现对行级别的细粒度更新。

该方案有两个层次的动态操作，分别为块级别和行级别。块级别动态操作和行级别动态操作都有三种操作：插入、修改和删除。如图 12.7 所示，一个文件分成数据块，每个数据块包含几行，每行在一个数据块中有一个索引。b_s 与 b_e 表示数据块的索引，l_s 与 l_e 表示一个数据块中行的索引，num 表示数据块的总个数。

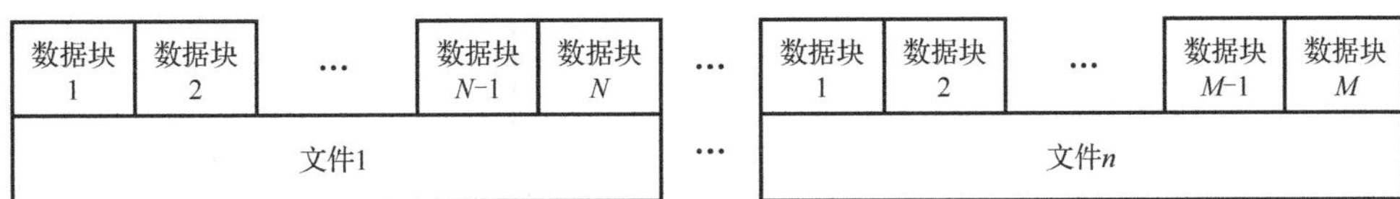

图 12.7　文件分块示意图

下面定义数据块级别的操作与行级别的操作。

（1）数据块级别操作。

① Block_Insert(b_s,b_e) 表示插入一串数据块，起始数据块索引为 b_s，终止数据块索引为 b_e。

② Block_Modify(b_s,b_e)表示修改一串数据块，起始数据块索引为b_s，终止数据块索引为b_e。

③ Block_Delete(b_s, b_e)表示删除一串数据块，起始数据块索引为b_s，终止数据块索引为b_e。

（2）数据行级别操作。

① Line_Insert(b_s, l_s, num)表示在文件中插入一系列行，起始数据块索引为b_s，在起始数据块中，起始行索引为l_s，共插入 num 个数据块。

② Line_Modify(b_s, l_s, b_e,l_e)表示在文件中修改一系列行，起始数据块索引为b_s，在起始数据块中，起始行索引为l_s，终止数据块索引为b_e，在终止数据块中，终止行索引为l_e。

③ Line_Delete(b_s, l_s, b_e,l_e)表示在文件中删除一系列行，起始数据块索引为b_s，在起始数据块中，起始行索引为l_s，终止数据块索引为b_e，在终止数据块中，终止行索引为l_e。

块级别操作和行级别操作之间的映射关系如图 12.8～图 12.10 所示。我们分两种情况讨论映射关系。第一种情况，更新基于整个块；第二种情况，更新基于部分块。

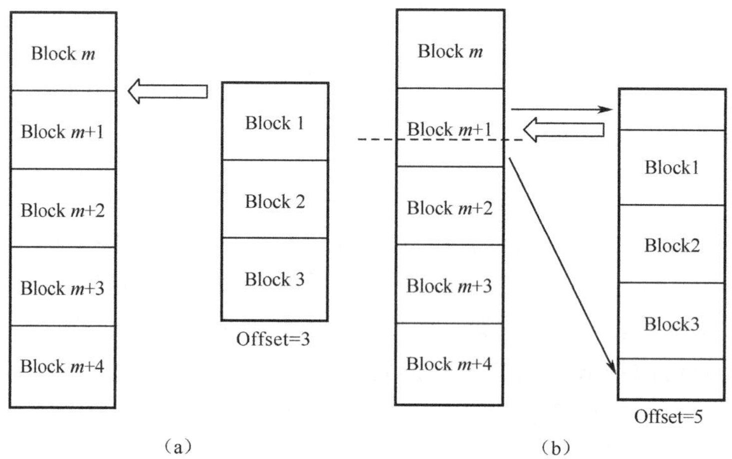

图 12.8　行级别更新与块级别更新的映射——插入操作

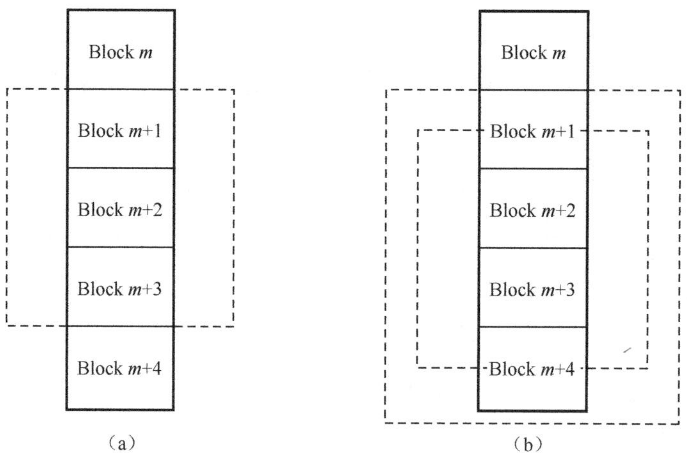

图 12.9　行级别更新与块级别更新的映射——修改操作

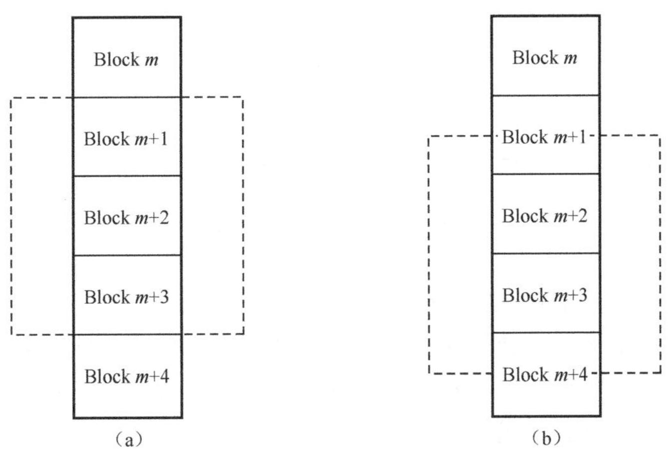

图 12.10 行级别更新与块级别更新的映射——删除操作

在图 12.8 中，插入的数据被分为三个数据块，在图 12.8（a）中，三个数据块在数据块 m 后插入，插入的三个数据块索引分别为 $m+1$、$m+2$ 与 $m+3$。在数据块 m 后的数据块的索引值加 3。Line_Insert($m+1$, 0, 3)等于 Block_Insert($m+1$，$m+3$)。在图 12.8（b）中，三个数据块在数据块 $m+1$ 中插入。数据块 $m+1$ 分成两部分，每个部分成为单独的一个数据块，数据块标签也重新计算。块级别操作与行级别操作的关系为 Line_Insert($m+1$, b_e, 3)等于 Block_Insert($m+1$, $m+3$)。

在图 12.9（a）中，三个数据块被修改，Line_Modify($m+1$, $m+3$, 0, 0) 等于 Block_Modify($m+1$, $m+3$)。在图 12.9（b）中，数据块 $m+2$ 与数据块 $m+3$ 整个数据块被修改，数据块 $m+1$ 与数据块 $m+4$ 部分被修改，Line_Modify($m+1$, $m+4$, l_s, l_e) 等于 Block_Modify($m+1$, $m+4$)。

在图 12.10（a）中，三个数据块被修改，Line_Delete($m+1$, $m+3$, 0, 0) 与 Block_Delete($m+1$, $m+3$) 相等。在图 12.0（b）中，数据块 $m+2$ 与数据块 $m+3$ 整个被修改，数据块 $m+1$ 与数据块 $m+4$ 部分被修改，则 Line_Delete($m+1$, $m+$ 4, l_s, l_e) 等于 Block_Delete($m+2$, $m+3$)。

12.4.2 方案分析

1）正确性分析

如果数据拥有者和大数据平台都是诚实的，则双方的平衡更新树相同。如果大数据平台确保所有数据块完整，则 R' 和 R 应该相等。推导如下。

$$D_i = (g^{t_i}) \bmod N, i \in [1, n]$$

$$P = \prod_{i=1}^{n} (D_i^{a_i} \bmod N) \bmod N = g^{\sum_{i=1}^{n} a_i t_i} \bmod N$$

$$R' = P^s \bmod N$$

$$= g^{s\sum_{i=1}^{n} a_i t_i} \bmod N$$

$$= g_s^{\sum_{i=1}^{n} a_i t_i} \bmod N$$
$$= R$$

从推导过程可以得出，如果大数据平台不诚实，则 R' 不等于 R，大数据平台无法通过验证。

2）安全性分析

遵循安全远程数据审计方案的传统定义。审计者可以验证存储在大数据平台上的任何数据的完整性。大数据平台不受信任，可以修改甚至删除数据。目标是设计一个方案，当大数据平台中的数据损坏时，审计者能够检测出来。我们展示了作为审计者的挑战者和作为大数据平台的任何概率多项式时间敌手之间的模型。

- 初始化：挑战者准备公钥和私钥。
- 查询：挑战者和敌手根据更新操作更新数据和元数据。敌手选择一些数据块并查询来自挑战者的数据块标签。挑战者会准备好某些块的标签并将它们发送给敌手。
- 挑战：挑战者为选定的数据块准备一个挑战并将其发送给敌手。
- 伪造：敌手根据挑战生成响应并将其发送给挑战者。如果挑战者判定响应通过验证，则敌手胜利。

如果该方案是安全的，则对于任何一个概率多项式时间竞争敌手，其赢得游戏的概率几乎为 0。如果敌手不篡改存储的数据，挑战者可以从敌手的响应中提取真正的数据块。如果敌手篡改数据，敌手必须伪造一个数据块标签，挑战者可以用它赢得伪造游戏。然而，在大整数分解和 KEA1-r 假设[67]下，这两种情况都不太可能发生。根据安全性分析，可以得出该方案是安全的，并且支持公开验证。

3）性能分析

首先，在没有数据更新的情况下，对数据拥有者、大数据平台、审计者的存储开销、通信开销和计算开销进行分析，如表 12.3 所示。然后，分析数据更新的开销。

表 12.3 性能分析

数据拥有者	通信开销	$k + 2\|N\|$
	计算开销	$n\|N\|T_{\exp}(\|N\|, N)$
	存储开销	$n\|N\|+\|p\|+\|q\|$
大数据平台	通信开销	$k + 2\|N\|$
	计算开销	$n \cdot T_{pg}(d) + T_{\exp}(\|n\|+d+l, N) +$ $n(d-1)T_{add}(n+d+l) + (n-1)T_{add}(\|n\|+d+l)$
	存储开销	$\|m\|$
审计者	通信开销	$k + 2\|N\|$
	计算开销	$T_{pg}(\|N\|) + T_{pg}(k) + n \cdot T_{pg}(d) + 2T_{\exp}(\|N\|, N) +$ $nT_{\exp}(d, N) + n\|N\|T_{add}(\|N\|)$
	存储开销	$(n+2)\|N\|$

注：n 是总的数据块的个数，N 为公钥，d 为随机数的比特长度，l 为数据块的比特长度。

数据块标签是公开的，它存储在审计者或大数据平台处。数据块标签存储开销上限为 $n|N|$ 比特，其中 n 为总的数据块的个数。如果数据块标签存储在大数据平台上，则需要发送给审计者进行完整性验证。通信开销与数据块标签的数量成线性关系。如果数据块标签存储在审计者处，则可以减小通信开销，但这会导致审计者处的存储开销为 $O(n)$。大数据平台和审计者之间的通信开销发生在 Challenge 阶段和 GenProof 阶段。在 Challenge 阶段，从审计者发送到大数据平台的挑战值是 $k+|N|$ 比特。在 GenProof 阶段，从大数据平台发送给审计者的响应是 $|N|$ 比特。总通信开销为 $k+2|N|$ 比特。计算开销比较复杂，后续分别给出了数据拥有者、大数据平台和审计者在不同阶段的开销。

首先给出方案时间复杂度分析中需要的参数定义。

① $T_{\exp}(\text{len}, s)$ 表示计算一个 len 比特的数的模幂运算（模 s）的时间复杂度；

② $T_{\text{mul}}(a, b)$ 表示一个 a 比特的数和一个 b 比特的数相乘的时间复杂度；

③ $T_{\text{add}}(a, b)$ 表示一个 a 比特的数和一个 b 比特的数相加的时间复杂度；

④ $T_{\text{pg}}(\text{len})$ 表示生成一个 len 比特的随机数的时间复杂度。

对数据拥有者来说，在 TagGen 阶段，数据拥有者为所有数据块计算数据块标签，数据拥有者计算所有数据块标签的计算开销为 $n|N|T_{\exp}(|N|, N)$，n 表示总的数据块的个数。

对大数据平台来说，在 GenProof 阶段，大数据平台生成 n 个随机数，然后计算 $R=(g_s)^{\sum_{i=1}^{n} a_i m_i} \bmod N$。在计算 $\sum_{i-1}^{n} a_i m_i$ 时，需要计算 n 个大数的乘法。a_i 为 d 比特，m_i 为 l 比特。计算 $a_i m_i$ 需要 $(d-1)$ 次 $(d+l)$ 比特的加法。由 $a_i m_i$ 计算 $\sum_{i-1}^{n} a_i m_i$ 需要 $(n-1)$ 次 $|N|+d+l$ 比特的加法。由上述分析可知，大数据平台的计算开销上限为

$$nT_{\text{pg}}(d) + T_{\exp}(|N|+d+l, N) + n(d-1)T_{\text{add}}(n+d+l) + (n-1)T_{\text{add}}(|N|+d+l)$$

对审计者来说，在 Challenge 阶段，审计者生成两个随机数 $<r, s>$，然后计算 $g_s = g^s \bmod N$。在 CheckProof 阶段，审计者生成 n 个随机数，计算 P 和 R'。审计者总的计算开销为

$$T_{\text{pg}}(|N|) + T_{\text{pg}}(k) + nT_{\text{pg}}(d) + 2T_{\exp}(|N|, N) + nT_{\exp}(d, N) + n|N|T_{\text{add}}(|N|)$$

因为更新发生在大数据平台与数据拥有者之间，分析动态更新带给大数据平台与数据拥有者的存储开销、通信开销与计算开销即可。平衡更新树的大小与动态操作的数量线性相关。由于平衡更新树同时存储在大数据平台与数据拥有者中，对于双方来说，存储开销相同。通信开销取决于操作类型与更新数据块的数量。计算开销对于不同的操作有所不同，Block_Insert(b_s, b_e) 的时间复杂度为 $O(\log n)$，Block_Modify(b_s, b_e) 与 Block_Delete(b_s, b_e) 可能会给平衡更新树增加 0～$O(\min(n, b_e-b_s))$ 个节点。假设平均有常数个节点加入树中，则 Block_Modify(b_s, b_e) 与 Block_Delete(b_s, b_e) 的时间复杂度为 $O(\log n+\min(n, b_e-b_s))$。

4）方案对比

由于该方案和 Zhang 等人[96]提出的方案基于相同的数据结构——平衡更新树，因而将该方案与 Zhang 等人提出的方案在不同方面进行了比较，如表 12.4 所示。在文献[96]中，数据拥有者需要将数据从大数据平台上下载到本地才能进行完整性检查，明文数据在数据

拥有者和大数据平台之间传输。这将导致两个问题，一是通信开销大，二是数据泄露。第三方审计者验证数据拥有者的外包数据的完整性时，可以获取数据拥有者的数据。在该方案中，不需要下载数据，而是传输数据块的聚合的数据块标签，通信开销显著降低。除此之外，该方案还支持公开验证和隐私保护。在数据动态更新级别方面，该方案实现了行级别更新，而文献[96]中的方案实现了块级别更新。

表 12.4　方案对比

性　　质	方　　案	
	本方案	方案[96]
公开验证	支持	不支持
隐私保护	不支持	不支持
动态更新级别	行级别	块级别
数据块标签大小	$O(n)$	$O(n)$
通信开销	$O(1)$	$O(c)$
大数据平台计算开销	$O(n)$	$O(n)$
审计者计算开销	$O(c)$	$O(c)$

注：n 是总的数据块的个数，c 为每次验证数据块的个数。

12.4.3　方案总结

我们提出了一种大数据平台中行级别更新的远程数据审计方案。在现有的远程数据审计方案中，动态更新操作都是基于块级别的，由于数据块的大小是固定的，通常会限制插入文件中的数据的位置。该方案通过设计行级别更新与块级别更新之间的映射关系，实现了在文件中任意位置进行行级别的插入、修改、删除等基本操作。方案分析表明，该方案支持公共验证和隐私保护，同时计算开销与通信开销小。

12.5　支持并行计算的单用户远程动态数据审计方案

医疗健康大数据平台中存储的医疗健康数据的数据量非常大，而且审计方案的存储开销与计算开销随着数据量增大而增大，研究审计效率高、存储开销低的远程数据审计方案具有重要意义。为了提高医疗健康大数据平台中数据的审计效率，我们通过 MapReduce 计算框架实现并行计算，实现对医疗健康大数据平台上的数据并行审计[99]。

12.5.1　方案描述

1）审计方案

SetUp：数据拥有者选取两个安全质数 p,q，计算 $N=pq$。p,q 为私钥，N 为公钥。QR_N 是模 N 的乘法循环群，g 是 QR_N 的一个生成元。

TagGen：数据拥有者将文件划分为 n 个数据块 $m_1,m_2,\cdots,m_n$ ，计算数据块标签 $T(t_i)=g^{t_i} \bmod N$，$t_i=m_i \| R_i \| L_i \| V_i$，并将 n 个数据块与数据块标签 $T(t_i)$ 上传到大数据平台，将公钥与数据块标签发送给审计者。

Challenge：审计者选择一个随机密钥 $r\in[1,2^k-1]$ 和一个随机的群元素 $s\in Z_N\setminus\{0\}$。然后审计者计算 $g_s=g^s \bmod N$，将 $\mathrm{chal}=<r,g_s>$ 发送给大数据平台。

GenProof：大数据平台接收到 $\mathrm{chal}=<r,g_s>$ 后，调用 $f(r,n)$ 得到一串随机数 $[a_1,a_2,\cdots,a_n]$。大数据平台计算 $R=(g_s)^{\sum_{i=1}^{n}a_it_i} \bmod N$，然后将 R 发送给审计者。

CheckProof：审计者接收到 R 之后，也调用 $f(r,n)$ 得到一串随机数 $[a_1,a_2,\cdots,a_n]$，并计算 $P=\prod_{i=1}^{j}((T(t_i))^{a_i} \bmod N) \bmod N$，$R'=P^s \bmod N$。然后计算是否满足 $R'=R$。如果满足，则输出“成功”；反之，则输出“失败”。

2）数据动态更新

数据动态更新是数据审计的一个重要方面。如果方案支持数据动态更新，则数据拥有者可以随时更新数据，并且不需要下载数据修改后上传。现阶段 HDFS 不支持随机写入的操作，只支持追加操作。我们在 HDFS 文件系统的基础上进行设计，使 HDFS 支持随机写入与随机删除的操作，并可以对其进行动态数据审计。

我们设计了一种数据结构——数据块索引表，用于支持 HDFS 的动态更新。数据块索引表也能防止大数据平台执行重放攻击（Replay Attack）。这种攻击中，大数据平台使用以前版本的数据执行验证，而不是更新后的数据。

数据块索引表包括三个部分：

- RI（Real Index）：表示数据块的实际位置；
- LI（Logic Index）：表示数据块的逻辑位置；
- VI（Version Information）：表示数据块的版本。

在数据块索引表中，每个数据块都有自己的物理位置、逻辑位置和版本信息。初始化时，数据拥有者构建一个数据块索引表，每个数据块的物理位置与逻辑位置相同。当存储的数据更新时，数据块索引表也进行更新，而这个数据块索引表是由数据拥有者本身或授权给审计者维护的。假设数据拥有者将文件分块并计算所有数据块标签。然后，数据拥有者将这些块和数据块标签发送到大数据平台。如果想要更新数据，数据拥有者必须执行更新算法。数据更新包括插入、追加、修改、删除操作。后续将具体展示针对四种操作的更新算法。

12.5.2 更新算法描述

1）更新算法——数据插入

假设文件 F 共有 F_n 个数据块，文件 F 对应一个数据块索引表，则数据块索引表共有 F_n 行。在文件的第 i 个数据块后插入新的数据块 m^*，在数据块索引表中，m^* 的实际索引值为 R^*，逻辑索引值为 L^*，版本信息为 V^*。

更新算法具体步骤如下。

步骤 1：在数据块索引表中定位与第 i 个数据块关联的一行。

步骤 2：在数据块索引表末尾中新增一行，R^* 等于 $N+1$，L^* 等于 $i+1$，V^* 等于 1。

步骤 3：在数据块索引表中修改受新增行影响的数据，LI 大于等于 L^* 的行，LI 加 1。

步骤 4：对新插入的数据块计算新的数据块标签，计算公式为

$$T(t^*) = g^{t^*} \bmod N,\ t^* = m^* \| R^* \| L^* \| V^*$$

步骤 5：将新的数据块追加至文件末尾。

步骤 6：准备好更新的信息，包括新的数据块、文件插入位置、数据块标签，然后发送给大数据平台。

采用一个示例说明如何对数据块索引表进行更新，如图 12.11 所示。左边为更新之前的数据块索引表，右边为更新之后的数据块索引表。假如在 LI＝2 的数据块后插入新的数据块（此数据块的实际位置位于文件末尾），则数据块索引表在末尾新增一行。新增行的 RI 等于 5，LI 等于 3，VI 等于 1。新增的数据块影响了数据块索引表中其他行的值，对于 RI 等于 3 的数据块，LI 加 1，变为 4，对于 RI 等于 4 的数据块，LI 加 1，变为 5。

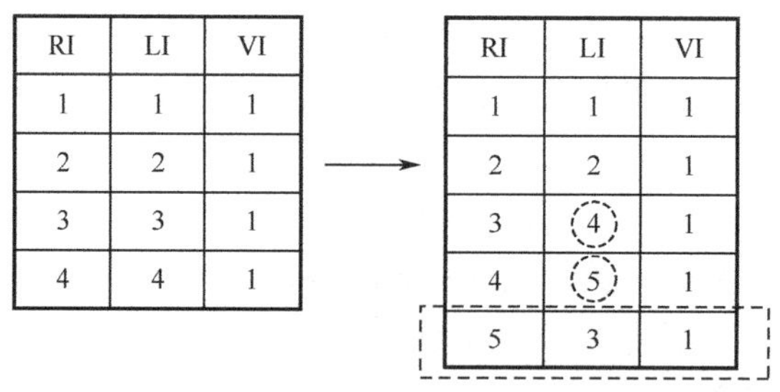

图 12.11　数据块索引表——插入操作

2）*更新算法——数据追加*

假设文件 F 共有 F_n 个数据块，文件 F 对应一个数据块索引表，则数据块索引表共有 F_n 行。在文件的第 i 个数据块后追加新的数据块 m^*，在数据块索引表中，m^* 的实际索引值为 R^*，逻辑索引值为 L^*，版本信息为 V^*。

更新算法具体步骤如下。

步骤 1：在数据块索引表中定位与第 i 个数据块关联的一行。

步骤 2：在数据块索引表中末尾增加一行，R^* 等于 $i+1$，L^* 等于 $i+1$，V^* 等于 1。

步骤 3：在数据块索引表中修改受增加行影响的数据，LI 大于等于 L^* 的行，LI 加 1。

步骤 4：对追加的数据块计算新的数据块标签，新的数据块标签计算公式为

$$T(t^*) = g^{t^*} \bmod N,\ t^* = m^* \| R^* \| L^* \| V^*$$

步骤 5：将新的数据块追加至文件末尾。

步骤 6：准备好更新的信息，包括新的数据块、数据块标签，然后发送给大数据平台。

采用一个示例说明如何对数据块索引表进行更新，如图 12.12 所示。左边为更新之前的数据块索引表，右边为更新之后的数据块索引表。在文件末尾追加数据块，数据块索引表新增一行。新增行的 RI 为 6，LI 为 6，VI 为 1，数据块索引表其他部分不变。

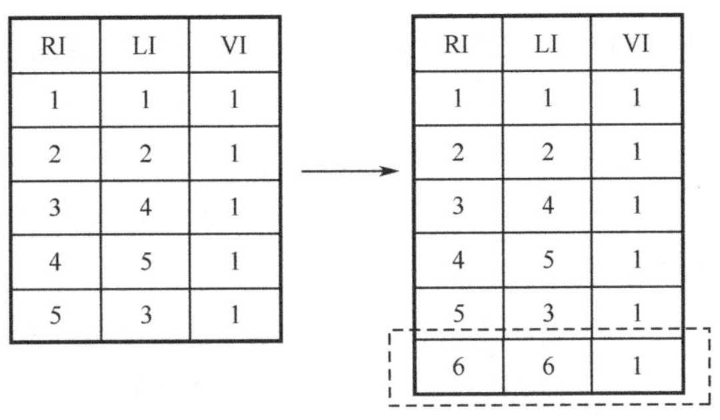

RI	LI	VI
1	1	1
2	2	1
3	4	1
4	5	1
5	3	1

RI	LI	VI
1	1	1
2	2	1
3	4	1
4	5	1
5	3	1
6	6	1

图 12.12　数据块索引表——追加操作

3）更新算法——数据修改

假设文件 F 共有 F_n 个数据块，文件 F 对应一个数据块索引表，则数据块索引表共有 F_n 行。修改文件中的第 i 个数据块，原有数据块 m 修改后为新的数据块 m^*，向文件末尾追加新的数据块 m^*，在数据块索引表中，原有数据块 m 的实际索引值为 R，逻辑索引值为 L，版本信息为 V，m^* 的实际索引值为 R^*，逻辑索引值为 L^*，版本信息为 V^*。

更新算法具体步骤如下。

步骤 1：在数据块索引表中定位与第 i 个数据块关联的一行。

步骤 2：在数据块索引表末尾中增加一行，R^* 等于 $N+1$，L^* 等于 L，V^* 等于 V 加 1。

步骤 3：对修改的数据块计算新的数据块标签，新的数据块标签计算公式为

$$T(t^*) = g^{t^*} \bmod N,\ \ t^* = m^* \| R^* \| L^* \| V^*$$

步骤 4：将新的数据块追加至文件末尾。

步骤 5：准备好更新的信息，包括新的数据块、文件修改位置，然后发送给大数据平台。

采用一个示例说明如何对数据块索引表进行更新，如图 12.13 所示。左边为更新之前的数据块索引表，右边为更新之后的数据块索引表。修改 LI＝5 的数据块（向文件末尾追加新的数据块），数据块索引表增加一行。在数据块索引表中，被修改的数据块的 RI 等于 4，LI 等于 5，VI 等于 1。新增数据块的 RI 等于 7；新增数据块的 LI 与被修改的数据块的 LI 相等，等于 5；新增数据块的 VI 等于被修改的数据块的 VI 加 1，值为 2。

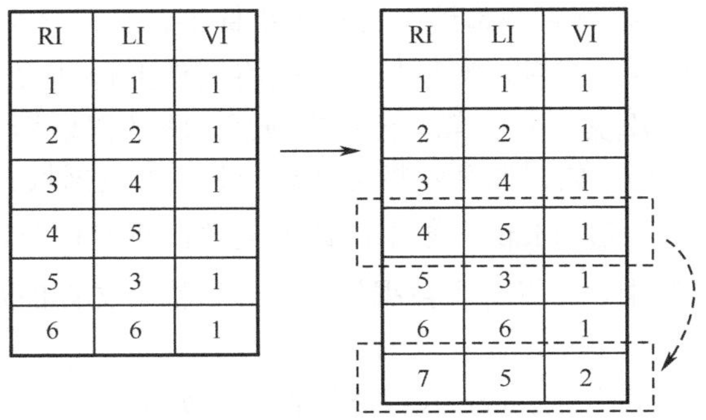

RI	LI	VI
1	1	1
2	2	1
3	4	1
4	5	1
5	3	1
6	6	1

RI	LI	VI
1	1	1
2	2	1
3	4	1
4	5	1
5	3	1
6	6	1
7	5	2

图 12.13　数据块索引表——修改操作

4）更新算法——数据删除

假设文件 F 共有 F_n 个数据块，文件 F 对应一个数据块索引表，则数据块索引表共有 F_n 行。删除文件中的第 i 个数据块，在数据块索引表中，原有数据块 m 的实际索引值为 R，

逻辑索引值为L，版本信息为V，m^*的实际索引值为R^*，逻辑索引值为L^*，版本信息为V^*。

更新算法具体步骤如下。

步骤 1：在数据块索引表中定位与第i个数据块关联的一行。

步骤 2：在数据块索引表末尾增加一行，R^*等于R，L^*等于L，V^*等于-1。

步骤 3：准备好更新的信息，包括数据块删除位置，然后发送给大数据平台。

采用一个示例说明如何对数据块索引表进行更新，如图 12.14 所示。左边为更新之前的数据块索引表，右边为更新之后的数据块索引表。如果删除 LI 等于 3 的数据块，则数据块索引表此行 VI 由 1 变为-1。

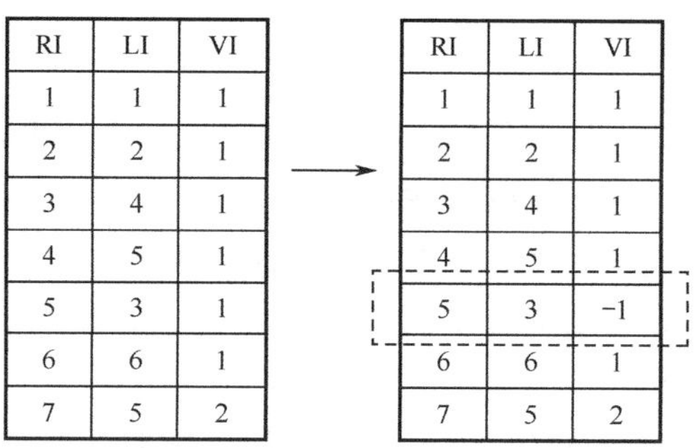

RI	LI	VI
1	1	1
2	2	1
3	4	1
4	5	1
5	3	1
6	6	1
7	5	2

RI	LI	VI
1	1	1
2	2	1
3	4	1
4	5	1
5	3	-1
6	6	1
7	5	2

图 12.14　数据块索引表——删除操作

12.5.3　并行计算算法设计

大数据平台提供存储服务和计算服务，数据拥有者与审计者可以使用大数据平台上的计算资源，对存储在大数据平台上的数据进行处理。对于远程数据审计方案中的不同阶段，合理使用 MapReduce 框架能够有效提高审计效率。

在 SetUp 阶段，数据拥有者选取两个安全质数p和q，计算$N=pq$。其中p,q为私钥，QR_N是模N的乘法循环群，g是QR_N的一个生成元。g与N为公钥。此阶段不需要 MapReduce 计算框架参与。

在 TagGen 阶段，数据拥有者在本地生成数据块标签，然后将文件上传到大数据平台，将数据块标签发送给审计者。或者，数据拥有者先将文件上传到大数据平台中进行存储，然后调用 MapReduce 计算框架进行计算，计算完成后，将数据块标签发送给审计者，删除大数据平台上的数据块标签。数据拥有者将文件划分为n个数据块$m_1,m_2,\cdots,m_n$，并计算数据块标签$T(m)=g^{m_i} \bmod N$。在 Map 函数中，读入文件，将文件分块，每个数据块用一个大数表示。在 Reduce 函数中，计算每个数据块的标签。整个文件的数据块标签用一个数组存储。

TagGen 阶段，Map 函数与 Reduce 函数算法伪代码如下。

Map of TagGen 算法伪代码：

```
Input: <key1, value1>
(key1 is the file name, value1 is the lines)
Output: <key2, value2>
```

```
    (key2 is the file name, value2 is a big integer array M[1,2,…, n] used to
store block value)
```

```
    read file value1 as a string array S
    split S into sections according to the block size
    transfer the split string array to a big integer array M
```

Reduce of TagGen 算法伪代码：

```
    Input: <key3, value3>
    (key3 is a file name, value3 is M[1,2,…, n])
    Output: <key4, value4>
    (key4 is the file name, value4 is a big integer array T[1,2,…, n] used to
stored block tag )
```

```
    for i = 1 to n do
       T[i] <- modular exponentiation of g
       (The base is g, the exponent is M[i], the modulus is N)
    end for
```

在 Challenge 阶段，审计者选择一个随机密钥 $r \in [1, 2^k - 1]$ 和一个随机的群元素 $s \in Z_N \setminus \{0\}$。然后审计者计算 $g_s = g^s \bmod N$，将 $\text{chal} =< r, g_s >$ 发送给大数据平台。这一阶段无须使用 MapReduce 计算框架。

在 GenProof 阶段，审计者根据公钥和随机值生成 chal，将其发送给大数据平台。大数据平台收到 chal 后，使用 MapReduce 计算证明值。计算过程调用了 Map 与 Reduce 两个函数。Map 函数的输入为 key1 与 value1，其中 key1 为挑战信息，value1 为需要审计的文件名称。Map 函数的输出为 key2 与 value2，其中 key2 为挑战信息，value2 为中间计算结果。$f(r,n)$ 是一个用于生成一组随机数的函数，其中 r 为种子，n 为数组长度。Reduce 函数的输入为 key3 与 value3，其中 key3 为 Map 函数的输出 key2，value3 为 Map 函数的输出 value2。Reduce 函数的输出为 key4 与 value4，其中 key4 为挑战信息，value4 为挑战证明。

GenProof 阶段，Map 函数与 Reduce 函数算法伪代码如下。

Map of GenProof 算法伪代码：

```
    Input: <key1, value1>
    (key1 is the challenge information, value1 is a file name)
    Output: <key2, value2>
    (key2 is the challenge information, value2 is a temporary value)
```

```
    call f(r,n)→ a series of random numbers A[1, 2,…, n]
    read file value1 as a string array S
    split S into sections according to the block size
    transfer the split string array to a big integer array M
    (M[1, 2,…, n] used to store block value)
    temp1 ← 0
    for i = 0 to n do
       temp1 ← temp1 + A[i] * C[i]
    end for
    value2 ← temp1 mod N (key3 is t)
```

Reduce of GenProof 算法伪代码：

```
Input: <key3, value3>
(key3 is the challenge information, value3 is a temporary value equals value2 )
Output: <key4, value4>
(key4 is the challenge information, value4 is a proof value R)
value4 <- modular exponentiation of gs
(The base is gs, the exponent is value3, the modulus is N)
```

在 CheckProof 阶段，审计者接收到 R 之后，也调用 $f(r,n)$ 得到一串随机数 $[a_1,a_2,\cdots,a_n]$，并计算 $P=\prod_{i=1}^{j}((T(t_i))^{a_i} \bmod N) \bmod N$ 与 $R'=P^s \bmod N$。然后审计者计算是否满足 $R'=R$。如果满足，输出“成功”；反之，输出“失败”。Map 函数的输入为 key1 与 value1，其中 key1 为挑战信息，value1 为需要审计的文件名称。Map 函数的输出为 key2 与 value2，其中 key2 为挑战信息，value2 为中间计算结果。$f(r,n)$ 是一个生成一组随机数的函数，其中 r 为种子，n 为数组长度。Reduce 函数的输入为 key3 与 value3，其中 key3 为挑战信息，value3 为 value2 与 R 的结合。Reduce 函数的输出为 key4 与 value4，其中 key4 为文件名，value4 为“success”或“failure”。

CheckProof 阶段，Map 函数与 Reduce 函数算法伪代码如下。

Map of CheckProof 算法伪代码：

```
Input: <key1, value1>
(key1 is the challenge information, value1 is a file name)
Output: <key2, value2>
(key2 is the challenge information, value2 is a temporary value P)
call f(r,n) → a series of random numbers A[1, 2,…, n]
read file value1 as a string array S
split S into sections according to the block size
transfer the split string array to a big integer array M
 (M[1, 2,…, n] used to store block value)
temp ← 1
for i = 0 to n do
   temp2 ← temp * modular exponentiation of T[i]
(The base is T[i], the exponent is A[i], the modulus is N)
P ← temp2 mod N
end for
value2 ← P
```

Reduce of CheckProof 算法伪代码：

```
Input: <key3, value3>
(key3 is the challenge information, value3 is the combination of P and R)
Output: <key4, value4>
(key4 is the file name, value4 is a string equal to "success" or "failure")
R1 ← modular exponentiation of P
(The base is P, the exponent is s, the modulus is N)
```

```
if R = R1 then
value4 ← "success"
else
value4 ←"failure"
end if
```

12.5.4 方案分析

1）正确性分析

如果审计者与大数据平台都是诚实的，则双方的数据块索引表应该相同。如果大数据平台上的数据存储完好，R与R'应该相同。推导公式如下。

$$D_i = (g^{t_i}) \bmod N, i \in [1, n]$$

$$P = \prod_{i=1}^{n} (D_i^{a_i} \bmod N) \bmod N = g^{\sum_{i=1}^{n} a_i t_i} \bmod N$$

$$\begin{aligned} R' &= P^s \bmod N \\ &= g^{s\sum_{i=1}^{n} a_i t_i} \bmod N \\ &= g_s^{\sum_{i=1}^{n} a_i t_i} \bmod N \\ &= R \end{aligned}$$

如果大数据平台上的数据完好，则一定能通过验证；如果大数据平台上的数据损坏，则一定不能通过验证。

2）安全性分析

抵御伪造攻击：假如大数据平台不诚实，修改了数据，打算实施伪造攻击欺骗审计者。但审计者处存有数据块的标签，所以大数据平台不能实施伪造攻击。方案可以抵御伪造攻击。方案的安全性依赖于大质数分解与离散对数问题。

抵御替换攻击：假设审计者验证数据块m_1，数据块m_1的实际索引值为R_1，逻辑索引值为L_1，版本为V_1。假设大数据平台已经删除数据块m_1，无法用m_1应答挑战，大数据平台实施替换攻击，使用数据块m_2的信息应答审计者的挑战，用m_2的信息计算R。因为审计者处存有m_1的数据块标签，计算出的R'不等于R，大数据平台无法通过挑战，所以方案能够抵御替换攻击。

抵御重放攻击：审计者与大数据平台使用数据块索引表记录了每次数据更新时的信息，假设原有数据块为m，其实际索引值为R，逻辑索引值为L，版本为V，数据块标签$T(t) = g^t \bmod N$，$t = m \| R \| L \| V$。更新后的数据块为m^*，其实际索引值为R^*，逻辑索引值为L^*，数据块标签$T(t^*) = g^{t^*} \bmod N$，$t^* = m^* \| R^* \| L^* \| V^*$。当审计者发起挑战时，审计者选择一个随机密钥$r \in [1, 2^k - 1]$和一个随机的群元素$s \in Z_N \setminus \{0\}$。然后审计者计算$g_s = g^s \bmod N$，将$\text{chal} = <r, g_s>$发送给大数据平台。大数据平台接收到$\text{chal} = <r, g_s>$后，调用$f(r, n)$得到一串随机数$[a_1, a_2, \cdots, a_n]$。大数据平台计算$R = (g_s)^{\sum_{i=1}^{n} a_i t_i} \bmod N$，然后将$R$发

送给审计者。审计者接收到 R 之后，也调用函数 $f(r,n)$ 得到一串随机数 $[a_1,a_2,\cdots,a_n]$，然后，计算 $P=\prod_{i=1}^{j}((T(t_i))^{a_i} \bmod N) \bmod N$ 与 $R'=P^s \bmod N$。最后，审计者计算是否满足 $R'=R$。大数据平台本应该使用最新的数据块标签 $T(t^*)$ 计算 R^* 应答挑战，假设大数据平台实施重放攻击，使用原来的数据块标签 $T(t)$ 计算出 R 应答挑战，并将 R 发送给审计者。审计者验证时，使用数据块标签 $T(t^*)$ 计算 $R^{*\prime}$。因为 $R \neq R^{*\prime}$，审计者输出“失败”。

3）性能分析

本部分给出方案存储开销、通信开销与计算开销分析。由于数据块标签被公开，数据块标签可以存储在数据拥有者、审计者或大数据平台处。存储开销的上限为 $n|N|$ 比特，n 表示数据块的个数。如果数据块标签存储在大数据平台处，当进行验证时，审计者需要从大数据平台处取回数据块标签，将产生通信开销 $O(n)$。如果数据块标签存储在审计者处，将产生 $O(n)$ 的存储开销，避免了审计者与大数据平台间产生通信开销。

通信开销发生在审计者与大数据平台之间的 Challenge 与 GenProof 阶段。在 Challenge 阶段，从审计者到大数据平台之间的通信开销为 $O(1)$；在 GenProof 阶段，从大数据平台到审计者之间的通信开销为 $O(1)$。总的通信开销为 $O(1)$。

计算开销包括文件预处理与审计两部分。当文件进行预处理时，数据拥有者产生密钥，对文件进行分块处理，然后计算每个数据块的标签。计算数据块的标签需要进行模幂运算，复杂度为 $O(\log n)$。在审计过程中，大数据平台计算 $R=g_s^{\sum_{i=1}^{n}a_it_i} \bmod N$。此处共包括 n 次乘法、$n-1$ 次加法、1 次模幂运算，这一步计算复杂度为 $O(n)$。审计者处计算 $P=\prod_{i=1}^{j}((T(t_i))^{a_i} \bmod N) \bmod N$ 与 $R'=P^s \bmod N$。此处包括 $n+1$ 次模幂运算、$n-1$ 次乘法、1 次模运算，复杂度为 $O(n)$。

单独分析数据动态更新操作的复杂度。如果数据拥有者更新数据，则数据拥有者需要向大数据平台发送更新请求并更新数据块索引表。大数据平台接收到请求后，更新数据块索引表和存储的数据。后续将分析更新数据块索引表导致的动态操作的时间复杂度。假设动态操作的时间复杂度不包括每次操作中搜索的时间复杂度。每次更新操作的搜索时间复杂度为 $O(n)$。如前所述，数据动态操作包括插入、修改、追加和删除。当对文件的数据进行除了删除之外的动态操作时，实际上是将新数据放在文件的末尾。在对文件进行预处理后，数据块索引表的大小为 $O(n)$，n 表示数据块的数量。如果数据块索引表由双链表实现，则可以从双链表的时间复杂度中减去数据块索引表的时间复杂度。对于双链表，插入和删除的时间复杂度为 $O(1)$，这里不考虑搜索复杂度。LI 是节点的序号，LI 和 VI 存储在每个节点上。对于插入操作，数据块索引表添加一行且更改某些行的值，并将一个新节点插入链表中，时间复杂度为 $O(1)$。对于修改操作，数据块索引表添加一行，并在链表中插入一个新节点，时间复杂度为 $O(1)$。对于追加操作，数据块索引表添加一行，并将新节点添加到链表的末尾，时间复杂度为 $O(1)$。对于删除操作，数据块索引表更改一行中的值，并更改链表中的节点值，时间复杂度为 $O(1)$。因此，对于插入、追加、修改和删除操作，如果数据块索引表由双链表实现，则时间复杂度为 $O(1)$。

4）方案对比

从不同的方面对本方案和之前的方案进行比较，如表 12.5 所示。文献[56]中的方案不支持公开验证与隐私保护，支持插入和修改操作，不支持删除与追加操作。优点在于插入与修改操作的复杂度低。文献[73]中的方案基于 BLS 签名和 Merkle 哈希树，本方案基于 RSA 可验证数据块标签和数据块索引表。虽然文献[73]中的方案与本方案都支持公开验证，但前者不支持隐私保护。此外，两个方案中的数据块标签的大小是相同的。本方案的通信开销低于文献[73]中的方案，与文献[56]中的方案相同。由于 Merkle 哈希树是二叉树，其搜索时间复杂度为 $O(\log n)$ 。本方案使用的数据块索引表基于链表，搜索时间复杂度为 $O(n)$ 。虽然本方案的搜索时间复杂度高于文献[73]中的方案，但是本方案动态操作的时间复杂度比文献[73]中的方案要小。通过分析和比较可以看出，方案的通信开销和计算开销都比较低，支持公共认证和隐私保护，并支持对 HDFS 进行动态数据审计。

表 12.5　方案对比

性　质	方　案			
	本方案	方案[56]	方案[73]	方案[77]
公开验证	支持	不支持	支持	支持
隐私保护	支持	不支持	不支持	支持
大数据平台动态数据审计	支持	不支持	不支持	不支持
数据块标签大小	$O(n)$	$O(n)$	$O(n)$	$O(n)$
通信开销	$O(1)$	$O(1)$	$O(n\log n)$	$O(s)$
大数据平台计算开销	$O(n)$	$O(1)$	$O(n\log n)$	$O(n+s)$
审计者计算开销	$O(n)$	$O(1)$	$O(n\log n)$	$O(n+s)$
插入操作	$O(1)$	$O(1)$	$O(n\log n)$	$O(1)$
修改操作	$O(1)$	$O(1)$	$O(n\log n)$	$O(1)$
删除操作	$O(1)$	不支持	$O(\log n)$	$O(1)$
追加操作	$O(1)$	不支持	$O(\log n)$	$O(1)$

注：n 是总的数据块的个数，s 为每个数据块的分区数。

12.5.5　方案总结

我们提出了一种支持并行计算的远程动态数据审计方案。首先，引入新的数据结构——数据块索引表支持插入、修改、追加、删除的动态数据操作。利用该数据结构，实现了对 HDFS 的动态数据审计。其次，设计了基于 MapReduce 框架的审计算法并行审计数据，提高了大数据平台的审计效率。

12.6　多用户远程动态数据审计方案

医疗健康大数据平台面向不同的医疗机构，如果有多个医疗机构同时在大数据平台上存储数据，则需要有效的机制验证不同用户的身份，保证数据的安全性，防止有恶意攻击者伪造身份窃取数据。目前，大多数现有的远程数据审计方案结构都依赖公钥基础设施，复杂且耗时。为了简化用户身份认证流程，我们提出一种在医疗健康大数据平台中能够验证用户身份的多用户远程数据审计方案[90]。该方案基于双线性映射，并使用 Merkle 哈希树验证每一步更新操作的正确性。

12.6.1 方案描述

1）多用户审计模型

如图 12.15 所示，多用户审计模型由四个实体组成，即密钥生成中心、数据拥有者、大数据平台和审计者。密钥生成中心根据所有数据拥有者的身份生成密钥。数据拥有者在不保留本地副本的情况下在大数据平台上存储数据。大数据平台具有重要的存储空间和计算资源，为数据拥有者提供数据存储服务。审计者根据数据拥有者的授权审计数据。在审计模型中，大数据平台是不可信的，可能隐瞒数据损坏事件。

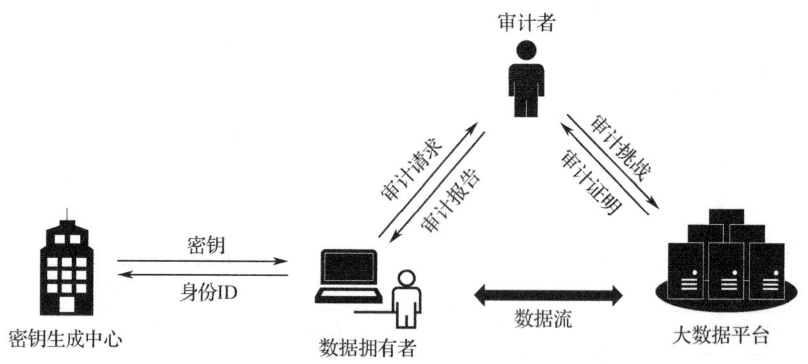

图 12.15　多用户审计模型

系统共有八个算法：SetUp、Extract、TagGen、Challenge、GenProof、CheckProof、ExecuteUpdate 和 VerifyUpdate。

{param, msk}¬SetUp(1^k) 是一个由密钥生成中心执行的算法。此算法的输入为安全参数 k，输出为系统公共参数与系统主密钥 msk 。

{sk} ← Extract(param, msk, ID) 是一个由密钥生成中心执行的算法。此算法的输入为系统主密钥 msk 、系统公共参数 param 、一个数据拥有者的 ID，输出为相应数据拥有者的私钥 sk。

{Φ} ← TagGen(param, F, sk) 是一个由数据拥有者执行的算法。此算法的输入为系统公共参数 param、数据拥有者的私钥 sk、一个文件 $F \in \{0,1\}^*$，输出为数据块的标签集 Φ 。

{chal} ← Challenge(param, fname, ID) 是一个由审计者执行的算法。此算法的输入为系统公共参数 param 、数据拥有者 ID、文件名 fname ，输出为针对该文件的一个挑战值 chal 。

{P} ← GenProof(param, ID, chal, F, fname, Φ) 是大数据平台执行的算法。此算法的输入为系统公共参数 param、挑战值 chal 、数据拥有者 ID、数据块标签集 Φ、文件 F 、文件名称 fname，输出为证明值 P 。

{TRUE，FALSE} ← CheckProof(param, ID, chal, P, fname) 是一个由审计者执行的算法。此

算法的输入为系统公共参数 param、挑战值 chal、数据拥有者 ID、证明值 P、文件名称 fname。如果文件完整，则输出 TRUE；如果文件不完整，则输出 FALSE。

$\{F', \Phi', P_{\text{update}}\} \leftarrow \text{ExecuteUpdate}(F, \Phi, \text{updateMessage}, \text{operationType})$ 是一个由大数据平台执行的算法。此算法的输入为文件 F、数据块标签集 Φ、更新消息 updateMessage、操作类型 operationType。操作类型包括三种，分别是 M、I、D，表示修改操作、插入操作、删除操作。此算法的输出为更新之后的文件 F'、更新之后的数据块标签集 Φ' 与更新证明 P_{update}。

$\{(\text{TRUE}, \text{FALSE}), \text{sig}(H(R'))\} \leftarrow \text{VerifyUpdate}\{\text{param}, \text{updateMessage}, P_{\text{update}}\}$ 是一个由审计者执行的算法。此算法的输入为系统公共参数 param、更新消息 updateMessage、更新证明 P_{update}。如果更新验证通过，则输出 TRUE 和更新后的根节点的签名；否则，输出 FALSE。

2）审计方案

动态数据审计是数据审计的一个重要特征。如果没有动态数据审计，当数据拥有者需要更新大数据平台中的文件时，必须从大数据平台下载文件，更新数据并将更新后的文件重新发送到大数据平台。这个过程可能导致巨大的通信开销，因为每次更新都需要传输文件两次。到目前为止，尚没有基于身份的远程数据审计方案支持动态数据审计。

实现动态数据审计最重要的是数据块标签的计算不应该涉及块的位置，否则每一个动态操作都会造成巨大的计算开销。方案使用 Merkle 哈希树验证数据块标签是否被破坏，并验证大数据平台是否如实根据请求更新数据。

如上所述，系统中有八种算法，其中 Setup、Extract、TagGen、Challenge、GenProof、CheckProof 具体描述如下。ExecuteUpdate 和 VerifyUpdate 算法在下一节进行介绍。

SetUp：密钥生成中心根据一个安全参数 k，选择两个阶数为质数 q 的乘法循环群 G_1 与 G_2。设 g 是 G_1 的一个生成元。G_1 与 G_2 间存在一个双线性映射 $e: G_1 \times G_1 \rightarrow G_2$。密钥生成中心选择一个随机元素作为主密钥 $\text{msk} \in Z_q^*$，并计算系统公钥 $P_{\text{pub}} = g^{\text{msk}}$。最后，密钥生成中心选择四个哈希函数 H、H_1、H_2 与 H_3。四个哈希函数满足如下关系：$H: \{0,1\}^* \rightarrow \{0,1\}^*$，$H_1, H_2: \{0,1\}^* \rightarrow G_1$ 和 $H_3: G_2 \rightarrow \{0,1\}^l$。系统公共参数为 $(G_1, G_2, e, g, P_{\text{pub}}, H, H_1, H_2, H_3, l)$。

Extract：密钥生成中心根据数据拥有者的 ID，利用主密钥 msk 为数据拥有者计算私钥，私钥为 $\text{sk} = H_1(\text{ID})^{\text{msk}}$。

TagGen：给出文件 M，数据拥有者首先将文件 M 分成 n 个数据块 $m_1, m_2, \cdots, m_n$。数据拥有者选择一个随机元素 $\eta \in Z_q^*$，计算 $r = g^\eta$。对每个数据块 m_i，数据拥有者计算数据块标签 $\sigma_i = \text{sk}^{m_i} H_2(\text{fname})^\eta$，所有数据块标签组成的集合为 Φ。其次，数据拥有者构造一个 Merkle 哈希树，树的节点为数据块标签值的哈希值。然后，数据拥有者用私钥给根节点签名。最后，数据拥有者将文件、数据块标签 Φ 与签名后的根节点发送给大数据平台，并删除本地文件。

Challenge：首先，审计者生成 n 个随机数，随机数集合为 Q，$Q = [v_1, v_2, \cdots, v_n]$，$v_i \in Z_q^*$。其次，审计者选择一个随机数 $\rho \in Z_q^*$，并计算 $Z = e(H_1(\text{ID}), P_{\text{pub}})$。然后，审计者再计算 $c_1 = g^\rho$，$c_2 = Z^\rho$。最后，审计者将生成的挑战值 $\text{chal} = (c_1, c_2, Q)$ 发送给大数据平台。

GenProof：大数据平台收到挑战值 $\text{chal} = (c_1, c_2, Q)$ 后，为了根据挑战生成证明值，首先，大数据平台计算 $Z = e(H_1(\text{ID}), P_{\text{pub}})$。然后，大数据平台计算 $\mu = \sum_{i \in I} v_i m_i$，$\sigma = \prod_{i \in I} \sigma_i^{v_i}$ 和

$m' = H_3(e(\sigma, c_1) \cdot c_2^{-\mu})$。最后，大数据平台将证明值 P 返回给审计者。

CheckProof：审计者收到证明值 P 之后，为了判定文件是否完整，计算检查等式 $m' = H_3(\prod_{i \in I} e(H_2(\text{fname} \| i)^{v_i}, r^{\rho}))$ 是否成立。如果等式成立，则审计者输出 TRUE；否则，审计者输入 FALSE。

12.6.2 动态更新

修改、插入和删除是动态更新中的基本操作。每个更新由两个算法组成，即 ExecuteUpdate 和 VerifyUpdate。首先，数据拥有者运行 ExecuteUpdate 算法更新数据，然后审计者运行 VerifyUpdate 算法验证大数据平台是否按照需求更新数据。在此过程中，Merkle 哈希树用于验证标记和验证更新。下面将分别介绍如何在该方案中处理动态数据，包括数据修改、数据插入和数据删除。

1）数据修改

如果数据拥有者想进行更新操作，将 m_i 修改为 m_i'，首先，数据拥有者为修改之后的数据块 m_i' 计算相应的数据块标签 σ_i'；然后，数据拥有者生成一个请求更新的消息，将消息发送给大数据平台。大数据平台收到请求更新的消息后，执行算法 ExecuteUpdate $(F, \varPhi, \text{updateMessage}, M)$，$M$ 表示修改操作。

更新算法的具体步骤描述如下。

步骤 1：大数据平台将数据块 m_i 修改为 m_i'，输出新的文件 F'。

步骤 2：大数据平台将数据块标签 σ_i 修改为 σ_i'，输出新的数据块标签集 $\varPhi'$。

步骤 3：大数据平台将 Merkle 哈希树中的 $H(\sigma_i)$ 替换为 $H(\sigma_i')$，并重新计算 Merkle 哈希树的根节点，具体过程如图 12.16 所示。

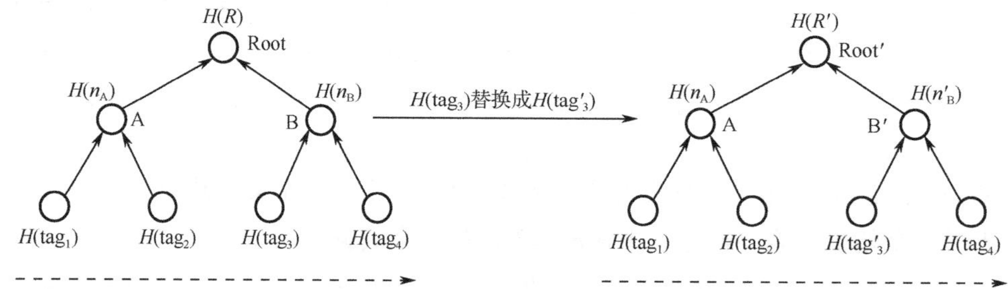

图 12.16　Merkle 哈希树更新——修改操作

步骤 4：大数据平台为更新操作生成更新证明 P_{update}，并将更新证明发送给数据拥有者。$P_{\text{update}} = (H(m_i), \text{sig}_{\text{sk}}(H(R)), R', \varOmega_i)$，其中 $\varOmega_i$ 是验证 m_i 是否完整的辅助信息。

数据拥有者收到大数据平台发送的更新证明 P_{update} 之后，执行验证更新的算法 VerifyUpdate。

此算法的具体步骤如下。

步骤 1：数据拥有者用 $\{H(m_i), \varOmega_i\}$ 计算 Merkle 哈希树新的根节点 R'，检查是否满足等式 $e(\text{sig}_{\text{sk}}(H(R'), g) = e(H(R'), g^{\text{sk}})$。

步骤 2：如果该等式不成立，则数据拥有者判断大数据平台没有按要求执行更新操作，输出 FALSE。

步骤 3：如果该等式成立，则数据拥有者用私钥给新的根节点签名，并将签名后的根节点发送给大数据平台，输出 TRUE。

2）数据插入

如果数据拥有者想进行插入操作，在数据块 m_i 之后插入数据块 m^*，则这个过程与数据更新操作类似。首先，数据拥有者为插入的数据块 m^* 计算相应的数据块标签 σ^*；然后，数据拥有者生成一个请求更新的消息，将消息发送给大数据平台。大数据平台收到请求更新的消息后，执行算法 ExecuteUpdate$(F,\Phi,\text{updateMessage},I)$，$I$ 表示插入操作。

更新算法的具体步骤描述如下。

步骤 1：大数据平台在数据块 m_i 之后插入数据块 m^*，输出新的文件 F'。

步骤 2：大数据平台增加相应的数据块标签 σ^*，输出新的数据块标签集 Φ'。

步骤 3：大数据平台在 Merkle 哈希树中插入 $H(\sigma^*)$，并重新计算 Merkle 哈希树的根节点，具体过程如图 12.17 所示。

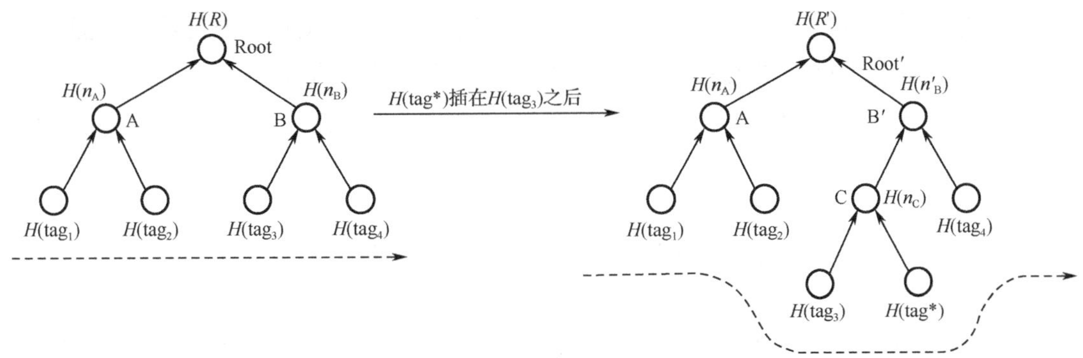

图 12.17 Merkle 哈希树更新——插入操作

步骤 4：大数据平台为更新操作生成更新证明 P_{update}，并将更新证明发送给数据拥有者。$P_{\text{update}}=(H(m^*),\text{sig}_{\text{sk}}(H(R)),R',\Omega_i)$，其中 Ω_i 是验证 m_i 是否完整的辅助信息。

数据拥有者收到大数据平台发送的更新证明 P_{update} 之后，执行验证更新的算法 VerifyUpdate。

此算法的具体步骤如下。

步骤 1：数据拥有者用 $\{H(m^*),\Omega_i\}$ 计算 Merkle 哈希树新的根节点 R'，检查是否满足等式 $e(\text{sig}_{\text{sk}}(H(R')),g)=e(H(R'),g^{\text{sk}})$。

步骤 2：如果该等式不成立，则数据拥有者判断大数据平台没有按要求执行更新操作，输出 FALSE。

步骤 3：如果该等式成立，则数据拥有者用私钥给新的根节点签名，并将签名后的根节点发送给大数据平台，输出 TRUE。

3）数据删除

如果数据拥有者想进行删除操作，删除数据块 m_i，则数据拥有者生成一个请求更新的消息，将消息发送给大数据平台。大数据平台收到请求更新的消息后，执行算法

ExecuteUpdate$(F,\Phi,\text{updateMessage},D)$，$D$ 表示删除操作。

更新算法的具体步骤描述如下。

步骤 1：大数据平台删除数据块 m_i，输出新的文件 F'。

步骤 2：大数据平台删除数据块标签 σ_i，输出新的数据块标签集 Φ'。

步骤 3：大数据平台删除 Merkle 哈希树中的 $H(\sigma_i)$，并重新计算 Merkle 哈希树的根节点，具体过程如图 12.18 所示。

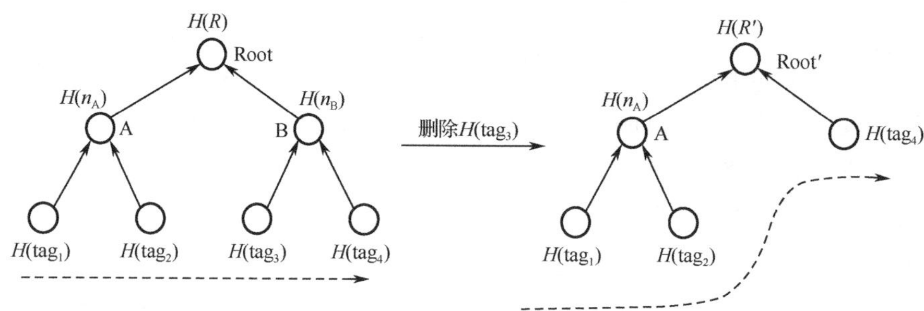

图 12.18 Merkle 哈希树更新——删除操作

步骤 4：大数据平台为更新操作生成更新证明 P_{update}，并将更新证明发送给数据拥有者。$P_{\text{update}}=(H(m_i),\text{sig}_{\text{sk}}(H(R)),R',\Omega)$，其中 Ω 是验证 m_i 是否完整的辅助信息。

数据拥有者收到大数据平台发送的更新证明 P_{update} 之后，执行验证更新的算法 VerifyUpdate。

此算法的具体步骤如下。

步骤 1：数据拥有者用 $\{\Omega\}$ 计算 Merkle 哈希树新的根节点 R'，检查是否满足等式 $e(\text{sig}_{\text{sk}}(H(R'),g)=e(H(R'),g^{\text{sk}})$。

步骤 2：如果该等式不成立，则数据拥有者判断大数据平台没有按要求执行更新操作，输出 FALSE。

步骤 3：如果该等式成立，则数据拥有者用私钥给新的根节点签名，并将签名后的根节点发送给大数据平台，输出 TRUE。

12.6.3 方案分析

1）正确性分析

正确性是审计方案的基本要求。如果数据拥有者和大数据平台都是诚实的，验证就会成功，否则验证就会失败。通过推导证明本方案的正确性，如下所示。

$$
\begin{aligned}
m' &= H_3(e(\sigma,c_1)\cdot c_2^{-\mu}) \\
&= H_3\left(\frac{e(\sigma,c_1)}{c_2^{\mu}}\right) \\
&= H_3\left(\frac{e(\prod_{i\in I}\sigma_i^{v_i},g^{\rho})}{e(H_1(ID),P_{\text{pub}})^{\rho\sum_{i\in I}v_i m_i}}\right)
\end{aligned}
$$

$$= H_3\left(\frac{e(\prod_{i\in I}\sigma_i^{v_i}, g^{\rho})}{e(\mathrm{sk}, g)^{\rho\sum_{i\in I} v_i m_i}}\right)$$

$$= H_3\left(\frac{\prod_{i\in I} e(\sigma_i^{v_i}, c_1)}{\prod_{i\in I} e(s, c_1)^{m_i v_i}}\right)$$

$$= H_3(\prod_{i\in I} e(\frac{\sigma_i}{s^{m_i}}, g^{\rho v_i}))$$

$$= H_3(\prod_{i\in I} e(H_2(\mathrm{fname})^{\eta}, g^{\rho v_i}))$$

$$= H_3(\prod_{i\in I} e(H_2(\mathrm{fname})^{v_i}, r^{\rho}))$$

从推导过程可以看出，如果数据拥有者和大数据平台双方都诚实的话，在 CheckProof 算法中，$H_3(\prod_{i\in I} e(H_2(\mathrm{fname})^{v_i}, r^{\rho}))$ 与 m' 应该相等。如果两者相等，则验证通过，否则验证失败。

2）安全性分析

审计者可以验证存储在大数据平台上的任何数据的完整性。大数据平台是不可信的，可以修改存储的数据。审计方案的目标是，当存储在大数据平台上的数据损坏时，审计者能够检测出来。此处描述作为审计者的挑战者和作为大数据平台的敌手之间的模型。挑战者与敌手参与一个安全游戏，游戏规则为如果敌手不拥有与给定挑战对应的数据拥有者 ID 的所有块，就无法成功生成有效证明，除非猜出所有被挑战的块。游戏由以下阶段组成。

（1）初始化：挑战者运行设置算法获取系统参数和主密钥 msk，并将系统参数转发给敌手。

（2）查询：敌手向挑战者进行一些查询，获取身份 ID 下的数据块标签。首先，挑战者通过运行提取算法计算私钥 sk。然后，挑战者运行 TagGen 算法生成文件的数据块标签。最后，挑战者将一组数据块标签返回对手。

（3）挑战：挑战者为文件 F 准备一个挑战并发送给敌手。

（4）伪造：敌手根据挑战生成响应并将其发送给挑战者。如果挑战者验证这个响应是正确的，则敌手获胜。

如果对于任何多项式时间的敌手，该方案都是安全的，则敌手赢得游戏的概率与挑战者有能力通过知识提取器提取这些数据块的概率相同。假设敌手在数据占有游戏中获胜。如果敌手没有篡改存储的数据，挑战者可以从敌手的响应中提取真正的数据块。如果敌手篡改了数据，敌手必须伪造一个数据块标签，挑战者可以用它赢得伪造数据块标签的游戏。然而，在双线性群中很难计算 Diffie-Hellman 问题的情况下，这两种情况都不太可能发生。通过安全分析，可以得出结论，本方案是安全的，并且支持公共验证。

3）性能分析

该方案的性能由仿真结果给出，仿真环境为 Intel i5-7200U CPU @2.50GHz 和 8GB RAM 的系统。算法由 Java 实现，调用了 JPBC-2.0.0 库函数。在不同的条件下测试了该方案的性能，结果分为两部分。

在第一部分中，数据块长度固定，观察数据块的数量对运行时间的影响。设置数据块的长度为 1KB。由于 SetUp 算法、Extract 算法和 Challenge 算法的运行时间基本是恒定的，主要关注 TagGen 算法、GenProof 算法、CheckProof 算法的运行时间。将挑战块的数量从 10 个增加到 100 个，每次测试增加 10 个，并观察 TagGen 算法、GenProof 算法和 CheckProof 算法的计算开销。从图 12.19 与图 12.20 可以看出，这三种算法的运行时间与挑战块的数量线性相关。此外，TagGen 算法是该方案中计算开销最高的算法。

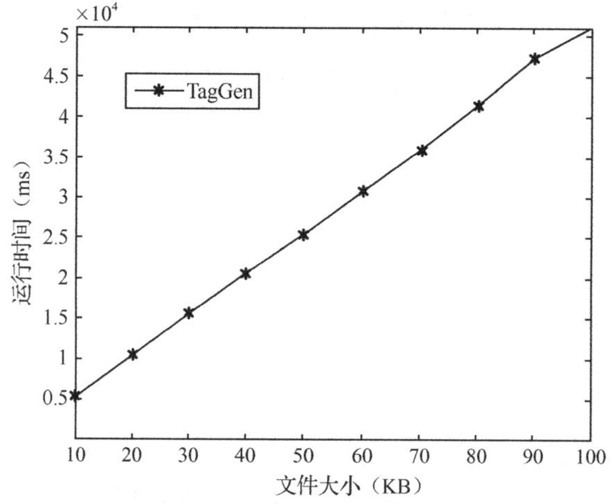

图 12.19　TagGen 算法的运行数据（数据块为 10KB）

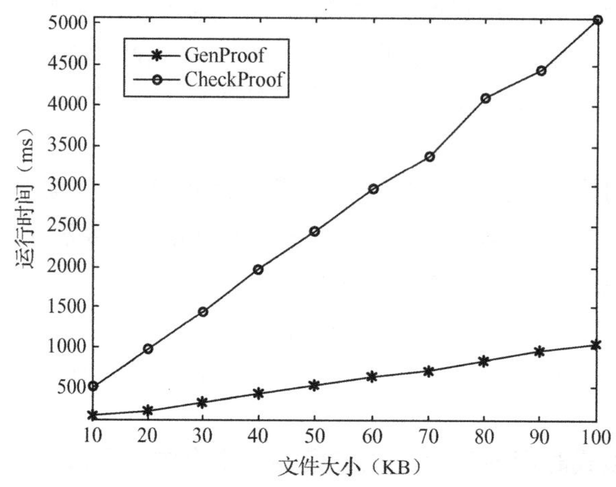

图 12.20　GenProof 算法和 CheckProof 算法的运行时间

在第二部分中，文件长度固定，观察数据块长度对运行时间的影响。设置文件的大小为 10KB。将数据块大小从 8B 增加到 1024B，每次增加 2 倍，观察 TagGen 算法的运行时间。如图 12.21 所示，TagGen 的运行时间随着块大小的增加而降低。考虑到审计的动态性和审计效率的要求，应该根据实际情况选择合适的块大小。

动态操作包括修改操作、插入操作和删除操作。由于 Merkle 哈希树是一棵二叉树，因此修改、插入和删除的时间复杂度为 $O(\log n)$。因此，每个动态操作的复杂性为 $O(\log n)$。随着动态操作的增加，Merkle 哈希树可能不平衡，动态操作的复杂性也会增加。因此，在大量的动态操作之后，有必要对 Merkle 哈希树进行重建。

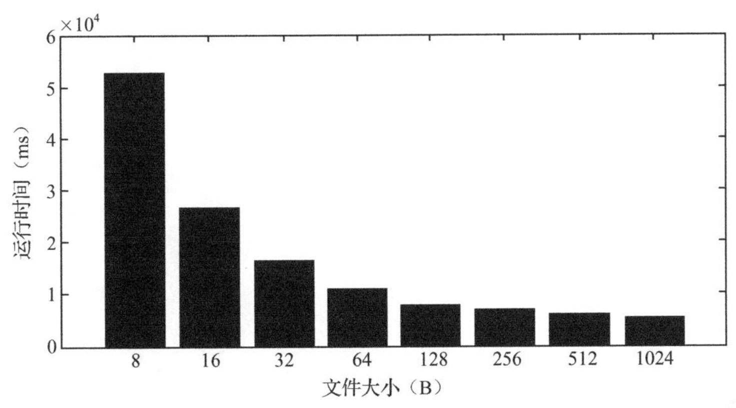

图 12.21　TagGen 算法运行时间（文件为 10KB）

4）方案对比

将本方案与之前的方案进行对比，结果如表 12.6 所示，文献[50]中的方案只支持数据追加，不使用任何数据结构验证数据块标签。本方案和文献[50]中的方案都使用相同的 Merkle 哈希树结构，其中动态更新的时间复杂度为 $O(\log n)$。文献[91]和文献[92]中的方案都不支持动态数据审计，本方案却支持动态数据审计。通过分析比较，可以看出本方案的通信开销和计算开销都比较低，并且支持公众验证和隐私保护。最重要的是，本方案支持动态数据审计和基于身份的审计。

表 12.6　方案对比

性　质	方　案				
	本方案	方案[50]	方案[72]	方案[91]	方案[92]
公开审计	支持	不支持	支持	支持	支持
稳固性	支持	支持	支持	不支持	支持
隐私保护	支持	不支持	不支持	支持	支持
数据块大小	$O(n)$	$O(n)$	$O(n)$	$O(n)$	$O(n)$
通信开销	$O(1)$	$O(1)$	$O(s)$	$O(n\log n)$	$O(n\log n)$
大数据平台计算开销	$O(n\log n)$	$O(1)$	$O(n+s)$	$O(n\log n)$	$O(n\log n)$
审计者计算开销	$O(n\log n)$	$O(1)$	$O(n\log n)$	$O(n\log n)$	$O(n\log n)$
动态更新	支持	支持部分	支持	不支持	不支持
多用户模型	基于身份	PKI 体制	PKI 体制	基于身份	基于身份

注：n 是总的数据块的个数，s 为每个数据块的分区数。

12.6.4　方案总结

我们提出了一种能够进行动态数据审计的多用户远程数据审计方案。动态数据审计是当前基于身份的审计方案中缺少的一个重要特性。该方案基于双线性映射，通过设计合理的数据块标签生成算法，实现了基于身份的多用户动态数据审计，简化了用户身份认证流程。为了保证每次更新数据的正确性，该方案使用 Merkle 哈希树对数据块标签的完整性进行验证，保证了大数据平台如实更新数据。

第13章 Chapter 13 大数据系统隐私保护关键技术

13.1 概述

大数据时代带来数据的爆炸式增长，医疗领域每天都产生大量的以 TB 级或 PB 级计量的医疗数据。随着大数据技术的不断发展，这些医疗数据可以被医生用于常见疾病的诊断和治疗。在生殖医学领域，生殖健康面临严峻的挑战，特别是流产、出生缺陷、不孕不育等方面的问题对我国人口健康产生了巨大的影响。因此，需要对导致生殖问题的病症之间的联系进行挖掘研究，有效预防出生缺陷和流产。数据挖掘是大数据背景下一种高效的、深层次的数据分析技术，吸纳了机器学习、数据库和数据仓库、统计学、模式识别等许多应用领域的大量技术，迅速成为各行各业的研究热点[101]。聚类和分类作为数据挖掘的重要方向，应用于生殖健康的大数据可分析各种疾病或生活习惯等对最终妊娠结果的影响，促进生殖健康科研和临床领域的应用。

聚类是将一个数据集划分为多个类，同类数据之间相似度较高，不同类数据之间相似度较低。聚类分析随着应用需求的不断变化得到了快速发展，针对数据集的特点和具体分析任务的不同可设计不同的算法，按照处理对象的类型可以将聚类算法分为三类：数值型数据聚类算法、分类型数据聚类算法和混合型数据聚类算法[102]。数据挖掘中最广泛使用的 *k*-means 是典型的数值型数据聚类算法，根据相似性度量将数据分为 k 个聚类。分类作为数据挖掘的一个重要分支，通过对训练集进行训练学习，制定分类规则，将未知的数据按照分类规则归于已知的类标签中。决策树是分类技术中一个重要的方法，以树形结构为基础，从根节点逐层递归构建分类规则，递归结束后，依据分类规则将未知类别的数据划分到已知的类标签中。

然而，大数据分析技术的发展使个体的隐私保护成为一个重要的问题，由于对医疗信息存储及管理的重视程度不够，更易导致泄露事件发生，例如，亚马逊服务器泄露 47GB 医疗数据，国内某医疗服务信息被入侵导致孕检等 7 亿条信息泄露等。如何在应用数据挖掘分析生殖数据的同时确保数据的隐私保护是一个重要的研究方向。隐私保护的相关问题最早于 20 世纪 70 年代末被提出[103]，文献[104]和文献[105]介绍了众多用于安全发布数据的隐私定义和应用。传统隐私保护方法以 *k*-anonymity[106-108]及相同理论基础上的扩展方法最具代表性。这些隐私保护方法存在两个问题：具有背景相关依赖性，即假定了某一攻击模型或攻击者具有的背景知识；缺少较为严格的理论基础，证明隐私保护的水平十分困难。差分隐私（Differential Privacy，DP）[109-113]的提出很好地解决了这两个问题，基本思想是数据集中任何个体对于数据集输出的影响是有限的，以隐藏个体的贡献。Dwork 等人[112,113]引入了两种类型的差分隐私，包括有界差分隐私（Bounded Differential Privacy，BDP）和无界差分隐私（Unbounded Differential Privacy，UDP）。

差分隐私假设攻击者具有强大的背景知识，可以为实际的数据发布和数据挖掘提供强大的隐私保护。目前，已经发展了差分隐私 *k*-means 算法及其隐私预算设置的相关工作。因此，需要针对复杂的隐私保护问题，研究大数据中的差分隐私方法。

13.2 隐私保护方案

13.2.1 隐私保护研究现状

现代隐私保护研究工作大多数是在数据库背景下进行的，主要可分为两类形式：数据聚类形式和理论框架[105]。数据聚类形式发展从最初的 *k*-anonymity、*l*-diversity 到 *t*-closeness。Samarati 和 Sweeney[106-108]最先提出 *k*-anonymity，*k*-anonymity 要求经匿名化发布的数据集中，每个准标识符（Quasi-Identifier，QID）类至少有 k 个实体，每个实体的准标识符至少有其他 $k-1$ 个实体的准标识符与之相同。由于 *k*-anonymity 只对准标识符进行处理，对敏感属性（Sensitive Attributes，SA）未做处理，易遭受同质性攻击、背景知识攻击等。2006 年，Machanavajjhala 等人[19]提出 *l*-diversity 确保每个准标识符类中的敏感属性至少有 l 个不同值，弥补了 *k*-anonymity 的缺点。但是，*l*-diversity 仍不能有效预防偏斜攻击和相似性攻击，在特定情况下 *l*-diversity 可能向攻击者泄露更多隐私信息。2007 年，Li 等人[121]提出了 *t*-closeness，要求敏感属性在准标识符类中的分布与该敏感属性在数据集中的分布不超过阈值 t，相对于前两种隐私概念，*t*-closeness 抵御攻击的能力较强。2010 年，Li 等人[122]在原有基础上进行改进提出了(n,t)-closeness，该方法更灵活，数据效用增强，但并没有给出具体的计算过程。

不同于数据聚类形式的隐私保护，理论框架包括差分隐私和差分可辨性等可为数据集提供强大的隐私保护。差分隐私[109-113]可假设攻击者具有最大背景知识，对两个只相差一条记录的数据集，差分隐私通过隐私参数 ε 限制两个数据集查询结果之间的差异，限制了攻击者可获得的信息增益。由于具有严格的数学基础和强大的背景知识，差分隐私被广泛认可，但仍需要研究差分隐私各个方面的优缺点，以便于客观评价其效用。Li 等人[123]

认为差分隐私在背景知识的设置上过于严格，提出了基于采样的差分隐私，利用攻击者对数据集的不确定性。Kifer 和 Machanavajjhala[114]认为差分隐私可抵御任何背景知识攻击是不正确的，在没有假设数据如何生成的情况下，无法讨论隐私保护的安全性和数据效用，提出了差分隐私只适用于数据记录相互独立的情况。Cormode[115]认为差分隐私不能预防推理攻击，即从差分隐私输出中，可以通过非平凡的准确性推断出潜在的隐私信息。Lee 和 Clifton[116]认为差分隐私的隐私预算参数 ε 仅限制了某个个体对输出的影响程度，没有限制个人信息泄露的程度，这与需要保护可识别的个人信息的隐私定义不符。他们提出了差分可辨性，可提供与差分隐私相同的隐私保护，让决策者设置隐私参数 ρ 限制个体被识别的概率。2013 年，Li 等人[124]分析了差分隐私和差分可辨性的利弊并提出了成员隐私框架，将隐私保护概念参数化为一系列的分布簇，为发展新的隐私概念提供了理论支持。在该框架下，研究者可通过限制某些分布条件实现具有更好效用的差分隐私和差分可辨性。2016 年，Backes 等人[125]利用成员隐私框架，通过限制差分隐私的分布条件加入少量噪声，获得了更符合该文应用的较弱的差分隐私保护。

13.2.2 隐私保护聚类技术研究现状

文献[126]第一次提出了通过聚类匿名化实现隐私保护的方法，基本思想是先对原始数据集进行聚类操作，用簇中心替换所有记录连同簇特征一起发布。这种处理方式使大多数数据遭到严重破坏，数据效用大大降低。Byun 等人[127]也提出了一种基于聚类技术实现 k 匿名的方法。该方法采用多次聚类，没有考虑孤立点对聚类结果的影响，数据可用性差。基于聚类的 k 匿名隐私保护研究仅限于聚类中心和聚类成员的选取方法，执行效率低，信息损失大。在 l-diversity 匿名化实现隐私保护的基础上，韩建民[128]和滕金芳[129]分别提出了 l-MDAV 匿名保护算法和一种基于聚类的 l-diversity 算法，前者将距离簇中心最近的记录以 l-diversity 为原则划分为一个簇，然后将簇匿名化为等价类达到隐私保护的效果；后者在聚类过程中满足 l-diversity 并控制等价类中的记录数在 l～$2l$ 之间，提高数据的安全性和可用性。目前，国内外研究者已对 k-anonymity、l-diversity、t-closeness 三种隐私保护方法提出了许多改进和增强模型，将其与聚类算法结合确保聚类结果的安全性。但是，这些隐私保护方法在现有研究的基础上仍存在问题，无法有效确保数据的安全。

理论框架形式的隐私保护，如差分隐私、差分可辨性等，具有严格的数学基础，可提供强大的隐私保护，与聚类算法的结合也是隐私保护领域的研究热点。2005 年，Blum 等人[111]提出并实现了在 SuLQ 平台上的差分隐私 k-means 算法。在计算聚类中心的过程中，对聚类中样本数据的求和函数和计数函数的查询结果加入少量噪声保证聚类中心点的安全性。该算法查询函数的敏感度较大并且未给出设置隐私预算 ε 的方式。Dwork[117]提出了两种不同的隐私预算设置方式，给出差分隐私 k-means 算法查询函数的敏感度。2007 年，Nissim[130]提出了 PK-means 算法，使聚类最终结果满足差分隐私保护定义，同时给出计算误差下界和函数敏感度的具体过程。2013 年，李杨等人[131]提出了 IDP k-means 改进算法，该算法在满足差分隐私保护的条件下，将归一化的数据集均分为 k 个子集合，分别计算每个集合内数据之和与数据数目之和，加噪后计算的结果作为初始中心点。IDP k-means 算法避免了 k-means 随机选取中心点对聚类结果准确性造成的负面影响，使聚类结果的可用性得到提升。2014 年，Jafer 等人[132]提出了 TOP_Diff 算法，对原始数据集执行特征提取后进行 k 匿名和差分隐私保护，减少大数据集匿名化操作时间，并且通过相互调节匿名化水平 k 值和隐私预算 ε 可获得较高的数据效用。2016 年，李灵芳[133]针对传统差分隐私 k-means 随机选取初始中心点人为指定 k 值的缺点，提出了融合 Canopy 的差分隐私 k-means 算法。通过 Canopy 算法得到聚簇个数 k，将 Canopy 算法获得的子集中心点作为初始中心点，避免两者选择的随机性。在聚类迭代过程中，判断中心点和数据记录是否在同一个 Canopy 中，若不在同一个 Canopy 中，则不再计算欧氏距离，可以加快收敛速度、减少计算，该算法聚类结果的准确性大部分略高于 IDP k-means。

2016 年，刘晓迁等人[134]提出了基于 DBSCAN（Density-Based Spatial Clustering of Applications with Noise）聚类算法的差分隐私数据保护方法，按照密度分布将数据划分为不同的等价类。在实现匿名化时，将查询函数的敏感性分解到等价类的每条记录上，降低查询函数敏感度，提高聚类结果的准确性，然后对匿名化划分的数据添加拉普拉斯噪声，实现差分隐私保护。2016 年，Yu 等人[135]提出了消除异常值的差分隐私 k-means 算法（OEDP），该算法检测并消除异常值，然后根据 r 近邻区域中数据点的密度划分为 k 个子集，提高聚类的准确性和效率。Zhao 等人[119]提出了优化的 Canopy 方法改进差分隐私 k-means 算法初始中心点的选择，并基于 MapReduce 并行计算框架实现。

上述隐私保护算法大多只适用于数值型数据或分类型数据，例如，差分隐私 k-means 算法只作用于数值型数据，文献[132]中的 TOP_Diff 算法只适用于分类型数据。针对混合型数据的聚类算法的研究较多，大致可分为三种处理方式：分类型转化为数值型、数值型离散化为分类型、设计新的聚类函数。但是，与隐私保护结合的混合型数据聚类算法很少。2014 年，欧洋伶[136]提出了新的隐私保护算法——Margin-Jump，为列联表提供 ρ-差分可辨性隐私保护，基本思想是随机替换数据集的敏感属性值，针对不同的敏感属性数据类型设计不同的替换机制。该算法采用 ρ-差分可辨性作为隐私保护模型，并且通过严格的理论证明。目前，基于差分可辨性隐私保护模型的算法仍然很少。2017 年，Li 等人[118]提出了一种对混合属性数据执行差分隐私的数据保护方法，算法首先采用 ICMD（Insensitive Clustering for Mixed Data）聚类算法对数据集进行聚类匿名化，对于分类型数据和数值型数据采用不同方法计算聚类和质心。算法引入全序函数确保匿名化后的数据集满足差分隐私定义，在此基础上进行 ε-差分隐私保护。该算法通过聚类实现查询敏感度由单个数据到等价类数据的分化，降低了信息损失和隐私泄露的风险，具有比标准差分隐私更好的数据保护效果，同时增强了数据可用性。

13.2.3 隐私保护分类技术研究现状

与隐私保护聚类技术相似，许多学者也对分类技术与隐私保护的结合进行研究，决策树作为分类技术的典型代表，与之相关的隐私保护研究成果被相继提出。

Wenliang Du[137]在 2003 年提出了随机响应技术与决策树结合实现隐私保护的方法。该方法采用随机处理的原理实现隐私保护，不依赖复杂的攻击情况假设，操作简单，也不需要完善的协议，从不同于加密技术的角度实现了隐私保护。随机响应局限性在于仅仅适用于布尔属性的数据集，需要将所有的属性采用二进制标记后再进行随机化处理，并且随机数发生器的概率选取十分重要。

2013 年，Szűcs[138]提出了随机响应森林，结合决策树与随机化技术，对经典随机森林进行扩展，可用于隐私保护数据挖掘。随机响应森林使用二进制匿名度量将属性和名称转化为二进制，局限性在于二进制匿名度量与分类准确性有较大的依赖度，需要权衡取值。2017 年，Tai 等人[139]提出了隐私保护决策树评估协议，该协议利用决策树的结构避免在决策树深度的指数级加密，显著提高数据处理效率，局限在于该协议对于深度大但稀疏的决策树有效。

差分隐私是由 Dwork 提出的一种具有严谨的数学定义和证明的新兴隐私保护方法。差分隐私提供了一个精确的评估，使隐私保护的程度可以量化，并且可测量、可证明。差分隐私保护技术通过添加随机噪声来隐藏敏感数据，某些数据在选择性失真时仍保留其统计特性。结合差分隐私的决策树方法主要有三种，SuLQ-based ID3[111]、Diff Gen[140]和 Diff P-C4.5[141]。这三种方法都以贪婪算法为基本原理，以递归的方式寻找信息增益最大的属性作为分裂节点构建决策树。

假设给定的数据集为 $D=(A_1,A_2,\cdots,A_d,A^{\text{class}})$，其中 A_i 表示数据集的某一属性，A^{class} 表示该条数据所属的类标签，则属性 A 对数据集 D 的信息增益可以表示为

$$\text{InfoGain}(D,A)=H(D)-H(A)$$

其中，$H(D)$ 表示数据集 D 的信息熵，$H(D|A)$ 表示 D 的条件熵，有

$$H(D)=-\sum_{i=1}^{k}\frac{|C_i|}{|D|}\log_2\frac{|C_i|}{|D|}$$

$$H(D|A)=-\sum_{j=1}^{n}\frac{|D_i|}{|D|}\sum_{i=1}^{k}\frac{|D_{ji}|}{|D_i|}\log_2\frac{|D_{ji}|}{|D_i|}$$

2017 年，陈煜等人[142]结合差分隐私与决策树，提出了基于决策树的隐私保护数据流分类算法（PPFDT），通过阈值算法找到扰动数据流的最佳分裂属性和最佳分裂点，直接在扰动数据集上建立决策树。

差分隐私保护模型考虑攻击者具有最大的背景知识，通过添加随机噪声较好地保护数据集隐私，尽可能减小数据的失真。在决策树构建过程中，隐私预算的分配直接影响添加噪声的大小，从而影响分类的准确率。因此，为决策树设计合理的隐私预算分配方案是差分隐私研究的重点之一[143]。

13.3 预备知识

13.3.1 *k*-means 算法

k-means 是数据挖掘中最广泛使用的经典聚类算法，基本思想是将数据集中的数据记录分为 k 个聚类。*k*-means 算法随机选取 k 个初始中心点，将每条数据记录划分至距离最近的中心点，重复迭代直至 *k*-means 算法收敛。*k*-means 算法基本流程为：

步骤 1：随机选取 k 个初始中心点 $u_1,u_2,\cdots,u_k$。

步骤 2：遍历所有数据记录，将数据划分至距离最近的中心点。

步骤 3：重新计算 k 个聚类的中心。

步骤 4：重复步骤 2 和 3，直至聚类中心收敛。

假设一数据集 D 具有 n 条数据记录 $x_1,x_2,\cdots,x_n$，维数为 d 。在聚类算法中，欧式距离常被用于衡量数据记录与聚类中心的相似度，可表示为

$$\text{dist}(x_j,u_i)=\sqrt{\sum_{l=1}^{d}(x_{jl}-u_{il})^2}$$

对于欧式距离衡量相似度的数据，k-means 算法使用平方误差和（Sum of Squared Error，SSE）作为目标函数，SSE 也是衡量不同聚类结果优劣的指标。

$$\text{SSE}=\sum_{i=1}^{k}\sum_{x\in U_i}(\text{dist}(x,u_i))^2$$

表示聚类 U_i 的数据记录 x 到中心点 u_i 的距离平方和。最优聚类结果应使 SSE 达到最小值。

13.3.2 决策树 C4.5 算法

目前较为成熟的决策树构建算法主要有 ID3（Iterative Dichotomiser 3）算法、C4.5 算法、CART 算法[144]。这三种算法的主要区别是分裂节点的标准不同。ID3 算法递归时在高层节点处较易选择属性取值较多的属性。在极端情况下会产生一个测试属性极多但是深度较浅的树。CART 算法采用 Gini 系数最小化准则作为特征选取的依据。CART 最终生成二叉树，分类结果较好，但稳定性较差，与采用类似方法构建的决策树差异较大。这里主要介绍分类效率和准确率均较高的 C4.5 算法。

C4.5 算法在 ID3 算法的基础上增加了对连续属性、属性值空缺情况的处理。基本思想是：假设数据集 D 是训练样本集，构建决策树时选取信息增益率最大的属性作为分裂节点，依据此标准可以将 D 分为 l 个子集，若第 i 个子集 D_i 内包含的数据类别一致或样本为空，则停止分裂。计算信息增益率的原理为：假设数据集 D 有 n 个样本，将训练集分类 l 个类，第 i 类的样本数为 n_i，概率 p_i 为 n_i/n，则类别信息熵为

$$\text{Info}(D)=-\sum_{i=1}^{m}p_i\log_2(p_i)$$

若选择属性 A 作为分裂节点划分训练集 D，Value(A) 为属性 A 的取值集合，V 是 A 的一个属性值，则由 A 划分子集的信息熵为

$$\text{Info}(D)=-\sum_{i=1}^{m}p_i\log_2(p_i)$$

$$\text{Info}(D_V)=-\sum_{i=1}^{m}p_{iV}\log_2(p_{iV})$$

其中，D_V 是 D 中 A 的属性值为 V 的样本集合，$|D_V|$ 为 D_V 的样本数，p_{iV} 为 D_V 中样本为第 i 类的概率。由上述两式可以得到属性 A 的信息增益：

$$\text{Info}(D)=-\sum_{i=1}^{m}p_i\log_2(p_i)$$

则属性 A 的信息增益率为

$$\text{Gain}-\text{Ratio}(A)=\frac{\text{Gain}(A,D)}{\text{Info}(A)}$$

C4.5 算法每一个节点下的分支都是由该属性的离散值数目决定的，生成的决策树为规则较乱的多叉树。

13.3.3 差分隐私

Dwork[113]提出的差分隐私假设攻击者具有最大的背景知识，即假设攻击者已知除待推测记录之外的所有数据记录，具有严格的数学基础，定义为：

定义 13.1（差分隐私）假设 D 和 D' 为邻近数据集（数据记录相差至多为 1），Range(M) 为一个随机机制 M 的取值范围，Pr(Es) 为随机事件 Es 的披露风险。对于任意的 $S\in\text{Range}(M)$，若机制 M 满足不等式

$$\Pr[M(D_1)\in S]\leqslant \exp(\varepsilon)\times\Pr[M(D_2)\in S]$$

则 M 满足 ε-差分隐私保护。ε 为隐私保护预算，用于评价隐私保护水平，ε 值越小，隐私保护水平越高。

定义 13.2（全局敏感度） 假设查询函数为 f：$D\to R^d$，输入数据集为 D，输出 d 维实数向量，对于任意两个邻近数据集 D 和 D'，有

$$\Delta f=\max_{D,D'}\|f(D)-f(D')\|_1$$

Δf 为函数 f 的全局敏感度。

差分隐私通过加入随机噪声实现隐私保护，噪声机制是差分隐私实现的关键，常用的噪声机制有拉普拉斯机制[117]和指数机制[145]。拉普拉斯机制适用于处理数值型数据，指数机制常用于非数值型数据集。

定义 13.3（拉普拉斯机制） 假设查询函数为 f，$f(D)$ 是 f 在数据集 D 上的查询结果，向 $f(D)$ 中加入服从拉普拉斯分布的随机噪声 $Y:\text{Lap}(\Delta f/\varepsilon)$，此处一般设位置参数 $\mu=0$，尺度参数 $b=\Delta f/\varepsilon$，查询函数最终得到的响应结果为 $f(D)+Y$，满足 ε-差分隐私保护。

定义 13.4（指数机制） 假设输入数据集为 D，在随机机制 M 的作用下输出了一个实体对象 $r\in\text{Range}$，$f(D,r)$ 代表可用性函数。若 M 以正比于 $\exp(\varepsilon f(D,r)/2\Delta f)$ 的概率从 Range 中选择并输出结果 r，机制 M 满足 ε-差分隐私保护，则该结果可表示为

$$M(D,f)=\{r:|\Pr[r\in\text{Range}]\propto\exp(\varepsilon f(D,r)/2\Delta f)\}$$

通过指数机制可以得出，随隐私预算 ε 的增长，正确选项输出的概率被放大，隐私保护水平降低。

13.4 面向聚类的隐私保护方案

聚类算法是数据挖掘的重要工具之一，k-means 是典型的聚类算法。k-means 算法思想简单，易于用各种编程语言实现且聚类效果较好。但是，k-means 算法聚类结果的准确性易受初始中心点的影响，聚类结果的安全性也没有保证。

针对上述两个问题，我们提出优化的 Canopy 算法进行最优初始中心点的选取，采用

差分隐私保护确保聚类结果的安全性，利用大数据 Hadoop 平台的并行计算框架 MapReduce 实现算法，分布式并行计算将大大提升算法处理数据的效率[119,120]。根据实验结果可得出，该算法改善了聚类结果的准确性，同时在一定程度上确保了安全性。

13.4.1 基于 MapReduce 框架的优化 Canopy 算法

传统的 DP k-means 算法可保证聚类结果的安全性，但在实际应用中存在两个问题：

- DP k-means 算法对于随机选取初始中心点比较敏感，不能保证聚类的准确性；
- 对于最优聚类个数 k 没有明确的选择标准，往往通过多次实验或者人为确定。

优化的 Canopy 算法基于最小最大原理，仅可以避免传统 Canopy 算法中区域半径选择的随机性，而且可以得到最优聚类个数 k 及聚类的初始中心点。优化的 Canopy 算法原理为：假设前 m 个中心点已知，第 $m+1$ 个中心点应为待确定数据点与 m 个中心点之间最小距离的最大者，该过程可表示为

$$\begin{cases}\text{DistCollect}(m+1)=\min\{d(x_{m+1},x_r),r=1,2,\cdots,m\}\\ \text{Dist}_{\min}(m+1)=\max\{\min[d(x_i.x_r)],i\neq 1,2,\cdots,m,1\leqslant i\leqslant L\}\end{cases}$$

其中，L 表示当前任务的数据总量，$\text{DistCollect}(m+1)$ 表示待确定的第 $m+1$ 个中心点与 m 个中心点之间的最小距离，$\text{Dist}_{\min}$ 表示最优的 x_{m+1} 应为最小距离中的最大者。

上述过程在实际应用中有如下规律：Canopy 个数低于或超过类别真实值时，$\text{Dist}_{\min}$ 变化较小；当 Canopy 个数临近或达到类别真实值时，该值呈现较大变化。因此，引入 $\text{Depth}(i)$ 表示 $\text{Dist}_{\min}$ 的变化幅度，定义为

$$\text{Depth}(i)=\left|\text{Dist}_{\min}(i)-\text{Dist}_{\min}(i-1)\right|+\left|\text{Dist}_{\min}(i+1)-\text{Dist}_{\min}(i)\right|$$

当 i 达到最优聚类个数时，$\text{Depth}(i)$ 取得最大值，前 i 个数据记录即为初始中心点。

实际应用时，首个 Canopy 中心点选取与坐标原点距离最近、最远的数据点，替代数据集中初始距离最远的数据点，避免在全局范围内求解。优化 Canopy 算法在 MapReduce 框架中可分为 Mapper 类和 Reducer 类。输入数据集 D 首先归一化处理至 $[0,1]^d$，d 为数据集维数，得到数据集 D_1。

1）Mapper 类

Mapper 类算法伪代码：

```
Input：数据集 D1
Output：局部中心点集合 Q
1:Map 函数中设置 Q=null；Map 函数将输入数据流转换为 value，存储至定义的集合 canClusters 中
2：Cleanup 函数中设置迭代次数为 √L，L=Count(canClusters)
        for(i=0；i<√L；i++)
          if(Q=null)
           计算数据点与坐标原点之间的最小距离，将该数据点存储至 Q
          else
           计算数据点与集合 Q 中数据点的距离最小值中的最大者，保存至 Q
3：输出 Q
```

2）Reducer 类

Reducer 类算法伪代码：

```
Input：Mapper 类输出局部中心点集合的 Q={Q_1,…,Q_n}
Output：全局中心点集合 U
1：Reduce 函数中设置迭代次数 √P ， P=Count(Q)
        for(i=0；i<√P；i++)
          if(Q'=null)
           计算数据点与坐标原点之间的最小距离，将该数据点存储至 Q'
          else
           计算数据点与集合 Q' 中数据点的距离最小值中的最大者，保存至 Q'
2：计算 K=Count(Q')
        for(i=0；i<√K；i++)
          计算 Depth(i) 的最大者
3：令 T_1=Dist_min(i)，将集合 Q' 中前 i 个点赋值至集合 U 并输出
```

算法调用 Map 函数计算当前 Map 的数据点与集合 U 的数据点之间的欧氏距离，若该距离小于 T_1，则标记该点至对应的 Canopy 中。算法最终输出集合 U 和已标记完成的数据集 D_2。

13.4.2　基于 MapReduce 框架的 DP *k*-means 算法

优化的 Canopy 算法完成后可得到最优聚类个数 k 与初始中心点。

DP k-means 算法伪代码：

```
Input：已标记数据集 D_2、初始中心点集合 U 、迭代次数 T 及阈值 δ
Output：最终中心点 u'
1：主任务读取初始中心点集合 U
2：for(i=0；i<T；i++)
        Map 函数：计算并比较已标记数据点与中心 u；
        Reduce 函数：读取 (key,value) 键值对，计算 sum 和 num，添加拉普拉斯噪声，计算得到具有差分隐私保护的中心点 u'。
        主任务读取 Reduce 函数的输出，计算当前的 SSE_i 与上一轮的 SSE_{i-1}。
          if(SSE_i - SSE_{i-1} < δ)
            结束循环
3：Map 函数：读取最终聚类中心点 u'。计算并比较输入数据点与中心点 u' 之间的欧式距离，将数据点划分至相应聚类。输出最终聚类中心点集合 clusters 和划分完成的数据集 clusteredInstance
```

13.4.3　实验结果

采用 UCI 数据库的 magic 和 blood 数据集进行测试，属性个数分别为 11、5。将 magic 和 blood 数据集分别采用本节算法（Algorithm 1）、传统 DP *k*-means 算法（Algorithm 2）与 IDP *k*-means 算法（Algorithm 3）进行实现。

通过 F-measure 指标衡量聚类准确性。由于添加噪声的随机性，每次实验取 10 次 F-measure 结果的平均值，结果如图 13.1、图 13.2 所示。

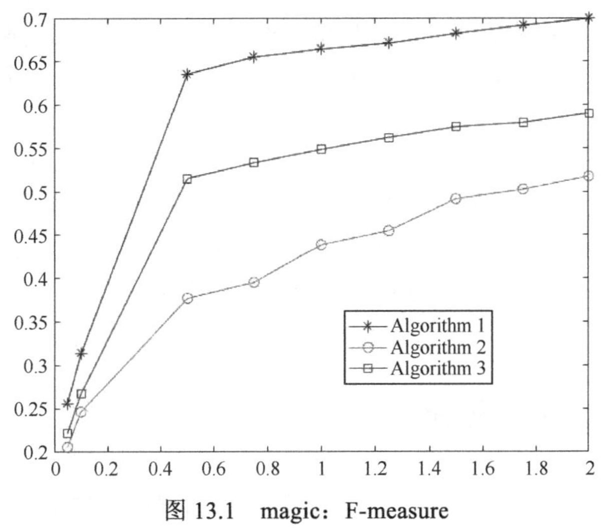

图 13.1　magic：F-measure

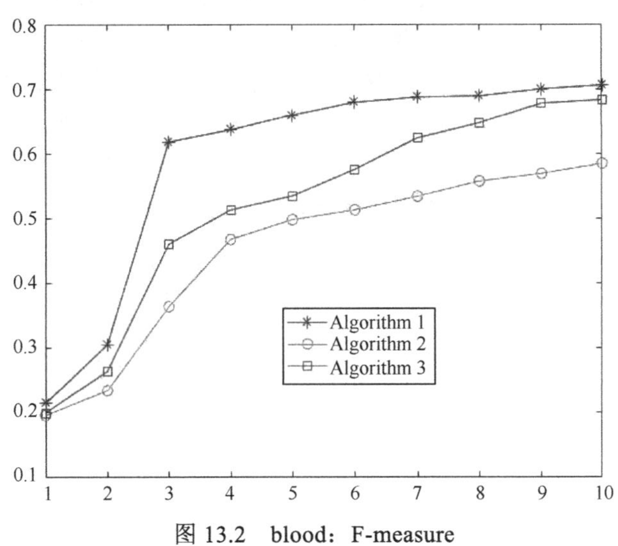

图 13.2　blood：F-measure

由图 13.1 和图 13.2 可知：

（1）数据集越大，随机噪声的影响越小，即数据集越大时聚类的准确性越高。因此，数据集规模越大，可达到的隐私保护水平越高。

（2）与传统 DP *k*-means 和 IDP *k*-means 相比，相同隐私预算下本节算法改善了聚类结果的准确性，同时本节算法可得到与标准数据集相同的最优聚类个数。

（3）对于不同数据集，隐私预算的取值有一定差异。实际应用中应根据不同的因素决定最优的隐私预算。

13.5　面向分类的隐私保护方案

分类技术是数据挖掘中的一个重要分支，而决策树作为分类技术的重要方法之一，已经发展许多以决策树为基础的隐私保护方法。差分隐私作为一种新兴的隐私保护技术，与攻击者的背景知识无关，具有严格的数学基础，通过添加随机噪声较好地保护数据隐私，受到广泛的认可。决策树与差分隐私结合时，传统差分隐私的隐私预算以剩余隐私预算的一半逐层分配。随着决策树高度的增加，分配至顶层的隐私预算很小，导致分类准确率下降。

以决策树 C4.5 分类算法结合差分隐私为基本思路，我们提出依据决策树高度等差分配隐私预算的方案，采用拉普拉斯机制和指数机制添加随机噪声与选择最佳细分方案实现 ε-差分隐私保护，利用大数据平台 Hadoop 的 MapReduce 框架实现算法[146]。实验结果表明，算法满足 ε-差分隐私保护，与传统隐私预算分配方案相比，算法在相同隐私预算下提高了分类准确率。

13.5.1 等差隐私预算分配

我们提出了等差分配隐私预算的方案，在决策树的递归过程中，按照等差数列的方式添加噪声。决策树的每次递归代表决策树某一层的全部节点，依据递归次数和分支数量，隐私预算分配方式为同层节点隐私预算相同，层与层节点之间隐私预算为等差数列。

假设算法整体隐私预算为 ε，数据发布系统需有 $\varepsilon/2$ 的隐私预算用于数据发布，用于添加拉普拉斯噪声的隐私预算 $\varepsilon_1=\varepsilon/2$。每一层分配的隐私预算为 $a_0=d=2\varepsilon_1/[h(h+1)]$ 的等差数列。假设当前决策树的高度为 i，分配给当前高度的隐私预算大小为 $\varepsilon'=2i\varepsilon_1/[h(h+1)]$。等差隐私预算分配示意图如图 13.3 所示。

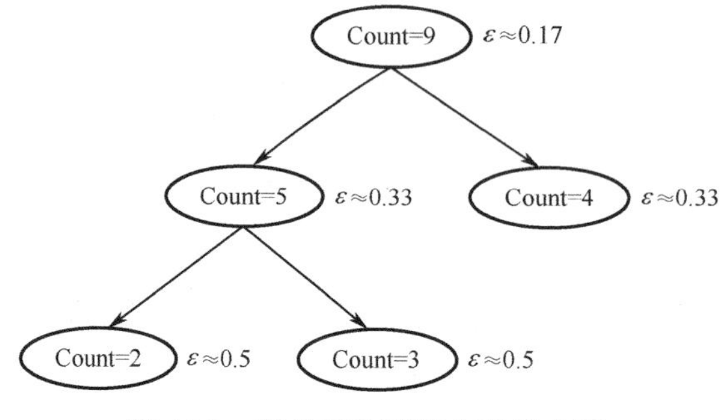

图 13.3　等差隐私预算分配示意图

13.5.2 基于 MapReduce 的差分隐私决策树 C4.5 算法

基于分类效率和准确率均较高的决策树 C4.5 算法。在决策树构建过程中，每个属性都可以作为决策树分裂的节点，因此，有多种细分方案的选择。指数机制可评估查询函数 f 作用于每种细分方案返回正确值的概率是否与 $\exp(\varepsilon f(D,r)/2\Delta f)$ 成正比，验证方案是否满足 ε-差分隐私保护。指数机制的查询函数设为 13.3.2 节的信息增益率公式，即构建决策树时以信息增益率最大的方案作为最佳细分方案。

主程序进行 MapReduce 参数配置及外层循环。执行到每一个节点时，主程序将数据集属性的统计任务交给 MapReduce，MapReduce 的执行结果作为参数计算属性的信息增益率，将具有信息增益率最大值的属性作为测试属性。

C4.5 算法伪代码：

```
Input: 训练集 D
Output: 决策树
1: 节点 0 作为起点
2: 对未标记属性的值集合调用 Mapper 类进行计数，Reducer 过程完成对计数值的加噪处理，生成中间文件 temporary_0 存储每个属性的样本数量
3: 利用 temporary_0 返回值作为参数计算每个属性的信息增益率，指数机制返回信息增益率最大的属性
4: 用信息增益率最大的属性标记节点 0
5: if (剩余样本== 0)
        递归停止;
    else 下一节点作为起点执行步骤 2~4
```

Mapper 类负责计数任务。Mapper 获取数据集的属性数目及属性的值域，每个属性的取值记为 attr_value，将 (attr_value,1) 发送给 Reducer 类。

Mapper 类算法伪代码：

```
Input: 训练集 D
Output: (attr_value,1)
1: 将读入的一行数据依据空格拆分成属性值 attr_value 和类标签 class_label
2: 计算 num of attributes
3: 输出 (attr_value,1)
```

Reducer 类主要执行计数任务和对计数结果进行加噪。加噪时首先获取当前节点的决策树高度，根据节点高度分配隐私预算，生成服从拉普拉斯分布的随机噪声。

Reducer 类算法伪代码：

```
Input: (attr_value,1)
Output: 加噪后的结果 n_sum
1: 获取 (attr_value,1)
2: 按行读取 HDFS 中的文件，查找到属性值为 attr_value 的样本时， sum 加 1
3: 获取当前节点树高 current_height
4: 依据当前高度对应的隐私预算，生成拉普拉斯噪声随机值 mu，与 sum 相加得到加噪结果 n_sum
5: 返回 n_sum
```

13.5.3 实验结果

采用 UCI 数据库的 car 数据集进行测试。car 数据集最初为 DEX 演示开发的简单分层决策模型，用来预测车型的受欢迎程度。该数据集的类标签共有四种，包括 unacc、acc、good、v-good，分别表示无法接受、可接受、好、非常好。数据集共有六种属性。

将传统隐私预算分配及等差隐私预算分配下的决策树 C4.5 算法分别在 MapReduce 框架上进行实现，将 car 作为测试数据集，隐私预算分别取值 1、0.9、0.8、0.7、0.6、0.5。

将两种分类结果进行统计对比。当数据集 car 未加噪声时，分类准确率 $\eta = 73.3796\%$。对于 car 数据集给定上述六种不同的隐私预算进行实现，部分分类结果如图 13.4、图 13.5 所示。

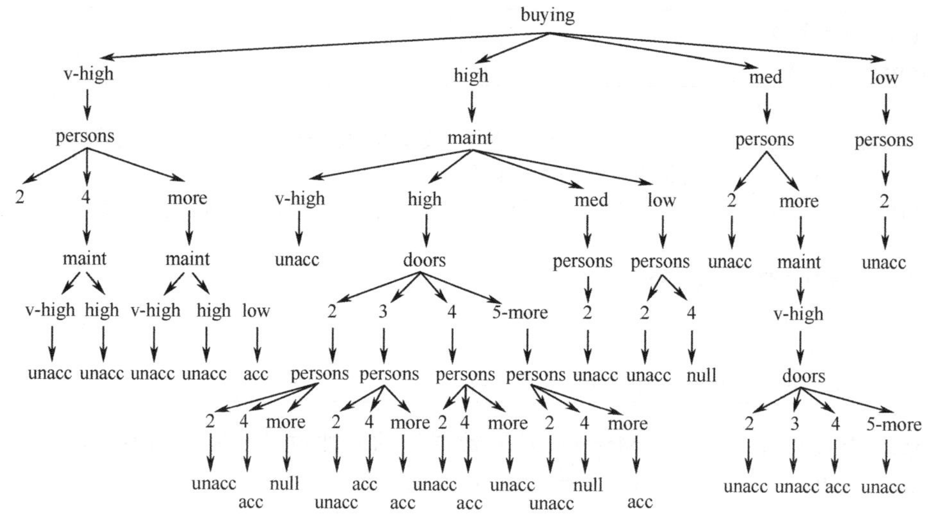

图 13.4 传统隐私预算分配结果（$\varepsilon = 0.8$）

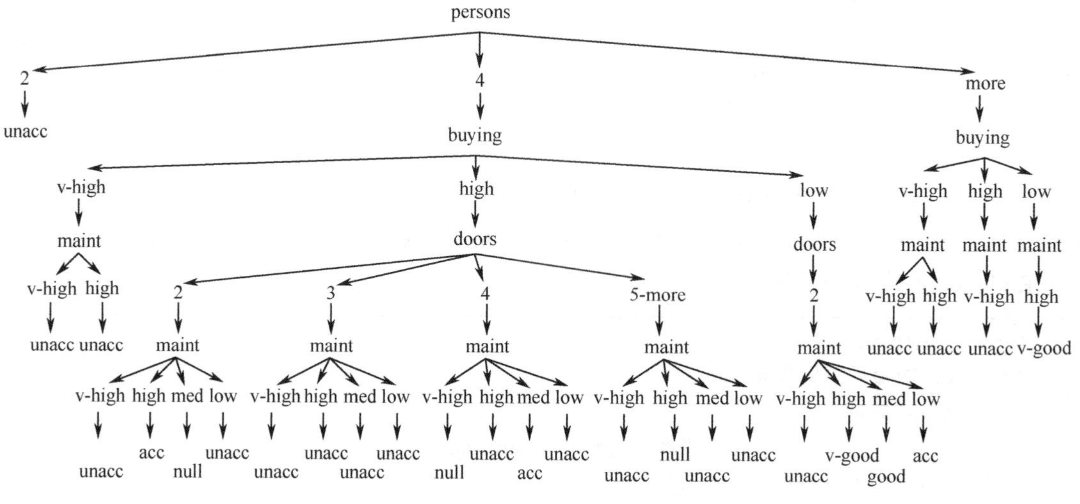

图 13.5 等差隐私预算分配结果（$\varepsilon = 0.8$）

可得到 car 数据集在不同隐私预算下的分类结果，计算两种隐私预算分配方式的分类准确率，如表 13.1 和图 13.6 所示。

表 13.1 分类准确率对比

隐私预算ε	分 配 方 式	
	等差分配	传统分配
	准确率η	
0.5	54.05%	42.71%
0.6	56.83%	50.58%
0.7	63.19%	52.31%
0.8	66.13%	54.89%
0.9	67.48%	57.87%
1	69.68%	62.62%

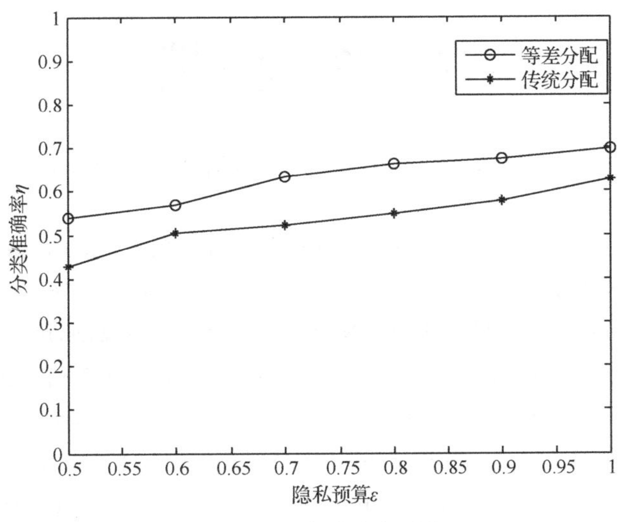

图 13.6　分类准确率对比

由实验结果可以得到以下结论。

（1）决策树的分类准确率与给定的隐私预算正相关。给定的隐私预算越大，生成的拉普拉斯噪声越小，分类准确率越高，但隐私保护水平有所下降。

（2）在给定相同的隐私预算时，决策树构建过程中等差隐私预算分配比传统隐私预算分配方案的准确率高。这表明本方案的隐私预算分配方式在一定程度上可弥补传统方案的缺陷，提高分类准确率。

（3）对于 car 测试数据集，当隐私预算为 0.7 或 0.8 时可较好兼顾数据集的安全性和有效性。

13.6　方案总结

我们从大数据隐私保护的角度出发，对已有的差分隐私数据处理算法进行改进。针对典型的差分隐私 *k*-means 算法，提出优化的 Canopy 算法改善初始中心点和最优聚类个数的选取；针对差分隐私决策树算法，提出了新的等差分配隐私预算，减少每层节点添加的随机噪声。两个算法均可基于 MapReduce 并行计算框架实现，实验结果表明，改进后的算法在相同隐私预算下提高了聚类和分类结果的准确性，数据处理的效率也得到提升。之后的研究工作可将差分可辨性 *k*-means 算法在实际大数据集上实现，探索差分可辨性与不同算法的结合应用。

参考文献

[1] 孟小峰，慈祥. 大数据管理：概念、技术与挑战[J]. 计算机研究与发展，2013, 50(01): 146-169.

[2] PervasiveHealth-EAI International Conference on Pervasive Computing Technologies for Helathcare[EB/OL]. http://www.pervasivehealth.org/, 2016.

[3] Narayan S., Gagné M., Safavi-Naini R. Privacy Preserving EHR System Using Attribute-Based Infrastructure[C]. ACM Workshop on Cloud Computing Security, 2010: 47.

[4] Park H. A. Pervasive Healthcare Computing: EMR/EHR, Wireless and Health Monitoring[J]. Healthcare Informatics Research, 2011, 17(1): 89-91.

[5] Li Q., Zheng N., Cheng H. Springrobot: A Prototype Autonomous Vehicle and Its Algorithms for Lane Detection[J]. IEEE Transactions on Intelligent Transportation Systems, 2004, 5(4): 300-308.

[6] Sherif A., Cavalcanti A., He J., et al. A Process Algebraic Framework for Specification and Validation of Real-Time Systems[J]. Formal Aspects of Computing, 2010, 22(2): 153-191.

[7] Zhao Y., Yan C. B., Zhao Q., et al. Efficient Simulation Method for General Assembly Systems with Material Handling based on Aggregated Event-Scheduling[J]. IEEE Transactions on Automation Science and Engineering, 2010, 7(4): 762-775.

[8] Wang X., Yu H., Wang W., et al. Cryptanalysis on HMAC/ NMAC- MD5 and MD5-MAC[M]. Advances in Cryptology-EUROCRYPT 2009, 2009: 121-133.

[9] 龙新征，邢承杰，欧阳荣彬，等. 数字校园中管理信息系统安全体系结构设计与应用研究[J]. 通信学报，2014, 35(z1): 178-184.

[10] Manogaran G., Thota C., Kumar M. V. Meta Cloud Data Storage Architecture for Big Data Security in Cloud Computing [J]. Procedia Computer Science, 2016, 87: 128-133.

[11] Zburivsky D. Hadoop 集群与安全[M]. 北京：机械工业出版社，2014.

[12] Sharma P. P., Navdeti C. P. Securing Big Data Hadoop: A Review of Security Issues, Threats and Solution[J]. International Journal of Computer Science and Information Technology, 2015, 5(2): 2126-2131.

[13] 夏文忠，邹雯奇. 大数据平台安全体系研究[J]. 信息化研究，2016, 5: 14-18.

[14] 陈玺，马修军，吕欣. Hadoop 生态体系安全框架综述[J]. 信息安全研究，2016, 2(8): 684-698.

[15] Lafuente G. The Big Data Security Challenge [J]. Network Security, 2015(1): 12-14.

[16] 范渊. 大数据安全与隐私保护态势[J]. 中兴通讯技术，2016, 22(2): 53-56.

[17] Venngopalan S., Noland B. With Sentry, Cloudera Fills Hadoop's Enterprise Security Gap[EB/OL]. http://blog.cloudera.com/blog/2013/07/with-sentry-cloudera-fills-hadoops-enterprise-security-gap/, 2013-07-24/2016-07-08.

[18] 岑婷婷，韩建民，王基一，等. 隐私保护中 *k*-匿名模型的综述[J]. 计算机工程与应用，2008, 44(4): 130-134.

[19] Machanavajjhala A., Gehrke J., Kifer D., et al. *l*-diversity: Privacy Beyond *k*-anonymity[C]. International Conference on Data Engineering, 2006: 24-35.

[20] Ducas L., Micciancio D. FHEW: Bootstrapping Homomorphic Encryption in Less than A Second [M]. Advances in Cryptology-EUROCRYPT 2015, 2015: 717-722.

[21] Halcrow M. eCryptfs: A Stacked Cryptographic Filesystem[C]. Linux Journal, 2007, 156: 2.

[22] Hortonworks. Hortonworks Technical Preview for Apache Knox Gateway[R]. Hortonworks, 2013.

[23] Kohl J. T., Neuman B. C. The Kerberos Network Authentication Service(v5)[J]. Network, 2004, 7(3): 167.

[24] Chen H., Fu Z. Hadoop-Based Healthcare Information System Design and Wireless Security Communication Implementation[J]. Mobile Information Systems, 2015(39): 1-9.

[25] Erdem O. M. High-speed ECC based Kerberos Authentication Protocol for Wireless Applications[C]. IEEE Global Telecommunications Conference, 2003, 3: 1440-1444.

[26] 桂艳峰，林作铨. 一个基于角色的 Web 安全访问控制系统[J]. 计算机研究与发展，2003, 40(8): 1186-1194.

[27] Elisa B., Andrea P. B., Elena F. T. A Temporal Role-Based Access Control Mode[J]. ACM Transactions on Information and System Security, 2000 , 4(3): 21-30.

[28] 戴祝英，左禾兴. 基于角色的访问控制模型分析与系统实现[J]. 计算机应用与研究，2004, 21(9): 173-175.

[29] 道炜，汤庸，冀高峰，杨虹轶. 基于时限的角色访问控制委托模型[J]. 计算机科学，2008, 3: 277-282.

[30] Mazzoleni P., Crispo B., Sivasubramanian S., et al. XACML Policy Integration Algorithms[J]. ACM Transactions on Information and System Security, 2008, 11(1): 4.

[31] 上海尚学堂. Apache Sentry 部署[EB/OL]. http://www.shsxt.com/it/Big-data/825.html, 2018-01-16.

[32] 柴少鹏. Centos7.2 ganglia（一）之环境搭建部署[EB/OL]. http://www.51niux.com/?id=83, 2017-01-09/2019-05-17.

[33] 尚涛，庄浩霖，舒适，陈星月，刘建伟，杨英. 大数据平台一体化安全管理软件 V1.0，软件著作权号 2018R11S458774，2018.

[34] Shang T., Zhuang, H., Liu J. Comprehensive Security Management System for Hadoop Platforms[C]. IEEE International Conference on Intelligence and Safety for Robotics, 2018: 172-177.

[35] 陈豪. 基于属性基加密的 HDFS 安全模型研究与应用[D]. 南京邮电大学，2015.

[36] Liu X., Xia Y., Jiang S., et al. Hierarchical Attribute-Based Access Control with Authentication for Outsourced Data in Cloud Computing[C]. IEEE International Conference on Trust, Security and Privacy in Computing and Communications, 2013: 477-484.

[37] Gai K., Qiu M., Zhao H., et al. Privacy-Aware Adaptive Data Encryption Strategy of Big Data in Cloud Computing[C]. IEEE International Conference on Cyber Security and Cloud Computing, 2016: 273-278.

[38] Yang K., Han Q., Li H., et al. An Efficient and Fine-Grained Big Data Access Control Scheme With Privacy-Preserving Policy[J]. IEEE Internet of Things Journal, 2017, 4(2): 563-571.

[39] 房梁，殷丽华，郭云川，等. 基于属性的访问控制关键技术研究综述[J]. 计算机学报，2017, 40(7): 1680-1698.

[40] 刘建，鲜明，王会梅，等. 面向移动云的属性基密文访问控制优化方法[J]. 通信学报，2018, 39(7): 39-49.

[41] Goyal V., Pandey O., Sahai A., et al. Attribute-based Encryption for Fine-Grained Access Control of Encrypted Data[C]. ACM Conference and Communications Security, 2006: 89-98.

[42] Bethencourt J., Sahai A., Waters B. Ciphertext-Policy Attribute-Based Encryption[C]. IEEE Symposium on Security and Privacy, 2007: 321-334.

[43] Caro A. D., Iovino V. JPBC: Java Pairing based Cryptography[C]. IEEE Symposium on Computers and Communications, 2011: 850-855.

[44] 庄浩霖，尚涛，刘建伟. 基于角色的大数据认证授权一体化方案[J]. 信息网络安全，2017, 11: 55-61.

[45] Guo L., Zhang C., Sun J., et al. PAAS: A Privacy-Preserving Attribute-Based Authentication System for eHealth Networks[C]. Proceedings of International Conference on Distributed Computing Systems, 2012: 224-233.

[46] Deswarte Y., Quisquater J. J., Saidane A. Remote Integrity Checking[C]. The 6th Working Conference on Integrity and Internal Control in Information Systems, 2004: 1-22.

[47] Oprea A., Reiter M. K. Space-Efficient Block Storage Integrity[C]. Proceedings of Network and Distributed System Security Symposium, 2005.

[48] Filho D. L. G., Barreto P. Demonstrating Data Possession and Uncheatable Data Transfer[R]. JACR Cryptology ePrint Archive, 2006: 150.

[49] Seb F., Domingo F. J., Martine B. A., et al. Efficient Remote Data Possession Checking in Critical Information infrastructures[J]. Transactions on Knowledge and Data Engineering, 2008, 20(8): 1034-1038.

[50] Schwarz T. S., Miller E. L. Store, Forget, and Check: Using Algebraic Signatures to Check Remotely Administered Storage[C]. Proceedings of International Conference on Distributed Computing Systems, 2006, 26(12): 2-12.

[51] Ateniese G., Burns R., Curtmola R., et al. Provable Data Possession at Untrusted Stores[C]. ACM Conference on Computer and Communications Security, 2007: 598-600.

[52] Juels A., Kaliski B. S. PORS: Proofs of Retrievability for Large Files[C]. Proceedings of International Conference on Computer and Communications Security, 2007:

584-597.
[53] Shacham H., Waters B. Compact Proofs of Retrievability[C]. Proceedings of International Conference on the Theory and Application of Cryptology and Information Security, 2008: 90-107.
[54] Curtmola R., Khan O., Burns R., et al. MR-PDP: Multiple-replica Provable Data Possession[C]. Proceedings of International Conference on Distributed Computing Systems, 2008:411-420.
[55] Dodis Y., Vadhan S. P., Wichs D., et al. Proofs of Retrievability via Hardness Amplification[C]. Proceedings of International Conference on Theory of Cryptography, 2009: 109-127.
[56] Ateniese G., Di Pietro R., Mancini L. V., et al. Scalable and Efficient Provable Data Possession[C]. Proceedings of the 4th International Conference on Security and Privacy in Communication Networks, 2008, 9: 1-10.
[57] Erway C., Küpçü A., Papamanthou C., et al. Dynamic Provable Data Possession[C]. ACM Conference on Computer and Communications Security, 2009: 213-222.
[58] Pugh W. Skip Lists: A Probabilistic Alternative to Balanced Trees[J]. Communications of the ACM, 1990, 33(6): 668-676.
[59] Papamanthou C., Tamassia R., Triandopoulos N., et al. Authenticated Hash Tables[C]. Proceedings of International Conference on Computer and Communications Security, 2008: 437-448.
[60] Vaquero L. M., Roderomerino L., Caceres J., et al. A Break in the Clouds: Towards a Cloud Definition[J]. ACM Special Interest Group on Data Communication, 2008, 39(1): 50-55.
[61] Buyya R., Yeo C. S., Venugopal S., et al. Cloud Computing and Emerging IT Platforms: Vision, Hype, and Reality for Delivering Computing as the 5th Utility[J]. Future Generation Computer Systems, 2009, 25(6): 599-616.
[62] Armbrust M., Fox A., Griffith R., et al. A View of Cloud Computing[J]. Communications of the ACM, 2010, 53(4): 50-58.
[63] Song D., Shi E., Fischer I., et al. Cloud Data Protection for the Masses[J]. IEEE Computer, 2012, 45(1): 39-45.
[64] Chu C., Zhu W. T., Han J., et al. Security Concerns in Popular Cloud Storage Services [J]. IEEE Pervasive Computing, 2013, 12(4): 50-57.
[65] Yang K., Jia X. Data Storage Auditing Service in Cloud Computing: Challenges, Methods and Opportunities[J]. World Wide Web, 2012, 15(4): 409-428.
[66] Li J., Krohn M. N., Mazieres D., et al. Secure Untrusted Data Repository[C]. Proceedings of International Conference on Operating Systems Design and Implementation, 2004: 9.
[67] Goodson G. R., Wylie J. J., Ganger G. R., et al. Efficient Byzantine-Tolerant Erasure-Coded Storage[C]. Proceedings of International Conference on Dependable

Systems and Networks, 2004: 135-144.

[68] Kher V., Kim Y. Securing Distributed Storage: Challenges, Techniques, and Systems[C]. Proceedings of Workshop on Storage Security and Survivability, 2005: 9-25.

[69] Lillibridge M. D., Elnikety S., Birrell A., et al. A Cooperative Internet Backup Scheme[C]. Proceedings of Usenix Annual Technical Conference, 2003: 3-13.

[70] Schwarz T. S., Miller E. L. Store, Forget, and Check: Using Algebraic Signatures to Check Remotely Administered Storage[C]. Proceedings of International Conference on Distributed Computing Systems, 2006, 26(12):1-12.

[71] Yamamoto G., Oda S., Aoki K. Fast Integrity for Large Data[C]. Proceedings of International Workshop on Software Performance Enhancement for Encryption and Decryption, 2007: 21-32.

[72] 秦志光，吴世坤，熊虎. 云存储服务中数据完整性审计方案综述[J]. 信息网络安全，2014, 7: 1-6.

[73] Wang Q., Wang C., Li J., et al. Enabling Public Verifiability and Data Dynamics for Storage Security in Cloud Computing[C]. Proceedings of European Symposium on Research in Computer Security, 2009, 5789: 355-370.

[74] Wang C., Wang Q., Ren K., et al. Privacy-Preserving Public Auditing for Data Storage Security in Cloud Computing[C]. Proceedings of International Conference on Computer Communications, 2010: 1-9.

[75] Wang Q., Wang C., Ren K., et al. Enabling Public Auditability and Data Dynamics for Storage Security in Cloud Computing[J]. IEEE Transactions on Parallel and Distributed Systems, 2011, 22(5): 847-859.

[76] Zhu Y., Hu H., Ahn G., et al. Cooperative Provable Data Possession for Integrity Verification in Multi-Cloud Storage[J]. IEEE Transactions on Parallel and Distributed System, 2012, 23(12): 2231-2244.

[77] Zhu Y., Ahn G. J., Hu H., et al. Dynamic Audit Services for Outsourced Storages in Clouds[J]. IEEE Transactions on Services Computing, 2013, 6(2):.227-238.

[78] Jiang T., Chen X., Ma J. Public Integrity Auditing for Shared Dynamic Cloud Data with Group User Revocation[J]. IEEE Transactions on Computer, 2016, 65(8): 2363-2373.

[79] Fan X., Yang G., Mu Y., et al. On Indistinguishability in Remote Data Integrity Checking[J]. The Computer Journal, 2015, 58(4): 823-830.

[80] Yu Y., Au M. H., Mu Y., et al. Enhanced Privacy of a Remote Data Integrity-Checking Protocol for Secure Cloud Storage[J]. International Journal of Information Security, 2015, 14(4): 307-318.

[81] Zhang Y., Xu C., Yu S., et al. SCLPV: Secure Certificateless Public Verification for Cloud-based Cyber-Physical-Social Systems against Malicious Auditors[J]. IEEE Transaction on Computer Social System, 2015, 2(4):159-170.

[82] Bowers K. D., Juels A., Oprea A., et al. HAIL: A High-Availability and Integrity Layer for Cloud Storage[C]. Proceedings of International Conference on Computer and Communications Security, 2009: 187-198.

[83] Barsoum A. F., Hasan M. A. Integrity Verification of Multiple Data Copies over Untrusted Cloud Servers[C]. Proceedings of the 12th IEEE/ACM International Symposium on Cluster, Cloud and Grid Computing, 2012: 829-834.

[84] 李超零，陈越，谭鹏许. 基于同态 hash 的数据多副本持有性证明方案[J]. 计算机应用研究，2013, 30(1): 266-269.

[85] 刘婷婷，赵勇. 一种隐私保护的多副本完整性验证方案[J]. 计算机工程，2013, 39(7): 55-58.

[86] 付艳艳，张敏，冯登国，等. 面向云存储的多副本文件完整性验证方案[J]. 计算机研究与发展，2014, 51(7): 1410-1416.

[87] 李超零，陈越，余洋，等. 一种动态数据多副本持有性证明方案[J]. 信息工程大学学报，2014, 15(4): 385-392.

[88] Zhao J., Chu X. U., Fagen L. I., et al. Identity-Based Public Verification with Privacy-Preserving for Data Storage Security in Cloud Computing[J]. IEICE Transactions on Fundamentals of Electronics, Communications and Computer Sciences, 2013, 96(12): 2709-2716.

[89] Gentry C., Ramzan Z. Identity-Based Aggregate Signatures[J]. Public Key Cryptography, 2006: 257-273.

[90] Wang H. Identity-Based Distributed Provable Data Possession in Multicloud Storage[J]. IEEE Transactions on Services Computing, 2015, 8(2): 328-340.

[91] Yu. Y, Au M. H., Ateniese G., et al. Identity-Based Remote Data Integrity Checking with Perfect Data Privacy Preserving for Cloud Storage[J]. IEEE Transactions on Information Forensics and Security, 2017, 12(4): 767-778.

[92] Zhang J., Dong Q. Efficient ID-based Public Auditing for the Outsourced Data in Cloud Storage[J]. Information Sciences, 2016: 1-14.

[93] Menezes A., Okamoto T., Vanstone S. A., et al. Reducing Elliptic Curve Logarithms to Logarithms in a Finite Field[J]. IEEE Transactions on Information Theory, 1993, 39(5): 1639-1646.

[94] Boneh D., Franklin M. K. Identity-Based Encryption from the Weil Pairing[C]. Proceedings of International Conference International Cryptology Conference, 2001: 213-229.

[95] Paterson K. G., Schuldt J. C. Efficient Identity-based Signatures Secure in the Standard Model[C]. Proceedings of Australasian Conference on Information Security and Privacy, 2006: 207-222.

[96] Zhang Y., Blanton M. Efficient Dynamic Provable Possession of Remote Data via Update Trees[J]. ACM Transactions on Storage, 2016, 12(2): 1-45.

[97] Maurer U. Towards the Equivalence of Breaking the Diffie-Hellman Protocol and

Computing Discrete Logarithms[J]. Lecture Notes in Cozhaiymputer Science, 1994: 271-281.

[98] Chen X., Shang T., Kim I., et al. A Remote Data Integrity Checking Scheme for Big Data Storage[C]. IEEE International Conference on Data Science in Cyberspace, 2017: 53-59.

[99] Chen X., Shang T., Zhang F., et al. Dynamic Data Auditing Scheme for Big Data Storage, Frontiers of Computer Science[J]. Frontiers of Computer Science, 2019: 1-11.

[100] Shang T., Zhang F., Chen X., et al. Identity-Based Dynamic Data Auditing for Big Data Storage[J], IEEE Transactions on Big Data, 2019（已投稿）.

[101] Tan P. N., Michael S., Vipin K. Introduction to Data Mining[M]. 范明，范宏建，等译，第 2 版. 北京：人民邮电出版社，2011: 1-4.

[102] 毛国君，段立娟. 数据挖掘原理与算法（第 3 版）[M]. 北京：清华大学出版社，2016: 169-184.

[103] Dalenius T. Towards a Methodology for Statistical Disclosure Control[J]. Statistik Tidskrift, 1977, 15(429-444): 2-1.

[104] Mendes R., Vilela J. P. Privacy-preserving Data Mining: Methods, Metircs, and Applications[J]. IEEE Access, 2017, 5: 10562-10582.

[105] Yu S. Big privacy: Challenges and Opportunities of Privacy Study in The Age of Big Data[J]. IEEE Access, 2017, 4: 2751-2763.

[106] Samarati P. Protecting Respondents Identities in Microdata Release[J]. IEEE Transactions on Knowledge and Data Engineering, 2001, 13(6): 1010-1027.

[107] Sweeny L. *k*-anonymity: A Model for Protecting Privacy[J]. International Journal of Uncertainty, Fuzziness and Knowledge-Based Systems, 2002, 10(5): 557-570.

[108] Sweeny L. Achieving *k*-anonymity Privacy Protection Using Generalization and Suppression[J]. International Journal of Uncertainty, Fuzziness and Knowledge-Based Systems, 2002, 10(5): 571-588.

[109] Dinur I., Nissim K. Revealing Information while Preserving Privacy[C]. Proceedings of ACM SIGMOD-SIGACT-SIGART Symposium on Principles of Database Systems, 2003: 202-210.

[110] Dwork C., Nissim K. Privacy-Preserving Data Mining on Vertically Partitioned Databases[C]. Advances in Cryptology-CRYPTO 2004, 2004, 3152: 528-544.

[111] Blum A., Dwork C., McSherry F., et al. Practical Privacy: the sulq Framework[C]. Proceedings of ACM SIGMOD-SIGACT-SIGART Symposium on Principles of Database Systems, 2005: 128-138.

[112] Dwork C., McSherry F., Nissim K., et al. Calibrating Noise to Sensitivity in Private Data analysis[C]. Theory of Cryptography Conference, 2006, 3876: 265-284.

[113] Dwork C. Differential privacy[C]. International Colloquium on Automata, Languages and Programming, 2006, 4052: 1-12.

[114] Kifer D., Machanavajjhala A. No Free Lunch in Data Privacy[C]. Proceedings of ACM SIGMOD International Conference on Management of Data, 2011: 193-204.

[115] Cormode G. Personal Privacy vs Population Privacy: Learning to Attack anonymization[C]. ACM SIGKDD International Conference on Knowledge Discovery and Data Mining, 2011: 1253-1261.

[116] Lee J, Clifton C. Differential Identifiability[C]. ACM SIGKDD Conference on Knowledge Discovery and Data Mining, 2012: 1041-1049.

[117] Dwork C. A Firm foundation for Private Data Analysis[J]. Communications of the ACM, 2011, 54(1):86-95.

[118] Li L., Dong Y., Yang J. Differential Privacy Data Protection Method based on Clustering[C]. Proceedings of Cyber-Enabled Distributed Computing and Knowledge Discovery, 2017: 11-16.

[119] Zhao Z., Shang T., Liu J., et al. Clustering algorithm for privacy preservation on MapReduce[C]. International Conference on Cloud Computing and Security, 2018, 11064: 622-632.

[120] Zhao Z., Shang T., Guan Z., et al. A DP Canopy k-means Algorithm for Privacy Preservation of Hadoop Platform[C]. Cyberspace Safety and Security, 2017, 10581: 189-198.

[121] Li N., Li T., Venkatasubramanian S. *t*-closeness: Privacy beyond *k*-anonymity and *l*-diversity[C]. International Conference on Data Engineering, 2007: 106-115.

[122] Li N., Li T., Venkatasubramanian S. Closeness: A New Privacy Measure for Data Publishing[J]. IEEE Transactions on Knowledge and Data Engineering, 2010, 22(7): 943-956.

[123] Li N., Qardaji W., Su D.. On Sampling, Anonymization, and Differential Privacy or, *k*-anonymization Meets Differential Privacy[C]. ACM Symposium on Information, Computer and Communications Security, 2012: 32-33.

[124] Li N., Qardaji W., Su D., et al. Membership Privacy: A Unifying Framework for Privacy Definitions[C]. ACM SIGSAC Conference on Computer and Communications Security, 2013: 889-900.

[125] Backes M., Berrang P., Humbert M., et al. Membership Privacy in microRNA-based Studies[C]. Acm SIGSAC Conference on Computer and Communication, 2016: 319-330.

[126] Aggarwal G., Feder T., Kenthapadi K., et al. Achieving Anonymity via Clustering. ACM SIGMOD-SIGACT-SIGART Symposium on Principles of Database Systems, 2006: 153-162.

[127] Byun J. W., Kamra A., Bertino E., et al. Efficient *k*-anonymization Using Clustering Techniques[C]. International Conference on Database Systems for Advanced Applications, 2007: 188-200.

[128] 韩建民，岑婷婷，于娟. 实现敏感属性 *l*-多样性的 l-MDAV 算法[C]. 中国控制会

议，2008: 713-718.

[129] 滕金芳，钟诚. 基于聚类的敏感属性 *l*-多样性匿名化算法[J]. 计算机工程与设计，2010, 31(20): 4378-4381.

[130] Nissim K., Raskhodnikova S., Smith A. Smooth Sensitivity and Sampling in Private Data Analysis[C]. ACM Symposium on Theory of Computing, 2007: 75-84.

[131] 李杨，郝志峰，温雯，等. 差分隐私 *k*-means 聚类方法研究[J]. 计算机科学，2013, 40(3): 287-290.

[132] Jafer Y., Matwin S., Sokolova M. Using Feature Selection to Improve the Utility of Differentially Private Data Publishing[J]. Procedia Computer Science, 2014, 37: 511-516.

[133] 李灵芳. 基于差分隐私的 *k*-means 聚类分析[D]. 成都：西南交通大学，2016.

[134] 刘晓迁，李千目. 基于聚类匿名化的差分隐私保护数据发布方法[J]. 通信学报，2016, 37(5): 125-129.

[135] Yu Q. Y., Luo Y. L., Chen C. M., et al. Outlier-Eliminated *k*-means Clustering Algorithm based on Differential Privacy Preservation[J]. Applied Intelligence, 2016, 45(4): 1179-1191.

[136] 欧洋伶. 非交互式数据发布隐私保护机制与研究[D]. 武汉：华中科技大学，2014.

[137] Du W., Zhan Z. Using Randomized Response Techniques for Privacy-Preserving Data Mining [A]. ACM SIGKDD Conference on Knowledge Discovery and Data Mining, 2003: 505-510.

[138] Szűcs G. Random Response Forest for Privacy-Preserving Classification[J]. Journal of Computational Engineering, 2013, 2013(309): 1-6.

[139] Tai R. K. H., Ma J. P. K., Zhao Y., et al. Privacy-Preserving Decision Trees Evaluation via Linear Functions[C]. Proceedings of the 22nd European Symposium on Research in Computer Security, 2017: 494-512.

[140] Witten I. H., Frank E., Hall M. A. Differential Privacy: A Survey of Results[M]. Springer Berlin Heidelberg, 2008, 4978: 1-19.

[141] Friedman A., Schuster A. Data Mining with Differential Privacy[C]. ACM SIGKDD Conference on Knowledge Discovery and Data Mining, 2010: 493-502.

[142] 陈煜，李玲娟. 一种基于决策树的隐私保护数据量分类算法[J]. 计算机技术与发展，2017, 27(7): 111-119.

[143] Smith A. Privacy-Preserving Statistical Estimation with Optimal Convergence Rate[C]. Proceedings on 43th annual ACM symposium on Theory of Computing, 2011: 813-822.

[144] 朱明. 数据挖掘导论[M]. 安徽：中国科学技术大学出版社，2012: 44-69.

[145] 黄宜华. 深入理解大数据：大数据处理与编程实践[M]. 北京：机械工业出版社，2014.

[146] 尚涛，赵铮，舒王伟，等. 基于等差隐私预算分配的大数据决策树算法[J]. 工程科学与技术，2019, 51(2): 130-136.

作者简介

尚涛，1976 年 8 月出生，工学博士，北京航空航天大学网络空间安全学院副教授，信息对抗系主任兼党支部书记，博士生导师。2006 年毕业于日本高知工科大学，获基础工学博士学位，同年归国，2007—2009 年间于北京航空航天大学计算机科学与技术博士后流动工作站从事科研工作，2009 年留校在电子信息工程学院通信工程系任教，2018 年调转到网络空间安全学院。主要从事量子密码学、大数据安全等方面的研究工作。近年来在国际学术期刊和会议上发表或已被录用论文 50 余篇，其中 SCI 检索 20 余篇，立项出版专著 1 部，出版教材 2 部，提交申请发明专利 16 项（授权 11 项）。主持国家重点研发计划项目子课题、国家自然科学基金面上项目、中央高校基本科研业务费项目、教育部留学回国人员科研启动基金项目、中国博士后科学基金项目、航空科学基金项目、国防重点学科实验室基金项目，参与了国家 973 计划、国家 863 计划等项目。

从 2010 年起，连续担任全国大学生信息安全竞赛的校级通信教师和指导教师，获得一等奖 4 项、优秀组织奖 1 项及优秀指导教师奖 4 项。荣获全国工程硕士实习实践优秀成果获得者指导教师、北航优秀硕士学位论文指导教师、北航海外优秀人才基金，获得北京市高等教育教学成果奖二等奖 1 项，北航优秀教学成果奖一等奖 1 项、二等奖 1 项、三等奖 2 项，获得国际会议最佳论文奖 1 项、国内会议论文创新奖 1 项。担任中国密码学会量子密码专业委员会委员、中国电子学会信息论分会委员、中国人工智能学会智能机器人专业委员会委员，IEEE 通信学会、IEICE 电子情报通信学会、中国电子学会、中国密码学会会员，以及 IEEE J-SAC、PHYS REV A、QUANTUM INF PROCESS 等学术期刊评审专家。

刘建伟，1964 年 6 月出生，工学博士，北京航空航天大学网络空间安全学院教授，现任北京航空航天大学网络空间安全学院院长。长期从事网络安全、信息安全和密码学的教学和科研工作，任中国密码学会理事、教育部高等学校网络空间安全专业教学指导委员会委员。科研成果分别获得国家技术发明一等奖、国防技术发明一等奖、山东省计算机应用新成果二等奖、山东省科技进步三等奖。出版教材 5 部和译著 1 部，《通信网的安全——理论与技术》获得 2002 年教育部全国普通高校优秀教材一等奖，《网络安全——技术与实践（第 2 版）》获评 2011 年教育部普通高等教育精品教材，荣获 2016 年中国互联网发展基金会“网络安全优秀教材奖”，《网络安全实验教程》获评北京市高等教育精品教材，译著《密码的奥秘》荣获第四届“中国科普作家协会优秀科普作品奖”金奖、第十一届“文津图书奖”，并于 2017 年获全国优秀科普作品奖。2015 年荣获北京市高等学校教学名师奖，2015 年荣获北京航空航天大学教学名师奖，2016 年荣获中国互联网发展基金会网络安全专项基金“网络安全优秀教师奖”，2017 年荣获北京市优秀教师奖、北京市高等教育教学成果奖二等奖，享受中华人民共和国国务院政府特殊津贴。